Amelia Kinkade

Tierisch gute Gespräche

Lerne mit Tieren zu sprechen – sie antworten Dir

AF131110

ISBN 978-3-941435-25-4

Für jeden, der mich jemals in Zeiten der Not rief –
Und für ihre Beschützer

Inhalt

Danksagung

Ich habe tausend solcher Seiten gelesen. Seite eins. „Besonderen Dank an ... Dieses Buch wäre niemals entstanden, wäre es nicht für ..."

Aber ich habe mich immer gefragt, ob ein Buch wirklich eine Gemeinschaftsarbeit ist. Saß der Schriftsteller nicht allein über sein Heft gebeugt und kritzelte Nacht für Nacht, Jahr für Jahr bei Kerzenlicht still vor sich hin? Nun gut, ich habe jetzt verstanden. Allein, ja, aber etwas flüsterte in meine Ohren und leistete mir Gesellschaft. Das Echo liebevoller Worte hat mir die Feder geführt:

„Du kannst es schaffen. Die Tiere brauchen dich." – Denise Landauer Rorty

„Mach nur weiter. Gott wird dich leiten." – Linda Sivertsen

„Hör nicht auf Kritik. Deine Arbeit ist wichtig." – Carol Cellucci

Diese Frauen hoben mich auf den Flügeln ihrer Liebe empor. Aber es gab noch andere Zigeunerfrauen, die dafür sorgten, dass ich nicht abstürzte. Jo Fagan von Jane Dystel Literary Management half mir, flügge zu werden, und lehrte mich, dass Autoren nicht solo fliegen, sondern in präziser Formation. Meine Redakteurin, die brillante Betsy Rapoport, die nicht an Standardausgaben flauschig geflügelter Engel glaubt, selbst aber ein Engel ist, nahm mich unter ihre Fittiche. Ihre Falkenaugen und messerscharfen Instinkte halfen mir, meinen Kurs einzuhalten.

Begleitet werden wir von der Redaktionsassistentin Stephanie Higgs, deren warmes Herz und scharfer Witz meine Flügel in Balance halten. Pamela Stinson-Bell und Sona Vogel, meine Herausgeberin und Copyeditorin, machten meine Flugroute klar und wahr.

Die bemerkenswerte Dr. Penny Patterson, deren Mut und Mitgefühl nicht aufhören, die Welt zu transformieren, hat uns gen Himmel katapultiert.

Zu meiner Linken segelt mein Bruder Brendan, der weder vorauseilt noch hinter uns zurückbleibt, sondern kühn Flügelspitze an Flügelspitze neben seiner wilden kleinen Schwester fliegt.

Allen voran gleitet mühelos Dr. Marc Bekoff, Stimme und Champion der Tiere allerorts.

Hinter uns, jedoch nicht vergessen, ist mein Lehrer John Larkin, durch den ich lernte, psychisch abzuheben. Hochwürden Dr. Tom Johnson ist der warme Sommerwind, der mir um die Flügel streicht.

Und über uns allen funkelt der unvergleichliche Dr. Bernie Siegel, der uns einen Kometen am Schweif fassen ließ, und der ein Blendwerk von Diamanten in seinem Kielwasser ersprühen ließ.

Danke für all die Flugstunden.

Und Dank an Crown Publishers für die Befreiung, um in den unendlichen Himmel fliegen zu können.

Dann schulde ich noch den Tieren selbst Dank.

Miso, das Schnurrwunder, und Anka, der großmütige Schäferhund, die so geduldig mit mir für den amerikanischen Buchumschlag posierten.

Rodney-Oscar, die Katze, die mich lehrte, dass Liebe nicht an Raum und Zeit gebunden ist, und dass man Wunder nicht einfach „glauben" muss, sondern am eigenen Leib erfahren kann.

Und schließlich danke ich der Liebe meines Lebens, der kürzlich die Engel mit seiner Anwesenheit beehrte: Dieses Buch ist für dich, Mr. Jones. Egal, wie nah du im Himmel oder auf der Erde bist, du bist die Sonne meines Universums.

Anmerkung der Verfasserin

Ich habe dieses Buch geschrieben, weil ich dich lehren möchte, mit deinen nichtmenschlichen geliebten Gefährten zu kommunizieren. Es will kein Ersatz sein für ärztliche Betreuung oder für die fachmännische Diagnose eines vertrauenswürdigen Tierarztes. Ich hoffe vielmehr, dass du in Harmonie mit einem mitfühlenden, intuitiven Tierarzt zusammenarbeiten kannst, der bereit ist, dich und deine Tiere mit größtem Respekt zu behandeln. Höre auf deine Intuition, wenn du ärztlichen Rat einholst und suche gewissenhaft Feedback von Außenstehenden.

Ich habe Namen und Umstände meiner Klienten und ihrer tierischen Freunde verändert, um ihre Privatsphäre zu schützen. Einige meiner geschätztesten Klienten/Freunde erteilten mir jedoch großzügig die Erlaubnis, ihre richtigen Namen wiederzugeben. Auch meinen innig geliebten Tierarzt, den wunderbaren, inzwischen verstorbenen Dr. John Craige, habe ich bei seinem wirklichen Namen genannt.

Amelia Kinkade

Vorwort:
Boo Boo, wo bist du?

Ich war gern damit einverstanden, mich um die Tiere und das Haus unseres Sohnes Jeff zu kümmern, solange er fort war und unser altes Urlaubshaus auf Cape Cod renovierte. Immerhin fütterte ich bereits die Hühner und sammelte ihre Eier ein und gab den Hunden und den Katzen im Hof jeden Morgen Futter, bevor ich an seinem Home-Trainer trainierte. Drinnen war Boo Boo, die Hauskatze, der die vorderen Klauen fehlten und die auch ganz gern herumturnte. Wir trainierten recht gut zusammen und teilten uns das Gerät, so dass Boo Boo eine Menge Aufmerksamkeit erhielt, während ich trainierte.

An dem Morgen, nachdem unser Sohn abgereist war, begrüßte Boo Boo mich nicht wie gewöhnlich an der Schiebetür. Ich dachte, sie sei wahrscheinlich versehentlich irgendwo eingeschlossen worden, aber auch als ich jede Tür und jeden Schrank geöffnet und jeden Zentimeter im Haus abgesucht hatte, fand ich kein Zeichen von Boo Boo. Ich rief Jeff an, weil ich dachte, sie müsste sich hinausgeschlichen haben, während sie seinen Lastwagen beluden. Er meinte aber, dass sie bisher immer in der Nähe des Hauses geblieben war. Ich durchsuchte eden Fleck auf dem Grundstück und im Keller ab und rief immer wieder ihren Namen. Keine Antwort oder Zeichen von Boo Boo. Ich stellte Futternapf und Streu nach draußen, aber sie blieben unberührt. Eine Woche verging ohne ein Anzeichen unserer geliebten Boo Boo. Ich war mir sicher, dass sie einem Raubtier zum Opfer gefallen war, weil sie keine Klauen hatte, um sich zu verteidigen oder auf einen Baum zu klettern. Wir waren alle deprimiert. Ein Hoffnungsschimmer blieb uns allerdings, denn irgendjemand schien sich über die Futternäpfe von Eanie und Meanie herzumachen, den Katzen, die draußen im Hof lebten. Könnte es Boo Boo sein? (Meanie war, wie ihr Name schon sagt, gegen jedermann gemein. Sogar die Hunde hielten sich von dem Boss im Hof fern.)

Ich musste zur Konferenz der „Kinship with All Life", die von der SPCA gefördert wurde, nach San Francisco und machte mich schweren Herzens auf den Weg. Jeffs Freund wachte über das Haus und die Tiere, während

11

ich fort war. Auch er erhielt kein Lebenszeichen von Boo Boo. Bei der Konferenz traf ich Amelia Kinkade, die mit Tieren kommuniziert und über viel Intuition verfügt. Ich teilte ihr kurz mit, was zu Hause geschehen war, und wir besprachen die Möglichkeit, Boo Boo mit ihrer Hilfe zu finden.

Es brach mir fast das Herz, in Jeffs leeres Haus zurückzukommen, zu trainieren, mich hinzusetzen und die Zeitung zu lesen, ohne dass mir Boo Boo dabei Gesellschaft leistete und nach meiner Liebe und Aufmerksamkeit verlangte. Jeffs Hund Cybil und ich drehten jeden Tag im Garten unsere Runden und riefen – ohne Erfolg – nach Boo Boo.

Amelia und ich schrieben uns E-Mails, und ich kam immer wieder auf Boo Boo und meinen Verlust zurück. Amelia erklärte sich bereit, mir zu helfen, indem sie visualisierte, was Boo Boo erlebte, obwohl sie in Kalifornien lebt und wir auf der anderen Seite des Kontinents in Connecticut. Amelia benötigte ein Foto von Boo Boo, aber jedes Mal, wenn ich das Haus betrat, fühlte ich mich so untröstlich und einsam, dass ich vergaß, eins zu suchen. Sie begann, mir Hinweise zu geben, aber ich war noch immer nicht mit ganzem Herzen bei der Sache, weil ich glaubte, Boo Boo sei längst nicht mehr da.

Dann erreichte mich eines Tages eine umfangreiche E-Mail von Amelia mit der Beschreibung von Jeffs Haus, von dem angeblichen Versteck Boo Boos und von dem, was die kleine Katze durchmachte. Ich hatte ihr nichts von dem, was sie erwähnte, näher beschrieben. Ich konnte die Genauigkeit ihrer Beschreibung kaum fassen. Sie wusste, dass das Haus auf einem Hügel liegt, sie erwähnte den Springbrunnen (der dem Wasser im Teich Sauerstoff zuführen soll), die Sprinkleranlage, die Mülltonne im Hof und die Tannenzapfen, die überall umherliegen. Amelia sagte mir, Boo Boo sei hungrig, verängstigt und könne den vollen Mond sehen. Also musste sie lebendig sein.

Amelia beschrieb zwei Hunde in einem umzäunten Teil des Hofes (Cybil und Bruiser, der neue Familienzuwachs) und eine schwarze Katze mit weißen Pfoten (Meanie), die Boo Boo unters Haus gejagt hatte und bedrohte. Meanie weigerte sich, Boo Boo zum Fressen herauszulassen und hielt Boo Boo praktisch gefangen. Amelia wusste auch die Vornamen meiner Frau und meines Sohnes sowie den Namen unseres Tierarztes, Michael, den Boo Boo offenbar sehen wollte.

12

Mit diesen und weiteren Auskünften ging ich sofort zum Haus zurück. Ich war völlig aufgewühlt und fest davon überzeugt, dass Boo Boo dort zu finden sei. Ich lief ums Haus herum und rief immer wieder Boo Boos Namen. Nach fünfzehn Minuten hörte ich einen Schrei unter der langen hölzernen Treppe, die vom Haus den Hügel hinunterführt. Ich legte mich bäuchlings hin und spähte in die Dunkelheit. Und da war Boo Boo! Ich weinte vor Freude, sie aber war zu verängstigt, um zu meiner ausgestreckten Hand zu kommen. Ich lief ins Haus, holte etwas Futter und lockte sie damit. Schließlich gelang es mir, sie zu packen; es war eine enge Falle. Sie war ängstlich und böse und versteckte sich sofort, als ich sie ins Haus gebracht hatte. Schließlich kam sie heraus, als sie merkte, dass sie in Sicherheit war. Sie war mit Wunden übersät. Ich reinigte sie und betupfte sie mit antibiotischer Salbe. Sie hatte ein oder zwei Pfund verloren, und auch als es zu unserer Gymnastik ging, hatte sie ihre alte Verspieltheit noch nicht wiedererlangt. Früher hatte sie jeden Abend vier Spielbälle unter dem Sportgerät versteckt, die ich dann am Morgen vor dem Training finden musste. Drei Wochen nach ihrem Auffinden waren nur drei der vier Bälle zu sehen, und so schaute ich unter den Heimtrainer. Dort lag ganz selbstverständlich der fehlende, von Boo Boo versteckte Ball. Wir waren zum Normalzustand zurückgekehrt.

Mir kommen noch immer die Tränen, während ich dies schreibe, und ich kann Amelia nicht genug danken. Ich war schon immer offen für solche Erfahrungen gewesen, aber jetzt bin ich überzeugt worden. Mit Hilfe von Amelias Unterricht kann ich jetzt mit unseren Katzen und Hauskaninchen kommunizieren. Ich höre, was sie denken, und wir sprechen wortlos miteinander. Das Kaninchen Smudge Bunny lässt sich jetzt von mir im Vorgarten hochnehmen (zuvor hatte nur meine Ehefrau diese Ehre), und die Katzen (Miracle, Penny, Dickens und Gabriel) erlauben mir nun klaglos, dass ich ihnen die Krallen schneide, die Zähne säubere und Fellknoten ausbürste, weil ich ihnen jetzt sagen kann, was ich tue und warum ich es tue. Wenn ich mit dieser Technik nur auch die Gedanken meiner Frau lesen könnte! Na gut, dazu wird wahrscheinlich ein Aufbaukurs mit Amelia nötig sein. Frauen sind eine Spezies, mit der man nur schwer kommunizieren kann. Amelia könnte da eine Ausnahme sein.

Bernie Siegel, M. D.-Verfasser von Love, Medicine & Miracles und Presciptions for Living

Prolog:
Mein Versprechen an dich

Ich glaube fest daran, dass in einhundert Jahren ein Buch über mentale Telepathie gerade so notwendig sein wird wie ein Buch über den Gebrauch der Gabel beim Essen. Telepathie wird dann ein Werkzeug sein, das jeder benutzt.

In diesem Buch geht es nicht um unerhörte Geschichten von übernatürlichen Fähigkeiten, die du nicht besitzt. Es geht um unerhörte Geschichten von natürlichen Fähigkeiten, die alle Menschen besitzen. Alles, was ich tue, kannst du auch tun. Benutze meine Worte als Reiseführer, der dich ermächtigt, und lerne reale, anhaltende Fähigkeiten, die du für den Rest deines Lebens täglich praktizierst.

Vor zehn Jahren wusste ich nicht, dass übersinnliche Kommunikation möglich ist, aber im letzten Jahrzehnt habe ich mit Tausenden von Tieren Gespräche geführt. Bis zum ersten Zusammentreffen mit einer Tiertherapeutin, die mit Tieren sprach, war meine Fähigkeit wie ein unterirdischer Strom, der leise unter der Haut meiner Psyche verlief. Sobald mir das Konzept der nichtverbalen Kommunikation vermittelt wurde, explodierte dieser Springbrunnen wie ein Geysir ins Licht. Die ersten Versuche habe ich durch Jahre der Forschung gefestigt, durch leises Einstimmen, Analysieren, Entwickeln von Verfahren, Terminologie und Methoden psychischer Kommunikation. Ich habe Übungen entwickelt, mit denen Tierliebhaber Zugang zu Bildern und Gefühlen bekommen können, die von ihren Tieren stammen, Übungen, mit denen sie Worte formulieren, körperliche Zustände untersuchen, vermisste Tiere durch Gestalt-Techniken lokalisieren und sogar Verbindung mit verstorbenen Freunden auf der Anderen Seite aufnehmen können.

Ich leite jetzt Workshops, bei denen ich die Ehre habe, Menschen zu lehren, wie sie telepathisch Informationen mit Tieren austauschen können. Ich sehe so häufig Durchbrüche, dass ich ohne jeden Zweifel weiß, dass nichtverbale Kommunikation eine erlernbare *Fähigkeit* ist. Als meine intuitive Fähigkeit ans Tageslicht kam, steigerte sich meine Praxis schnell. Ich trat in einer Fernseh-Talkshow nach der anderen auf und hatte die

Ehre, im gleichen Jahr, in dem ich mit meiner Berufsausübung begann, in die Reihe der *100 Top-Sensitiven in Amerika* aufgenommen zu werden (Paulette Cooper, Simon & Schuster: 100 Top Psychics in America). Ich konnte die öffentliche Nachfrage kaum befriedigen. Mein Telefon klingelte auch in der Nacht noch pausenlos; Tierliebhaber riefen nicht nur von überall in den Vereinigten Staaten an, sondern auch aus Kanada, England, Australien, Argentinien und Brasilien. Die Anrufer hatten die unterschiedlichsten Anliegen. Aber ob sie nun die medizinischen Probleme ihrer Gefährten lösen, verlorene Tiere lokalisieren oder mit ihren verstorbenen Freunden sprechen wollten – die Absicht war immer die gleiche: Sie wollten Kontakt aufnehmen. Meine Klienten stellten die übersinnliche Kommunikation nicht in Frage. Sie wollten nur wissen, *wie* diese funktioniert. Viele Leute sehnen sich nach dieser Verbindung. Tiere sind die Schlüssel zu unserer eigenen Seele, und wenn wir sie von ihrem Leid erlösen und vor Ausrottung bewahren wollen, bleibt die Kommunion mit unserer eigenen Seele als letzter Hoffnungsschimmer. Unsere moderne Gesellschaft hat sich von unserer Identifizierung mit der Erde, den Tieren, der Natur und unserer angeborenen Spiritualität weit entfernt, und wir haben den Weg zurück nach Hause offenbar vergessen.

Benutze dieses Buch als Wegweiser. Diese Seiten sind mein Reisebericht durch felsiges unerforschtes Territorium, auf dem ich stolperte, lachte und nach den Göttern schrie, während ich mir meinen Weg durch den psychischen Dschungel bahnte und mutterseelenallein im Mondschein wanderte. Du wirst auf dieser Reise nicht allein sein. Dieses Buch ist mein Geschenk an dich und an deine Tiere, und ich verspreche dir: Wenn du es wagst, deinen Geist für neue Möglichkeiten zu öffnen und die magischen Mächte in deinem Inneren umwirbst, wirst du das Wunder des übersinnlichen Kontakts mit deinen Mitlebewesen erfahren, und deine tierischen Freunde werden sich wohl und erleichtert fühlen, den übersinnlichen Kontakt mit *dir* zu erfahren!

Das erste Kapitel enthält die Geschichte meiner Einführung in die Kommunikation zwischen den Spezies, meine erste Erfahrung mit einem Tier-Medium und die Erzählung von Rodney, der Katze, der wir das alles verdanken.

Kapitel 1:
Das widerwillige Medium

In seiner seltsamen, nicht ganz menschlichen Art erinnert mich Adam immer wieder daran, dass der wahre Zauber nicht durch eine perfekte Erscheinung zu erreichen ist. Er ist nicht in Aschenputtel auf dem Ball zu finden, mit ihren beiden Glaspantöffelchen und der umwerfenden Frisur. Der wahre Zauber ist im Kürbis, in den Mäusen, im Mondschein; nicht jenseits des alltäglichen Lebens, sondern in ihm ... Er ist die Aufmerksamkeit, die man dem normalen Leben zollt, die so liebevoll und innig ist, dass sie fast Anbetung ist.

Martha Beck, Expecting Adam

Rodney spricht

Ich war ziemlich skeptisch, als ich meinen Kater Rodney eines Morgens vor vierzehn Jahren in den Katzenkorb steckte, um ihn zu der holistischen Tierklinik zu bringen, wo sich ein Medium die Tiere anschaute, und so wäre es wohl jedem vernünftigen Menschen ergangen. Ich hatte etliche Probleme mit Rodney, bei denen mein Tierarzt nicht helfen konnte, und so wollte ich es bei dem Medium versuchen. Es war irgendwie verrückt, und ich kam mir ein bisschen albern vor, aber was hatte ich schon zu verlieren? Egal, sicherlich gab es etwas zu lachen.

Ich dachte damals – und einige von euch denken sicherlich genauso –, dass das Geschäft mit dem Übersinnlichen entweder der reinste Mumpitz war oder aber eine feierliche, mystische Angelegenheit, bei der Zigeunerinnen Räucherwerk verbrannten und seltsame Hexen in Kristallkugeln blickten. Mir sollten die Augen geöffnet werden!

Gladys, das Medium, hatte keinen dicken Eyeliner aufgetragen, keine goldenen Reifenohrringe oder rasselnde Zauberarmbänder. Sie glich weniger einer wahrsagenden Zigeunerin als einer Großmutter aus dem mittleren Westen. Auf ihrer Bluse hatte sie Ketchup-Flecke. Ich war verblüfft.

Als ich Rodney aus dem Korb zog und ihn auf den kalten Metalltisch vor ihr setzte, heulte er nicht etwa los wie eine Autosirene. Er sprang auch nicht vom Tisch, wie er das beim Tierarzt normalerweise tat. Stattdessen saß er bewegungslos und musterte Gladys ruhig. Er schien überrascht zu sein, sie zu sehen. Sie erwiderte seinen Blick.

„Was tust du?", flüsterte ich ihr zu.

„Ich spreche mit ihm", antwortete sie rundweg.

„Das kann doch nicht dein Ernst sein!", wollte ich brüllen. Keine Beschwörungen? Keine ausladenden Armbewegungen? Kein Sprechen in Zungen? Meine Neugier besiegte meine Skepsis.

„Was sagt er?", flüsterte ich.

„Ich fragte ihn, was er am liebsten frisst, und er sagt Huhn."

Gut geraten, dachte ich. Rodney verschlang tatsächlich ziemlich viel frisches Huhn, aber welche Katze mag schon kein Huhn? Darauf hätte wirklich jeder kommen können.

„Jetzt frage ich ihn nach seinem Lieblingsplatz im Haus", sagte sie. Wieder sah Gladys den kleinen Kater nur an, und er erwiderte verblüfft ihren Blick.

Die Antwort musste ihr zugeflogen sein: „Er sagt, er liebt es, auf dem Rücken eines orangefarbenen Stuhles zu sitzen, von dem er einen Blick auf ein Fenster hat. Ein Stuhl in einer Nische." – „Das ist völlig richtig!" Ich konnte es nicht fassen. Wenn Rodney im Haus war, machte er es sich auf dem Rücken des pfirsichfarbenen Sessels in der Nische bequem.

„Vom Fenster in der Nische blickt man in den Garten mit dem kleinen weißen Hund", sagte Gladys.

„Welcher Hund?", fragte ich.

„Auf der anderen Straßenseite ist ein kleiner Hund hinter einem Zaun. Rodney geht gern hinüber, um ihn zu necken. Er stolziert vor dem Zaun auf und ab, um den Hund zum Bellen zu bringen."

Ich warf ihm einen kalten Fischblick zu. Es gab tatsächlich einen kleinen weißen Terrier hinter einem Zaun über der Straße, aber ich hätte mir niemals träumen lassen, dass Rodney hinüberging. „Du quälst den Hund, nicht wahr?", knurrte ich ihn an. „Er ist sehr von sich überzeugt", fuhr sie fort. „Er sagt, dass Frauen immer Bemerkungen über die hübsche gelbe

Zeichnung auf seinem Kopf machen. Er liebt Frauen. Sie sagen ihm, dass er attraktiv ist." Mein Kiefer klappte so weit nach unten, dass er mit einem unangenehmen Geräusch auf dem Linoleumfußboden aufschlug. Die Sekretärin meines Freundes hatte uns erst letztes Wochenende in unserer Wohnung besucht und ein riesiges Getue um Rodney gemacht. Sie hatte die drei kleinen Streifen auf seinem Kopf gepriesen und das Wort *attraktiv* benutzt.

Ich holte tief Atem und schlug zurück: „So, und warum rennt er dann miauend von Tür zu Tür?"

„Er heult nur vor den Fenstern, wo es andere Katzen gibt. Er glaubt, dass sie herauskommen, wenn er ruft, und mit ihm spielen. Er ist einsam."

Die Antwort war so einleuchtend, dass ich mir ziemlich dumm vorkam. Hätte ich es mir nicht denken können, dass er nicht wegen der Nachbarn miaute, sondern wegen der Katzen der Nachbarn.

„Aber ... wie kann ich ihn davon abbringen, bevor wir aus unserer Wohnung geworfen werden? Ich bringe es nicht über mich, ihn drinnen einzusperren, und wenn ich ihn herauslasse, schreit er", jammerte ich.

„Hol dir noch eine Katze. Er ist einsam. Er will nicht die einzige Katze sein", schnauzte sie zurück. Sie konnte eigentlich gar nicht wissen, dass Rodney die einzige Katze zu Hause war; trotzdem war ich nicht besonders begeistert über ihre Empfehlung. Schon eine einzige Katze machte mehr Ärger, als ich mir je hätte träumen lassen. Das kleine kuschelige Etwas mit der durchdringenden Stimme hatte uns bereits unser letztes Zuhause gekostet, und jetzt drohte der Hauseigentümer-Verband mir und meinem knirpsigen Pavarotti schon wieder mit Kündigung ... An eine zweite Katze war gar nicht zu denken. „Wusstest du, dass deine Nachbarn ihn füttern?", fuhr sie fort. „Was? Welche Nachbarn?" – „Die Nachbarn mit den zwei kleinen Mädchen. Er geht in ihre Wohnung. Mehrere Nachbarn lassen ihn in ihre Wohnung und füttern ihn." Ich kannte die Familie mit den zwei kleinen Mädchen, aber ich hatte keine Ahnung, dass sie meinen Kater zum Abendessen einluden.

„Deshalb ist er neuerdings nicht besonders hungrig."

Ich warf einen vorsichtigen Blick in Rodneys Richtung. Er hatte es sich auf dem kalten Tisch bequem gemacht. Er war ruhig, er war selbstgefällig, und der Ausdruck seines kleinen pelzigen Gesichts war unmissverständlich: Er lächelte. Er bekam endlich mein Bestes, das ihm seiner Meinung nach immer zustand.

Das Seltsame an der Kommunikation hatte sich jetzt verloren, und ich hatte keine Scheu mehr, Fragen zu stellen. Ich fühlte mich wie ein ausländischer Botschafter mit einem sehr effizienten Dolmetscher:

„Frag ihn, warum er auf meine Kleidungsstücke pinkelt", sagte ich.

„Er will nicht, dass du fortgehst und ihn allein lässt. Auf deine Kleider zu pinkeln ist die einzige Möglichkeit für ihn, seinen Zorn auszudrücken."

Das durfte einfach nicht wahr sein. Ich hatte einen Werbejob als Model, für den ich manchmal an Wochenenden abwesend war und bei dem ich eine bestimmte Uniform tragen musste. Wenn ich sonntagnachts nach Hause kam, leerte ich meinen Koffer und warf meine Uniform mit der restlichen Schmutzwäsche auf einen Haufen auf dem Fußboden. Dann wurde ich oft von anderen Hausarbeiten abgelenkt. Später fand ich meine Kleidung über den ganzen Fußboden verstreut. Rodney hatte sich meine Uniform aus dem Haufen herausgesucht und *gezielt* auf sie gepinkelt. Als ich schließlich dazu überging, meine Wäsche nicht mehr auf dem Fußboden liegen zu lassen, pinkelte er direkt in meinen frisch gepackten Koffer. Erst als ich meine Tasche in Palm Springs auspackte, entdeckte ich, dass alles völlig durchnässt war und die Uniform zum Himmel stank.

„Er scheint die Uniform zu kennen, die ich trage, wenn ich fortgehe. Wie kann er denn wissen, welche Kleidungsstücke ich bei der Arbeit trage?", fragte ich.

„Er weiß es eben", antwortete sie. „Warum flippt er jedes Mal aus, wenn ich fortgehe? Er scheint sogar Angst vor der Dunkelheit zu haben. Bitte frag ihn, warum er um drei Uhr morgens Schreikrämpfe bekommt. Frage ihn, woher er stammt", drängte ich.

„Er sagt, dass er in einem Industriegebiet von Van Nuys lebte, wo es viele streunende Katzen gab. Die Männer fütterten die Katzen auf dem Fabrikgelände. Es gab dort Kartonstapel und Maschinenteile und viel Fett auf dem Boden. Er wurde nachts im eiskalten Lagerhaus eingeschlossen und war sehr hungrig. Nur weil er so laut heulte, konnte er gefüttert werden. „Hat er wirklich Angst vor der Dunkelheit? Und hat er Klaustrophobie?", fragte ich.

„Nur nachts, sagt er."

„Armer kleiner Kerl", girrte ich und tätschelte seinen Kopf. Ich sah jetzt unser altes Dilemma in einem ganz neuen Licht. Alles wurde plötzlich klar. Ich hatte Rodney im Tierheim in Nord-Hollywood im Pennerviertel gefunden. Als ich den Raum betrat, brachte mir das Kätzchen mit der Pose eines Opernsängers ein Ständchen, und als ich in seinen Käfig spähte, streckte es mir die Nase so aufdringlich entgegen, dass ich meinte, in den Lauf einer Schrotflinte zu blicken. Rodney war nicht mein Typ. Ich suchte einen vierbeinigen Marlon Brando, keinen Woody Allen. Aber als ich ihn hochhob, geschah etwas Unerhörtes. Er schlang seine winzigen Pfoten um meinen Hals, als wären es zwei besessene Pfeifenreiniger. Dann streckte er mir sein kleines Gesicht entgegen und hatte mich auch schon auf die Lippen geküsst. Es war der berechnendste Kuss, den ich jemals in meinem Leben empfangen habe. Damit hatte mich der kleine orangefarbene Geschäftsmann gewonnen. Er war im Grunde nur ein vorlauter, spitznasiger Rotschopf, ein Standardmodell unter den Katzen, aber er hatte ganz sicherlich das gewisse Etwas.

„Was denkt er über mich?", fragte ich.

„Er liebt dich. Er sagt, dass er sein Frauchen liebt."

In letzter Zeit benahm er sich meinem Freund gegenüber ziemlich aggressiv. Jedes Mal, wenn Benjamin mich vor ihm berührte, griff Rodney ihn wie ein Rasender an und verschwand danach aus dem Zimmer. So musste ich fragen: „Was denkt er über meinen Freund?"

Die Antwort war: „Er ist sehr eifersüchtig. Er will dich ganz allein für sich haben. Manchmal wünscht er sich, dass dein Freund einfach geht." *Oh,* dachte ich, *mir geht es manchmal genauso.* Nachdem ich dem Medium die 35 $ bezahlt hatte – ein läppischer Betrag, wenn man bedenkt, dass meine Welt soeben auf den Kopf gestellt wurde –, ergriff ich den kleinen Kater und setzte ihn in seinen Korb. Ich merkte, dass sich meine Beziehung zu ihm schon verändert hatte. Ich ging sorgfältiger mit ihm um als gewöhnlich. Er war nicht mehr nur ein kleines lärmendes Haustier. Er war ein intelligentes Geschöpf mit eigenen Gedanken und Gefühlen, ein Geschöpf, das beobachten und nach seinen Beobachtungen handeln konnte, ein Geschöpf, das *logisch denken* konnte.

Während der Fahrt nach Hause war dicke Luft zwischen uns. Ich hatte Rodney niemals so selbstgefällig und zufrieden gesehen. Zum ersten Mal strahlte er wirklich Ruhe aus. Endlich hatte er seinen Teil sagen können, und mir war das Wunderbarste in meinem Leben widerfahren – ich hatte einen Menschen gefunden, der mit einem Kater reden konnte. Es war ein starkes Stück! Was für eine Welt! Alles, was ich bisher geglaubt hatte, war in einem einzigen Augenblick verändert worden.

Gladys hatte mir beim Abschied ein Flugblatt für einen Workshop über die Kommunikation mit Tieren in die Hand gedrückt, den sie jenes Wochenende anbot. Die erste Hälfte des Kurses bestand aus einem Vortrag über die Kommunikation zwischen den Spezies; während der zweiten Hälfte konnten wir üben, mit den Tieren der anderen Teilnehmer zu sprechen, und die Informationen sollten dann überprüft werden.

Der Kurs, der mein Leben veränderte

Wir trafen uns in einem sonnigen Hinterhof, in dem Picknicktische aufgestellt waren. Obwohl es an diesem Frühlingstag in Los Angeles recht windig war, schwitzte ich die ersten zwei Stunden und kämpfte mit dem Chor von Neinsagern in meinem Kopf. Auch als ich Gladys zuhörte, ritten mich die Dämonen des Zweifels. Sie tobten wie eine Schar von Aasgeiern auf dem Hinterteil eines Rhinozeros. An diesem Tag hatte ich ihnen viel Gesprächsstoff gegeben: *Was, wenn ich die einzige bin, der es nicht gelingt? Ich werde einen schönen Narren aus mir machen. Das Ganze ist sowieso völlig unmöglich! Warum sitze ich hier und höre mir diesen Unsinn an? Selbst wenn Gladys es tatsächlich kann, werde ich es niemals erlernen.*

Ich nahm es mit meinen Dämonen auf: *Dann mache ich eben einen Narren aus mir, na und? Es wäre nicht das erste Mal. Ich werde wahrscheinlich niemand von diesen Leuten wiedersehen. Ich könnte es ebenso gut versuchen.*

Während ich nur noch ein Nervenbündel war, blieb Rodney ruhig und sammelte sich. Mir fiel sehr schnell auf, dass ich die einzige war, die eine Katze mitgebracht hatte. Die anderen sechs Frauen hatten Hunde dabei. Rodney wartete ruhig in seinem Käfig zu meinen Füßen unter einem Picknicktisch.

Der erste Freiwillige war eine Art großer Chow-Chow. Die Übung ging etwa so: Die Lehrerin gab uns eine Reihe von Fragen vor. Diese sollten wir mental dem Hund stellen und dann die erste Antwort aufschreiben, die uns in den Sinn kam.

Der Vortrag am Morgen hatte Telepathie behandelt, das Senden und Empfangen mentaler Bilder. Ich hatte versucht, die Idee aufzunehmen, aber alles kam mir so abstrakt vor. Ich hätte den ganzen Tag zuhören können, aber was *konnte ich tun?* Ich war angespannt.

Die Testfragen waren ziemlich rudimentär; die erste lautete „Was frisst du am liebsten?" Gladys sagte, wir sollten uns in den Hund hineinversetzen und uns vorstellen, dass eine leere Futterschüssel vor uns steht. Dann sollten wir uns mit unserem geistigen Auge vorstellen, womit wir die Schüssel gefüllt haben wollten.

Die Antwort traf mich wie ein Hammerschlag. In meinem Kopf hörte ich die Worte: Spaghetti und Fleischklopse! Ich versuchte krampfhaft, mir ein mentales Bild von dem Hundefressnapf zu machen, sah aber nichts als einen Teller, in dem sich ein riesiger Berg Spaghetti mit Fleischbällchen türmte. Es folgten ein paar Momente der Stille, bevor Gladys die Studenten fragte, was wir „empfangen" hatten.

Alle hatten praktische Antworten parat, zum Beispiel Rindfleisch oder Huhn. Die Dämonen des Zweifels fingen an, mich auseinander zu nehmen: *Ich hatte mir das sicherlich nur eingebildet. Es konnte einfach nicht wahr sein. Warum hatten alle anderen etwas Vernünftiges vorzubringen, nur meine Antwort war völlig lächerlich?* Ich versank tiefer in meinem Sitz. Schließlich fragte Gladys mich, was ich „empfangen" hatte. Ich murmelte hilflos: „Spaghetti und Fleischklopse."

Die Hundebesitzerin kreischte: „Stimmt! Spaghetti und Fleischklopse sind ihr Lieblingsfutter! Gestern Abend hat sie einen ganzen Teller davon gefressen!"

Das war nichts, eiferten sich meine Dämonen, *du hast es zufällig erraten.*

Die nächste Frage lautete „Womit spielst du am liebsten?" Ich hörte die Stimme wieder in meinem Kopf – nicht die der Kursleiterin, nicht die der Dämonen. Es war eine neue Stimme, die sich in meinem Gehirn einstellte, aber ich hörte sie deutlich. Es war die Stimme einer Frau, die sagte: *Ich trage gern meinen rot-weiß-gestreiften Hut.* Und da sah ich auch schon vor meinem geistigen Auge eine bonbonfarbene gestreifte Schirmmütze. Ich notierte es.

Die nächste Frage lautete „Hast du eine Aufgabe?" Gladys hatte gesagt, dass viele Hunde – Blindenhunde zum Beispiel – über ihre Aufgaben reden können. Die weibliche Stimme sagte: *Ja, seit Frauchen und Herrchen geschieden sind, soll ich Frauchen und ihr Haus beschützen.* Ich kritzelte es hin, bekümmert und zweifelnd. Auf die nächste Frage „Warst du schon einmal verliebt?" antwortete die weibliche Stimme gefühlvoll: *Ja, aber ich musste ihn verlassen, als wir wegzogen.*

Als Gladys eine kurze Pause einlegte, erlaubte ich mir, meine eigenen Fragen zu stellen. „Wo hast du gewohnt?", fragte ich sie mental. Sofort sah ich vor meinem geistigen Auge die Momentaufnahme eines Wohnwagens mit einer riesigen Kiefer davor. Kiefernzapfen erschienen nur wenige Zentimeter von meinen Augen entfernt auf dem Boden, als wären sie von einer Kamera ins Visier genommen worden. In meiner Nase prickelte der frische Duft der Kiefernnadeln. Dabei hörte ich die erklärende Stimme: *Er lebte nebenan.*

„Zeig ihn mir", bat ich. Sofort blitzte das Bild eines großen schwarzen Dobermanns auf. Traurigkeit traf mich wie ein Stich in der Brust. „Vermisst du ihn?", fragte ich. *Ja,* sagte sie. Die Kursleiterin unterbrach unser Interview mit einer neuen Anweisung. „Frag sie, ob sie schon einmal Junge hatte." Ich brauchte es nicht zu tun, denn der Hund beantwortete die Frage, bevor ich sie stellte. *Nein, ich hatte keine. Frauchen ließ mich sterilisieren.* In meinem Geist sah ich die Narbe auf ihrem Unterleib aus ihrem eigenen Blickwinkel, als würde ich auf meinen Bauch hinabsehen. Ich fühlte einen scharfen Schmerz im Becken und dann anhaltende schreckliche Schmerzen. Die Stimme sprach weiter: *Ich hätte gern Junge mit meinem Freund gehabt.* Wieder zeigte sie mir den schwarzen Dobermann von nebenan. *Jetzt kümmere ich mich um die Katzen in der Nachbarschaft.* Noch während ich das aufschrieb und mir das Absonderliche dieses Gespräches zu schaffen machte, verstärkte sich in mir das Gefühl der Trauer.

Obwohl meine Dämonen wieder angriffen *(Du machst dir etwas vor. Das passiert nur in deiner Einbildung!),* verschlang mich die Traurigkeit. Mein Unterleib schmerzte, meine Augen füllten sich mit Tränen, und meine linke Hand kritzelte wie verrückt. Mein stilles Verhör hatte einen

Strom von Antworten ausgelöst, so dass ich mit dem Schreiben kaum nachkam. Ich übersprang ganze Wörter und Satzteile, während ich Seite um Seite bekritzelte und mit Tränen benetzte. Mit einer Hand trocknete ich mir die Augen, mit der anderen schrieb ich. Gleichzeitig vergewisserte ich mich mit Blicken, was die anderen Kursteilnehmer machten. Als Erstes bemerkte ich, dass außer mir niemand in Tränen ausgebrochen war. Dann sah ich, dass die anderen Frauen allenfalls ein oder zwei Wörter niederschrieben. Als Gladys uns bat, aufzuhören, schrieb ich immer noch rasend schnell nach dem Diktat der Stimme und kämpfte gleichzeitig darum, den peinlichen Kloß in meinem Hals hinunterzuschlucken.

Vielleicht hätte ich das Gespräch rationalisieren können; vielleicht hätte ich meinen Dämonen gestattet, alles meiner blühenden Fantasie zuzuschreiben, doch auf den körperlichen Schmerz war ich nicht vorbereitet, und noch viel weniger auf die Gemütserschütterungen. Das Gefühl von Einsamkeit und Kummer wurde fast unerträglich.

Ich ließ allen anderen Frauen den Vortritt und sparte meine Beobachtungen bis zuletzt auf. Als ich anfing, der Besitzerin des Hundes meine Notizen vorzulesen, war ich immer noch davon überzeugt, dass ich mich unsterblich blamieren würde. Mein Herz hämmerte so wild, dass ich kaum meine Stimme erheben konnte, aber als ich sprach, bestätigte sie alles, was ich sagte: „Ja sie trägt eine rot-weiße Schirmmütze. Ja, es gab eine Kiefer vor dem Wohnwagen. Ja, der Nachbarhund war ein großer schwarzer Dobermann. Ja, er war ihr bester Freund. Ja, ich musste ihn wegen der Scheidung zurücklassen."

Es konnte einfach nicht wahr sein! Es war zu einfach! Es war zu gut, um wahr zu sein! Ich brachte meine Dämonen zum Schweigen und fuhr fort, meine Anmerkungen laut vorzulesen. Als ich sagte, dass die Hündin sich Junge vom Dobermann wünschte, trübten sich die Augen ihrer Besitzerin. Sie fühlte den Schmerz ihres Hundes. „Sag ihr, es tut mir leid. Es tut mir leid, dass ich sie ihrem Freund wegnehmen musste", drängte sie.

Als ich versuchte, dem Hund alles zu sagen, erlebte ich zum ersten Mal die Frustration, die ich später noch tausend und abertausend Mal spüren sollte. Ich versuchte, einem unschuldigen Tier die Gründe menschlichen Handelns zu erklären.

Das Unmögliche des Gespräches verflog sich. Ich begriff, dass ich nun Verantwortung übernehmen musste – Verantwortung für die Fähigkeit, mit Tieren sprechen zu können. Ich war da einfach hineingeschlittert. Es gab kein Zurück mehr.

Mit dem nächsten Hund ließ es sich genauso leicht kommunizieren wie mit dem ersten – anders, aber genauso leicht. Jeder der Hunde hatte eine unverwechselbare Persönlichkeit. Sie glichen einander genauso wenig wie zwei Frauen, mit denen man sich im Supermarkt an der Kasse unterhält. Ich konnte ihre Stimmen mit gleicher Intensität hören, aber in Aussprache und Akzent unterschieden sie sich voneinander. Ihr Humor war unterschiedlich ausgeprägt, und das Gleiche galt für den Grad an Zutraulichkeit, den sie an den Tag legten. Ich war in heller Aufregung. Ich konnte nicht glauben, dass das möglich war! Es war fantastisch, einfach wunderbar!

Mit jedem Hund machten die Kursteilnehmerinnen Fortschritte. Anfangs hatten wir auf die gleichen Fragen unterschiedliche Antworten erhalten, darunter auch einige Treffer. (Manche Hunde mochten vielleicht sowohl Huhn als auch Rindfleisch!) Später fielen die Antworten einheitlicher aus. Wir hatten es geschafft. Die Antworten wurden bestätigt, das ließ sich nicht leugnen.

Trotzdem fürchtete ich, diese märchenhafte Fähigkeit würde sich genauso geheimnisvoll verflüchtigen, wie sie sich eingestellt hatte, sobald ich zu Hause war. Dann war Rodney an der Reihe. Ich öffnete seinen Korb und hielt ihn in meinen Armen, damit alle ihn sehen konnten. Ich bemerkte, dass sein Verhalten sich veränderte, als die Leute mit ihm kommunizierten. Er versuchte nicht, sich meinen Armen zu entwinden und auf den Boden zu springen. Selbstbewusst und erwartungsvoll blickte er ins Publikum – wie ein Komiker auf einer Bühne in Las Vegas, der jeden Abend die gleiche Schau abzieht und weiß, dass seine Witze zum Totlachen sind.

Er hatte Recht. Sobald der Kurs Kontakt aufnahm, fingen alle an zu lachen. „Er ist so überzeugt von sich!" – „Was für ein Ego!", riefen die Frauen aus. „Er ist ein totaler Egomane! Er sagt, er sei der schönste Kater auf Erden!", gluckste eine Frau. „Er sagt, dass man ihm immer sagt, wie schön sein Fell gezeichnet ist!", rief eine andere aus. *Au wei*, dachte ich, *jetzt haben wir's. Sie stellen sich auf den richtigen Kater ein.*

Eine Schülerin rief: „Er sagt, dass er der einzige orange-gestreifte Kater der Welt ist!" Er *war* der einzige orangefarbene Kater im Gebäude und angeblich in der ganzen Nachbarschaft. Wenn er niemals eine andere orangene Katze gesehen hatte, dann konnte ich verstehen, wie er zu jenem Schluss kommen konnte. Eine Fahrt zu einer abessinischen Katzenschau hätte seine Eitelkeitsblase sicherlich zum Platzen gebracht.

Ich schlug der Gruppe vor, Rodney zu fragen, was er von meinem Freund hielt. Die Antwort war fast einstimmig: „Er ist sehr eifersüchtig. Er möchte sein Frauchen nicht teilen. Er will, dass dein Freund auszieht. Er wünscht sich, dass dein Freund verschwindet." Wieder tauchten jene Worte auf: *Geh fort.* Das rüttelte mich wirklich auf. Nach unserem langen, lebhaften Gespräch mit Rodney entließ Gladys die Klasse. Rodney war der Ausklang gewesen. Wir stolperten alle in Richtung unserer Autos, benommen und in Ehrfurcht davor, wie dramatisch sich unsere Vorstellung von Realität verändert hatte.

Als ich nach Hause fuhr, war ich völlig durcheinander. *Wenn man mit Tieren sprechen kann, wenn ich mit Tieren sprechen kann, wenn Tiere sprechen können – die Konsequenzen waren gar nicht abzusehen. Wenn Tiere sprechen können, kann ich zum Zoo gehen und –* mir schauderte. *Wenn Tiere sprechen können, dann sind die Kühe in den Schlachthäusern* – mir brach der Angstschweiß aus.

Will ich diese Verantwortung überhaupt auf mich nehmen? Sie können es mir sagen, wenn sie krank sind. Diese Idee gefällt mir. Aber, wenn alle Tiere denken und Schmerz fühlen können, ich meine alle Tiere, die in Käfigen – meine Augen schwammen in Tränen.

Der Horror der Tierexperimente brach auf mich herein, und die Welt verlor ihren Zauber. Auf einmal schien das Leben auf dieser Welt unerträglich geworden zu sein. Mit der unglaublichsten Freude, die ich jemals in meinem Leben gefühlt hatte, kam die unerträglichste Qual. Ich konnte mit Tieren kommunizieren, aber ich würde mich nie mehr dem entsetzlichen Leid entziehen können, das sie durch menschliche Hände erleiden.

Ich würde alles fühlen, was sie fühlen, und denken, was sie denken. Ich würde mit ihnen ihr Leid durchleben – ihre Verwirrung, die Erfahrung, verraten zu werden, ihre Wut und ihre Hilflosigkeit angesichts unserer unfassbaren Grausamkeit.

Jede Gabe hat ihren Preis. Je größer die Gabe, desto höher der Preis. Für die herrlichste aller Gaben forderte Gott, dass ich meinen kostbarsten Besitz eintauschte: meine Unschuld.

Die Gabe entwickeln

Ich war damals vierundzwanzig Jahre alt. Mein Job als Jazztänzerin laugte mich aus, und als Schauspielerin musste ich mich ziemlich abstrampeln. Ich war hochgradig abgestumpft und hielt mich gerade noch am Funktionieren. Zwar hatte ich auch ein paar übersinnliche Erfahrungen gehabt, aber das waren eher Zufallstreffer gewesen. Im Nachhinein sehe ich meine frühen Zwanziger als eine Zeit an, in der ich verzweifelt versuchte, meine Sensibilität zu unterdrücken, was mir nur allzu gut gelang. Die Gefühle von Tieren kümmerten mich nicht im mindesten, und einmal war die Katze eines Mitbewohners sogar auf meiner Couch gestorben, ohne dass ich es bemerkt hätte. Aber die Tiere weckten mich auf. Die Tiere lehrten mich.

Ich war mit dem Tanz und mit metaphysischen Büchern aufgewachsen. Ich tanzte sechs Tage pro Woche, manchmal acht Stunden am Tag. Das hatte mich gelehrt, mich in Stille zu konzentrieren. Ich hatte gelernt, ohne Worte zu beobachten und zu kommunizieren, zuzuhören und sofort zu antworten, mich vollkommen dem Moment hinzugeben, in der Bewegung zu meditieren, dem Schmerz nicht auszuweichen, sondern durch ihn hindurchzuatmen, trotz Schweiß, Krankheit, Leid und Verletzung weiter zu arbeiten und durch die mächtigste Kraft des Universums Selbstachtung aufzubauen – durch Anmut. Wenn ich nicht tanzte, las ich. Ich verbrachte Jahre hinter den Bühnen der verschiedenen Theater, kauerte im Halblicht, blinzelte über den Schriften von Edgar Cayce, Jane Roberts, Taylor Caldwell und Ruth Montgomery. Medien faszinierten mich, ich suchte sie auf, ich las über sie, aber ich glaubte nie an meine eigenen übersinnlichen Fähigkeiten. Ich hätte mich totgelacht, wenn man mir vor zehn Jahren gesagt hätte, dass ich einmal als berufliches Medium arbeiten würde.

Allerdings war ich so sehr von der metaphysischen Philosophie durchdrungen, dass ich an jedem neuen Wohnort immer sofort zur zuständigen Hexe oder zum widerwilligen Ghostbuster auserkoren wurde. Völlig normale, unauffällige Leute riefen mich an, wenn sie psychisch im Schlamassel steckten, und erzählten mir Dinge, die sie keinem anderen gegenüber zu erwähnen gewagt hätten. Eine recht harmlose Freundin rief an und erzählte mir, dass ein Poltergeist in ihrer Garage ihre Plastik-Babypuppen in der Luft schweben ließ. Wen sollte sie rufen, um dem Spuk ein Ende zu setzen? Mich natürlich. Eine andere, sehr schwatzhafte Freundin klagte mir, ihr neuer Freund hätte ihr anvertraut, dass er sich in einen Wolf verwandeln könne. Sie ließ ihn sofort fallen, und bei wem deponierte sie ihn? Bei mir natürlich. Eine andere Freundin erzählte mir, sie hätte einen Mann getroffen, der erklärte, von den Plejaden zu stammen – nicht etwa ein Geist von einem entfernten Planeten, der sich im Körper eines Erdlings inkarniert hatte, sondern ein Außerirdischer, der *direkt* von den Plejaden kam. (Ich zuckte mit keiner Wimper. Halb Los Angeles stammt angeblich von anderen Planeten.)

Ich selbst habe weder Babypuppen beim Picknick in den Lüften gesehen noch eine Verwandlung à la *Ein amerikanischer Werwolf in London* erlebt. Auch den Außerirdischen konnte ich nicht überreden, mir sein Raumschiff zu zeigen. Aber wo auch immer ein ausgeflippter Poltergeist, ein Werwolf oder ein Außerirdischer die Stadt unsicher machten, wurde ich als Erste konsultiert. Warum? Meine Freunde hätten auf diese Frage sicherlich einstimmig geantwortet: „Ich wusste nicht, wen ich sonst hätte anrufen sollen. Niemand sonst hätte mir geglaubt."

Schön und gut, aber jetzt Themenwechsel. Nun bin ich an der Reihe. Dieses Buch wird deine Grenzen auf die Probe stellen. Sehen wir mal, ob *du* die Nerven hast, *mir* zu glauben. Ich weiß, diese Erzählungen klingen fantastisch, aber um mir so etwas auszudenken, müsste ich schon genial fabulieren können, und ich versichere dir, das ist nicht der Fall. Ich habe lediglich die Namen und Identifizierungsmerkmale einiger Menschen und ihrer Tiere verändert, um ihre Privatsphäre zu schützen.

Ein einziger Tier-Workshop öffnete mir magische Schleusen – Schleusen, die nach all den Jahren transzendentaler Meditation bereits am Bersten gewesen waren. Ich habe schon immer Lust auf Meditation gehabt. Ich habe jahrelang an wöchentlichen Meditationskursen teilgenommen, die sich auf das Öffnen des dritten Auges konzentrierten, habe mein ganzes Leben lang als Erstes begeistert morgens meditiert. Weil Telepathie ohne eine umfassende Schulung in Meditation praktisch unmöglich ist, enthält dieses Buch eine Ansammlung von Meditationstechniken, die mich meiner Ansicht nach zu der Entdeckung führten, dass ich Tiere hören kann. Ich möchte hier die Techniken weitergeben, die meine übersinnlichen Kräfte mobilisiert haben. Telepathie ist eine geistige *Disziplin*, kein Firlefanz und kein Hokuspokus. Sie kann und sollte keine halbherzige Sache sein. Die Psyche muss genügend Form und Substanz haben, um ihr standhalten zu können, und sie lässt sich niemals erzwingen. Wenn du die Telepathie erlernen möchtest, um Tiere besser beherrschen zu können, werden die Tiere nicht so reagieren, wie du es dir wünschst.

Sobald ich von dem ersten Workshop nach Hause zurückkehrte, übte ich fanatisch mit meinem Kater und konnte mich bald sehr gut in Katzen hineinversetzen. Auf Rodneys Bitte besuchte ich ein Tierheim, in dem man streunende Katzen nicht einfach tötete, und dort erwählte mich ein bezauberndes schwarzweißes kokettes Kätzchen namens Betty. Rodney verliebte sich auf der Stelle in sie, und all seine Probleme lösten sich in ihrer Gesellschaft in Luft auf. Im Laufe des Jahres fand ich dann den berüchtigten Mr. Jones, der sich aus einem Abfalleimer hinter einem der feinsten Fischrestaurants von Los Angeles mit Lachs verköstigte. (Er hatte immer den tadellosesten Geschmack der Welt.) Mr. Jones sollte bald meine Leidenschaft werden, mein Meister und mein Assistent: Wenn ich mir kein klares Bild von einem anderen Tier machen konnte, fragte ich Mr. Jones. (Wenn du gelernt hast, mit einem Tier zu kommunizieren, kann es dir auch deine Fragen über andere Tiere beantworten.) Während ich dieses Buch schrieb, verlor ich Rodney. Betty blieb bei meinem Exfreund, aber dafür gewann ich Oscar, Billic, Cyrus und Ella, über die ich im letzten Kapitel dieses Buches schreiben werde.

Am Anfang war die Kommunikation mit meinen eigenen Katzen ein Kampf. Meine Emotionen blockierten mein Schaltsystem. Aber bald nachdem der Durchbruch bei dem Workshop erfolgt war, hatte ich lebhafte Träume, in denen Rodney auf meinem Brustkorb stand und laut mit mir Englisch sprach. Seine Schnauze bewegte sich beim Sprechen wie der Mund einer Marionette von *Wallace & Grommit*. Schließlich konnte ich ihm Fragen stellen, bevor ich nachts einschlief, und dann sowieso nur träumte, dass er auf meinem Brustkorb stand und mir auf Englisch antwortete.

Ich träumte nun auch von anderen sprechenden Tieren: von Giraffen, Dachsen, Elefanten und Lamas. Etwas öffnete sich in meiner Psyche – etwas schlüpfte möglicherweise aus –, etwas Exotisches, Zerbrechliches und schrecklich Verrücktes. Es ging drunter und drüber in meinen Träumen. In meinem Traumzustand nahmen die Tiere menschliche Gestalt an, wenn sie sich mit mir unterhielten. So bekloppt wie es sich anhört und so sehr ich dagegen anzukämpfen versuchte – es kam Information herein: medizinische Information, psychologische Information, akkurate Information. Ja, sie war erschreckend akkurat. Ich verpflichtete mich, dem Prozess vertrauen zu lernen. Sollte mir das Universum wirklich diese spektakuläre neue Fähigkeit schenken, dann musste ich mich einer gewaltigen Umwandlung unterziehen, um mich auf sie einstellen zu können.

Seit dieser Initiation ist mehr als ein Jahrzehnt vergangen, in dem ich Tiere und ihre Menschen beraten und Unterricht in Kommunikation zwischen den Spezies gegeben habe. Es gibt noch viele Wunden, die die Menschheit heilen muss, dennoch sind die Faszination der Kontaktaufnahme und das Liebevolle an der Kommunion mit Tieren eine Belohnung ohne Ende. Auf dieser wenig bereisten Straße habe ich mehr Zauberhaftes in mir und in der Welt um mich herum gefunden, als ich jemals zu träumen gehofft hätte. Ich werde über einige der erstaunlichsten Gespräche und Enthüllungen schreiben, die ich über die Jahre erlebt habe. Aber zuerst möchte ich erklären, wie der telepathische Prozess funktioniert, damit du deine eigenen Fähigkeiten erwecken kannst.

Im zweiten Kapitel werde ich dich mit neuen Begriffen bekannt machen und dich schrittweise durch eine Reihe von Übungen führen, mit denen sich die Barrieren der Kommunikation überwinden lassen, die uns von den Tieren und voneinander trennen. Um diese neuen Fähigkeiten nutzen zu können, musst du vielleicht viele deiner lebenslangen Glaubenssysteme aufgeben. Deine Transformation kann schnell geschehen, und dies ist oft bei meinen Studenten der Fall. Es ist aber auch möglich, dass sich deine psychischen Sinne langsam öffnen, so wie sich die Blütenblätter einer Rose langsam entfalten. Vertraue deinem Prozess. Dies ist eine Übung in Vertrauen.

Am Ende dieses Kapitels werde ich eine Reihe von Techniken vorstellen, die dir helfen können, eine Brücke zwischen dir und deinem Tier zu bauen und seine Bedürfnisse, Wünsche, Vorlieben und Abneigungen zu entdecken.

Im folgenden Kapitel über Hellfühlen werden wir uns auf die Gefühle deines Tieres konzentrieren, auf mögliche emotionale Traumata und auf Taktiken zum Auflösen von Verhaltensproblemen. Im Kapitel über Hellhören werden wir Techniken erforschen, die dich ermutigen, die Gedanken deines Tieres in gesprochenen Worten zu hören. Mit Hilfe der Gestalttherapie werden wir entdecken, wo es Tieren weh tut und was sie körperlich und ernährungsmäßig benötigen. Schließlich werden wir uns mit Übungen beschäftigen, mit denen du nicht nur lebende Tiere aufspüren kannst, die gestohlen wurden oder verloren gingen, sondern auch mit den Seelen von Tieren kommunizieren lernst, die diese Erde verlassen haben.

Die leichteste und am leichtesten zugängliche Fähigkeit ist Telepathie oder ASW, der Austausch von Bildern von einem Bewusstsein zum anderen. Aber da du zuerst ein Verständnis von der Natur der Gedanken entwickeln musst, lade ich dich ein, mit mir neun Schritte zu erforschen, bevor wir tatsächlich mit den Tieren üben.

Kapitel 2:
Hellsehen – Von Bewusstsein zu Bewusstsein

Vorstellungskraft ist wichtiger als Wissen

Albert Einstein

Stufe eins: Telepathie verstehen

Gedanken haben mehr Substanz, als wir uns je vorgestellt haben. Erst jetzt beginnt man langsam in unserer Kultur die Idee zu akzeptieren, dass Gedanken Macht haben.

Akzeptiert wird nun allmählich auch, dass manche Menschen diese Gedanken auf ganz natürliche Weise wahrnehmen können und dass das mehr ist als bloße Science-Fiction. Hier in Amerika werden wir jedes Mal, wenn wir fernsehen oder eine Buchhandlung betreten, mit übersinnlichen Phänomenen und Geschichten von Engeln, Geistern und mentaler Telepathie überschwemmt.

Vielleicht ist dir die Vorstellung neu, dass wir alle – jeder einzelne von uns – übersinnliche Kräfte besitzen. Wir alle haben die Fähigkeit zur Telepathie, und das liegt nicht nur genetisch und physiologisch im Bereich des Möglichen, sondern wir kommunizieren bereits jeden Tag telepathisch miteinander.

Wer hat nicht schon einmal die Erfahrung gemacht, dass das Telefon klingelt und man weiß, wer am anderen Ende ist, bevor man den Hörer aufnimmt? Oder man denkt nach Jahren zum ersten Mal wieder an einen alten Freund oder Bekannten. Das Bild dieses Menschen geht einem nicht mehr aus dem Kopf, und noch am gleichen Tag ruft er dann „aus heiterem Himmel" an oder man läuft ihm „zufällig" über den Weg. Oder du fährst – aus dir selbst unerklärlichen Gründen – eines Tages eine andere Strecke zur Arbeit als die übliche und stellst später fest, dass du damit einem Unfall oder einem Straßenhindernis entgangen bist und vielleicht sogar dein Leben gerettet hast.

Dieser Instinkt wird etwas schnodderig „weibliche Intuition" genannt. Doch solche Geisteskräfte sind bei Männern ebenso vorhanden und ebenso verbreitet wie bei Frauen. Es ist schade, dass das Reich des Instinkts oft als etwas Frivoles und Unzuverlässiges abgetan wird.

Wenn du jenseits allen Zweifels weißt, dass etwas mit deinem Kind nicht stimmt, selbst wenn es außer Sicht- und Hörweite ist, und dann herausfindest, dass dein Verdacht berechtigt war ...

Wenn du weißt, dass einem deiner Freunde oder Familienmitglieder etwas zugestoßen ist, obwohl du es bewusstermaßen gar nicht wissen konntest, und dein Verdacht dir Recht gibt ...

Benutzt du deine psychischen Sinne? Benutzt du die Kräfte der mentalen Telepathie? Aus irgendeinem Grund mag es schwierig sein, das zuzugeben. Wir fühlen uns vielleicht sicherer, es „Intuition" zu nennen, „Instinkt" oder „nur so ein Gefühl". Wie oft sagen Leute: „Ich *wusste* es genau! Ich weiß nicht wie, aber ich wusste es." Bedauerlicherweise höre ich häufig diese Sätze im negativen Sinn: „Ich *wusste*, dass ich diese Aktie nicht hätte kaufen sollen!" oder: „Ich *wusste*, dass ich den Fisch nicht hätte essen sollen!" Diese Klagen werden fast immer von Selbstverurteilung begleitet: „Aber ich hörte nicht auf meine Intuition" oder „Ich traute meinem ersten Gefühl nicht."

Wenn du jemals gestöhnt hast „Ich *wusste* es ...", dann solltest du folgende Fragen beantworten: Woher wusstest du es? Was sprach zu dir? Deine Intuition? Dein Höheres Selbst? Dein Schutzengel? War es Gott selbst? Oder hast du die *Gedanken* anderer Leute aufgefangen? Reagiertest du auf ihre mentalen Bilder?

Es gibt nichts Neues über diese Konzepte zu sagen. Es gibt keinen unter uns, der *nicht* sensitiv wäre. Jedem von uns ist die Fähigkeit der telepathischen Kommunikation zugänglich, und ich glaube mit jeder Faser meines Herzens, dass diese angeborene Kraft im nächsten Jahrhundert in unserer Gesellschaft so allgemein verbreitet sein wird, wie es die Elektrizität im letzten Jahrhundert geworden ist.

Was hat all das mit der Kommunikation mit Tieren zu tun? Diese missverstandenen Naturgesetze beziehen sich auf unsere Kommunikation mit Tieren genauso wie auf unsere Kommunikation untereinander. Um mit einem Lebewesen mental kommunizieren zu können, muss man zunächst einmal verstehen, was Gedankenformen sind und wie sie funktionieren.

Ich habe dich zuerst mit der Möglichkeit der Telepathie zwischen Menschen vertraut gemacht, weil sie geläufiger ist und diese Fähigkeiten wertvoll sind beim Umgang mit nichtverbalen Menschen wie Komapatienten oder Babys, doch die Prinzipien der Telepathie mit Tieren sind genau die gleichen. Es gibt keinen Unterschied. Kommunikation ist Kommunikation. Aber was genau ist sie?

Stufe zwei: Kommunikation neu definiert

In unserer Kultur machen wir es uns ziemlich einfach mit dem Begriff der Kommunikation. Nach gängiger Auffassung wäre Kommunikation nichts weiter als der Austausch von Worten. Doch das ist trügerisch. Wir müssen uns daran erinnern, dass die Worte, mit denen wir Menschen, Gegenstände, Orte, Gefühle und Ereignisse in unserem Leben beschreiben, nicht tatsächlich die Menschen, Gegenstände, Orte, Gefühle und Ereignisse sind. Worte sind nichts weiter als *Symbole* für die greifbareren Gegenstände in unseren Welten. Sprache ist nur ein Aspekt von Kommunikation. Kommunikation ist der rohe Austausch von Emotion und Bildern unter Lebewesen. Wir sprechen nicht, *anstatt* telepathisch zu kommunizieren – wir sprechen, *während* wir telepathisch kommunizieren.

Nehmen wir an, du hast eine neue Couch gekauft und versuchst sie zu beschreiben. Du machst dir im Geist ein Bild von der Couch und einigen Details: Farbe, Stoff, Größe, Gewicht, Weichheitsgrad.

Wenn du dich mit jemandem unterhältst und etwas beschreibst, hat dein Gegenüber vielleicht plötzlich einen Geistesblitz und versteht dich dann. Unabhängig davon, wie gut oder schlecht du die Couch beschreibst, kann dein Freund auf einmal im Geist das Bild von dem „sehen", was du ihm zu vermitteln versuchst. Vielleicht ruft er aus: „Ich *weiß,* worüber du sprichst!" Dann mag er deine Beschreibung in Worte fassen, die einen Sinn für ihn ergeben, oder den von dir beschriebenen Gegenstand mit etwas vergleichen, was ihm *vertrauter* erscheint. (Merke dir dieses magische Wort: *vertrauter.)* Wir benutzen nur so lange Worte, bis wir erfolgreich die Bilder in unserem Geist übertragen haben.

Bei allem, was wir einander per Sprache beschreiben, halten wir stets im Geist eine Serie von Bildern fest, die manchmal von starken Emotionen begleitet sind. Sprache erfasst die Kommunikation nicht. Kommunikation ist etwas viel Tieferes.

Stufe drei:
Den Film wahrnehmen – nicht nur die Tonspur

Hattest du jemals das Gefühl im Bauch, dass dich jemand belügt? Auch wenn diese Person sehr geschickt log und ihre Erzählung glaubhaft klang, wusstest du tief in deinem Bauch, dass sie die Unwahrheit sprach. Wie wusstest du es? Der Film dieser Person passte nicht mit ihrer Tonspur zusammen. Die Bilder in ihrem Geist stimmten nicht mit ihren Worten überein.

Heißt das, dass du direkten Zugang zum inneren Film dieser Person hattest, zu ihren *Gedanken?* Vielleicht sagst du, du hast es ge*spürt,* dass die Person log. Welches Wahrnehmungsorgan hast du dann dabei benutzt?

Es gibt einen sechsten Sinn in allen von uns, der nicht mysteriöser ist als unser Seh- oder Geruchsorgan. Sein einziger Zweck ist, Gedanken zu übertragen und zu empfangen. Er kann Gedanken und Energieimpulse, die von anderen Lebewesen einschließlich der Tiere stammen, wahrnehmen, abwägen, registrieren und analysieren.

Stufe vier: Gedankenformen erkennen

Was sind Gedanken wirklich? Ich bin mir zweier unterschiedlicher Arten von Gedanken bewusst. Die erste Art von Gedanken ist eine Reproduktion der Person, die sie aussendet. Sie ist eine Emanation, die durch eine besondere Absicht erzeugt wird und deren Auftrag es ist, der Absicht des Betreffenden gemäß zu handeln. Diese Gedanken tragen deswegen den emotionalen Inhalt dessen, der sie gesendet hat. Sie haben eine Absicht und eine Lebensspanne. Und genau deshalb funktioniert positives Denken. Leider funktioniert deshalb auch negatives Denken. Ängste sind nichts weiter als dunkle Gedanken, die wir zum Leben erweckt haben.

Was auch immer wir denken, sei es positiv oder negativ, wird für gewisse Zeit ein eigenständiges Leben annehmen, sich in der Welt manifestieren und schöpferisch tätig sein.

Mit solchen Gedanken erzeugen wir eine schattenhafte Kopie von uns selbst, die wir hinaus in die Welt um uns entlassen. Diese Kopie kann den Emotionen und Wünschen entsprechend sprechen und handeln, die sie erschufen. Schließlich wird eine solche Gedankenform immer schwächer, bis sie ganz verblasst, es sei denn, wir verstärken sie durch unser Verlangen und füllen ihre Form und Absicht wieder auf.

Man kann dies mit einer Radiostation vergleichen. Ein Signal wird auf einer gewissen Frequenz gesendet. Jenes Signal kann stark oder schwach sein und verstärkt werden, indem man mehr Energie hineinsteckt. Jeder kann das Signal auffangen, sofern er ein Rundfunkgerät hat, mit dem er den betreffenden Kanal empfangen kann. Das menschliche Gehirn arbeitet auf ähnliche Weise. Ob wir es erkennen oder nicht: Wir alle erzeugen Gedankenformen und senden Signale hinaus.

Meine erste direkte Erfahrung mit dieser Art von Gedankenform fand in einem Traum statt, den ich vor fünfzehn Jahren hatte. Mein damaliger Freund war ein Medium, aber ich war mir meiner eigenen übersinnlichen Fähigkeiten nicht bewusst. Er hatte es schwer, mich zu überzeugen, dass Gedanken real waren.

Ich hielt ein Mittagsschläfchen und war tief in einen Traum verstrickt, als mein Traum plötzlich von meinem Freund unterbrochen wurde, der in mein Schlafzimmer kam und seine Arme um mich schlang. Ich erwachte abrupt oder glaubte das zumindest, bis ich mich umdrehte. Ich war überrascht, meinen Körper schlafend im Bett liegen zu sehen. Hier saß ich mit meinem Freund an diesem Ort zwischen Wach- und Traumzustand am Fußende meines Bettes. Obwohl ich mir meiner selbst so bewusst war, wie dies nur im Wachzustand möglich ist, konnte ich *nicht* wach sein, da ich meinen Körper zusammengerollt im Bett sehen konnte. Ich konnte aber auch nicht schlafen, denn mein Freund hatte meinen Traum abrupt unterbrochen und mein Bewusstsein ins Schlafzimmer zurückgebracht. Er legte seine Arme von hinten um mich und küsste mich zwischen die Schulterblätter. Ich sah seinen Körper und fühlte ihn so stark, als sei er tatsächlich anwesend. Sein Körper hatte Gewicht und Masse, und ich spürte auch die Wärme seiner Berührung. Dann hörte ich seine Stimme laut in meinem Ohr: „Wach auf. Es ist Zeit aufzuwachen."

Wenige Sekunden später klingelte das Telefon und „mein Freund" flog aus dem Zimmer. Der Klang des Telefons trieb mich in meinen Körper zurück, und ich wurde nun wirklich wachgerüttelt. Als ich den Telefonhörer abhob, war mein Freund am anderen Ende der Leitung.

„Hast du meinen Gedanken empfangen?", fragte er. Ich war verblüfft.

„Du warst gerade hier!"

„Nein, das war ich nicht wirklich", sagte er. „Ich schickte dir nur einen Gedanken. Ich bat dich aufzuwachen."

Nach dieser erstaunlichen Initiation fing ich an, sensitiver auf die Gedanken anderer Leute zu reagieren und mir über die Gedanken bewusster zu werden, die ich selbst aussandte.

Der zweite Typ von Gedankenformen ist keine Kopie der Person, die sie aussendet, sondern lediglich das Bild eines unbelebten Gegenstandes. Wir beschwören ständig Bilder in unserem Geist herauf und schicken sie in die Welt hinaus. Wir feuern auch emotionale Gedankenformen ab, die voll von Verlangen sind. Tiere senden beides aus, Kopien ihrer selbst als Gedankenformen und Bilder unbelebter Gegenstände. Eins der besten Beispiele dieses geistigen Fangspiels lieferte mir mein Exfreund Benjamin. Eines Tages hatte ich ein ungeheures Verlangen nach Käsepopcorn und brauchte außerdem ein paar AA-Batterien für meinen Minikassettenrecorder. Da ich aber an dem Tag sehr beschäftigt war, hatte ich nicht die geringste Lust loszufahren und die Batterien und Popcorn zu kaufen.

Obgleich ich kein Wort darüber verlor, kam Benjamin am Abend mit Käsepopcorn und AA-Batterien von der Arbeit. Er hatte keine Lebensmittel eingekauft und mir nichts anderes mitgebracht – nur Popcorn und Batterien.

Er sagte, er hätte auf dem Nachhauseweg an einem Geschäft angehalten und einfach diese zwei Artikel gekauft. Als er nach Hause kam, sagte er: „Ich dachte, dass du das vielleicht gebrauchen kannst." Ich fragte ihn, wie er gewusst hatte, dass ich mir den ganzen Tag die zwei Artikel gewünscht hatte. Seine Antwort lautete: „Sie gingen mir einfach nicht aus dem Kopf. Ich wusste, dass ich sie selbst nicht brauchte, deshalb nahm ich an, dass die Gedanken von dir kamen." Im Lauf von sieben Jahren wurde unsere telepathische Verbindung so stark, dass ich sehen konnte, wie seine Schattenreproduktionen in den Raum traten, und sie sprechen hörte: „Ich muss heute Abend bis spät arbeiten." Oder: „Ich habe mittags chinesisch gegessen." Manchmal war der Schatten so schwach, dass ich ihn nicht sehen konnte, aber ich fühlte seine warme, prickelnde Gegenwart in der Luft, und stärker noch war der Geruch nach Benjamins Kölnisch Wasser. Wir alle besitzen die Kraft der direkten Verbindung, und wir besitzen sie aus einer Notwendigkeit heraus. Wenn uns ein Erdbeben, ein Tornado, eine Überschwemmung oder eine andere Naturkatastrophe davon abhält, das Telefon zu benutzen, können wir uns auf unsere inneren Kommunikationsleitungen verlassen. Hätten unsere Ahnen ihre Intuition nicht benutzt, um frisches Wasser, Nahrung und Lagerstätten zu finden, wäre keiner von uns jetzt hier. Die übersinnliche Fähigkeit ist das Geburtsrecht des Menschen.

Stufe fünf:
Das Anerkennen unserer angeborenen Fähigkeit

Die Indianer glauben, dass es nichts Übernatürliches gibt. Sich auf die Intuition zu verlassen und sie mit einzubeziehen ist genauso „natürlich", wie wenn wir darauf vertrauen, dass unser Knochengerüst den Körper stützt oder unser Magen die Nahrung verdaut. Die Aborigines von Australien sind das älteste und isolierteste indigene Volk der Erde, unverdorben von der Außenwelt. Würden sie ihre psychischen Sinne nicht benutzen, um Wasser in der unendlichen Weite der australischen Wüste zu finden, wären sie bereits vor Tausenden von Jahren verdurstet.

Ich glaube, dass selbst bei uns schwerfälligen, glücklosen, maschinensüchtigen Amerikanern bis zum Alter von vier, fünf Jahren alle psychischen Sinne intakt sind, bis sie uns dann von kritischen Erwachsenen und dem Ansturm der Erziehung ausgetrieben werden. Ich kenne kein Kind, das keine „unsichtbaren Freunde" hätte oder die „hübschen Lichter" nicht sehen könnte, dem es nicht möglich wäre, sich an vergangene Leben zu erinnern, die Gedanken von Tieren zu hören oder völlig ungeniert mit Familienmitgliedern und Freunden telepathisch zu kommunizieren. Wenn Kinder genug Kritik eingesteckt haben und regelmäßig Bemerkungen über ihre „wilde Einbildung" zu hören bekommen, schließen sie daraus, dass sie irrational sind, und behalten schließlich die Informationen für sich. Im Laufe der Zeit lernen sie, die Übermittlungen gänzlich zu ignorieren.

Studien der Zirbeldrüse, die sich zwischen den Augen befindet und der man die Eigenschaften des „Dritten Auges" zuschreibt, zeigen, dass die Drüse im Alter von sieben bis acht Jahren anfängt zu verkümmern, um sich im weiteren Reifungsprozess des Kindes nur noch stärker zurückzubilden. Die Wissenschaft weiß mit der winzigen zapfenförmigen Drüse nichts anzufangen. Fest steht lediglich, dass deren Aktivität zum Stillstand gelangt, sobald wir in die Pubertät kommen. Von da an ist der Körper natürlich besessen von dem, was unterhalb der Taille geschieht!

Stufe sechs: Die rechte Gehirnhälfte nutzen

In *Drawing on the Right Side of the Brain* legt Betty Edwards dar, dass die linke Gehirnhälfte die analytischen Fähigkeiten sowie den kritischen Geist, die Kräfte der deduktiven Argumentation und das Ego beherbergt. Das „Ich", das wir alle kennen, ist in der linken Hemisphäre unseres Gehirns zu Hause.

Bei schätzungsweise 70 Prozent der Menschen haben die kommunikativen Fähigkeiten ihren Platz ebenfalls in der linken Gehirnhälfte, aber ich vermute, dass meine in der rechten Seite zu finden sind (obgleich tief unten). Das erklärt vielleicht, warum ich telepathische Übermittlungen im gesprochenen Wort in englischer Sprache empfange. Diese Fähigkeit wird Hellhören genannt.

Wenn die verbalen Fähigkeiten der linken Gehirnhälfte zum Schweigen gebracht werden, kommen die in der rechten Gehirnhälfte angesiedelten visuellen Fähigkeiten zum Zug und können eine angenehme Ruhepause herbeiführen, in der man frei von beurteilendem Denken ist. In der rechten Hemisphäre des Gehirns findet kein Beurteilen statt; hier gibt es nur die reine Erfahrung, die kleine Kinder wohl jederzeit genießen.

Der gleiche veränderte Bewusstseinszustand wird auch bei allen künstlerischen Unternehmungen erreicht, in denen genügend Meisterschaft im Spiel ist, so dass der Geist abschalten und der Körper „automatisch" funktionieren kann. Auch professionelle Basketballspieler und Praktizierende der Transzendentalen Meditation haben mir diesen Glückszustand geschildert, und Gleiches ist von Schlittschuhläufern, Bildhauern, Skiläufern, Jongleuren, Fußballspielern und sogar Küchenchefs zu berichten, um nur einige zu nennen. Viele Jazzmusiker sprechen ehrfürchtig vom „Groove", und bei manchen Tänzern heißt es einfach „Ankommen". In *The Inner Game of Tennis* sagt Timothy Gallwey, der Focus des Spielers müsse immer auf das gerichtet bleiben, was gerade geschieht, anstatt auf die Beurteilung des eben Geschehenen. Auf diese Weise wird der Geist im gegenwärtigen Moment so wach gehalten, dass er keine Zeit hat, das Geschehene zu beurteilen, auch wenn es Lob verdient. Tänzer, Athleten, Künstler, (hoffentlich auch) Flugzeugpiloten und Rennfahrer lernen, im Augenblick zu bleiben. Nur im gegenwärtigen Augenblick finden wir den Zustand perfekter Konzentration, in dem kein beurteilendes Denken stattfindet.

Nach einer anderen Theorie ist der Schlüssel zur Stimulierung der übersinnlichen Kräfte weder in der rechten noch in der linken Gehirnhälfte zu finden. Das Gehirn soll vielmehr möglichst vollständig ausgeschaltet werden, damit wir uns in die Stille des Herzens begeben können. Nur im Herzen entgehen wir unserem mentalen Geplapper und können dann den Geist so lange zum Schweigen bringen, bis er endlich wahrhaft zuhört.

In der westlichen Welt ist diese Vorstellung praktisch unbekannt, doch treffen wir sie in allen östlichen Religionen an, die Erleuchtung durch Meditation suchen. Wir werden dieser Technik im Abschnitt über Hellfühlen nachgehen – der Kunst, Gefühle von anderen Lebewesen aufzufangen.

Stufe sieben: Lernen, Geduld mit uns zu haben

Für das Erlernen der Telepathie gibt es ein System von Verfahren mit einem sehr konkreten Aufbau. Wenn du diese Verfahren lernst und so oft übst, dass sie Teil deines Körpers werden, kannst du dein Gehirn ausschalten und einen Zustand vorübergehender Gnade genießen.

Nichtverbale Kommunikation ist eine Kunst wie alle anderen Künste. Mit der Zeit wird uns der Zugriff auf die rechte Seite des Gehirns zur Gewohnheit werden, anstatt nur ein Zufallstreffer zu sein. Telepathie ist äußerst künstlerisch, denn sie ist die Fähigkeit, in Bildern zu denken – Bilder zu senden und zu empfangen, die wir im Geist wie auf der Leinwand eines Malers erschaffen haben.

Rad fahren ist eine Aktivität der rechten Gehirnhälfte, aber als du es die ersten paar Male probiert hast, erforderte es deine ganze linksseitige Konzentration und Aufmerksamkeit. Jetzt brauchst du dafür wahrscheinlich so wenig Aufmerksamkeit, dass du überhaupt nicht bewusst darüber nachdenken musst. Selbst das Gehen war einmal ein unsicheres Unterfangen. Mit der Praxis wird die psychische Kommunikation bald nur noch ein alter Hut für dich sein. Dann gehst du spazieren und unterhältst dich gleichzeitig telepathisch mit deinem Hund, ohne dich auf die eine oder andere Fähigkeit konzentrieren zu müssen.

Stufe acht: Vom gewohnten Weg abrücken

Wir menschlichen Tiere haben an einem Tag etwa vierzigtausend Gedanken (obwohl ich ein paar Leute kenne, die schwören würden, nur zwei oder drei Gedanken an einem guten Tag zu haben). Wenn ein Tier oder auch eine andere Person Kontakt aufzunehmen versucht, werden sie immer ein Besetztzeichen erhalten. Die Hauptaufgabe des menschlichen Gehirns ist ganz offensichtlich, so viele Nachrichten wie irgend möglich auszusenden und um jeden Preis beschäftigt zu wirken.

Etwa vierzigtausend Impulse werden also täglich von deiner persönlichen Radiostation in die Welt um dich herum ausgesendet. Wären deine Gedanken dem bloßen Auge sichtbar, dann würden wir sie pausenlos hinausströmen sehen – und dies den ganzen Tag, Tag für Tag.

Um telepathisch zu kommunizieren, musst du aufhören, Signale auszusenden. Du wirst lernen, den Diskjockey abzuschalten, deine Kanäle zu klären und zu *empfangen*. Der sechste Sinn ist feiner als die anderen fünf. Das Dritte Auge wird anfangen zu pulsieren und aus seinem Schlaf erwachen, sobald es endlich von Frieden und vollkommener Stille umgeben ist.

Du wirst entdecken, dass du nicht deine Gedanken bist. Wenn du dich von deinen eigenen Gedanken so sehr abgelöst hast, dass du dich in völliger Stille erfahren kannst, wirst du ein größeres *Du* finden. Du kannst es *Geist, Seele, Höheres Selbst, den Zeugen, Beobachter* oder die *unsterbliche göttliche Essenz* nennen. Das *Du*, das nicht deine Gedanken ist, hat übernatürliche Kräfte.

Das neue Du wird aufnahmefähiger sein, als du es jemals für möglich gehalten hast.

Stufe neun: Die eigene Göttlichkeit ehren

Ich finde, dass das Paradigma von der göttlichen Mutter – auch wenn man sie Mutter Natur nennt – der übersinnlichen Kommunikation zuträglicher ist als die Vorstellung von einem männlichen Gott, der uns erst erschaffen und dann allein gelassen hat und jetzt irgendwo anders lebt. Die Vorstellung, dass die Welt Teil des göttlichen Körpers ist und wir damit Teil der Mutter Erde, ist eine brauchbarere Abstraktion für die telepathische Kommunikation. Wenn du dich in den Finger schneidest, heilt er automatisch. Ist das nicht Beweis genug, dass es in dir vollkommene Göttlichkeit gibt, die jenseits deines Verständnisses liegt? Es gibt keine Trennung zwischen uns und der Göttin in uns oder außerhalb von uns, zwischen den Menschen und den anderen Geschöpfen der Göttin. Wir leben im Körper der Göttin, und die Göttin lebt in unserem Körper und ist dort gut aufgehoben.

Erforsche ganz spielerisch folgende Meditation mit deinem Tier. Wenn dir das wie ein gewaltiges Stück Arbeit erscheint, blockieren vermutlich deine Ängste und Sorgen dein Schaltsystem. Denk daran, dass der Schlüssel zu dieser Meditation das Wort *Mühelosigkeit* ist. Vielleicht hältst du dich besser an Fragen, deren Antworten du nicht kennst, und wieder einmal könnte dich dein Tier mit seinen Antworten überraschen. Es mag am Anfang produktiver sein, mit den Tieren deiner Freunde zu üben, weil du über sie nicht so viele vorgefasste Vorstellungen hast und deine Freunde dir helfen können, die gewonnenen Informationen zu überprüfen. Schreib alle deine Wahrnehmungen in einem Tagebuch nieder oder nimm einen Kassettenrecorder, wenn du dich beim Sprechen wohler fühlst.

Techniken für die Interspezies-Kommunikation

Ich schließe meine Augen, um zu sehen.

Paul Gauguin

Hellseh-Übung: Mit dem Tier Bilder austauschen

1. Entspanne deinen Körper. Finde einen Ort, wo du dich völlig entspannt und sicher fühlen kannst. Trage weite, bequeme Kleidung. Stell das Telefon ab, zieh die Vorhänge zu und stelle sicher, dass du vollkommen ungestört bist. Vielleicht möchtest du deinen tierischen Freund bei dir haben. Vielleicht machst du es dir aber auch lieber im Freien bequem und setzt dich in den Garten, auf den Balkon oder in den Pferdestall. Es ist besser, du gehst zu deinem Tier, als dass du es zu dir holst. Die Nähe zu deinem Tier ist irrelevant. Du kannst so nah oder fern von ihm sein, wie du magst. Setz dich auf ein Kissen auf dem Boden oder auf einen Stuhl und halte die Wirbelsäule so aufrecht, dass du dich noch bequem dabei fühlst. Diese Stellung ermöglicht es der Energie, sich frei die Wirbelsäule hinauf und hinunter zu bewegen.

Leg dich nicht hin, weil dich das schläfrig machen kann und du dich dann nicht mehr konzentrierst. Vergewissere dich, dass sich auch dein Tier entspannen kann oder dass es zumindest unbeschwert spielt.

2. Fokussiere dich auf deine Atmung. Nimm drei tiefe Atemzüge. Fülle deine Lungen vollständig und entleere sie vollständig beim Ausatmen. Stell dir beim Ausatmen vor, dass alle Spannung aus deinem Körper fließt. Entspanne deinen Körper völlig. Lenke deine Aufmerksamkeit auf dein Herz und auf den gleichmäßigen Rhythmus deines Atems.

3. Gehe in die Stille. Schließe deine Augen und schaue mit geschlossenen Augenlidern sanft nach oben. Diese Augenbewegung erhöht deine Aufmerksamkeit für dein Drittes Auge. Stell dir deinen Denkprozess als Film vor, der im Theater vorgeführt wird. Beobachte, wie sich der Vorhang von beiden Seiten der Bühne vor deinem Denkensprozess schließt. Vielleicht fällt ein riesiger weißer Wandschirm von der Decke. Jetzt ist die Vorstellung vorüber. Jetzt sind keine Gedanken mehr erlaubt auf der Bühne. Wenn Worte zur Bühne zurückkehren, fang sie sanft auf und geleite sie weg. Lass die leere Bühne in einem schönen weißen Licht leuchten. Das Licht wird immer gleißender, während du es genießt, dich an diesem Ort ohne Worte auszuruhen.

4. Visualisiere deine Botschaft. Stell dir den Gegenstand vor, den du deinem Freund übermitteln möchtest, indem du ihn auf der Bühne siehst. Lass uns mit dem Futternapf deines Freundes beginnen. Stell dir den Futternapf – oder den Futtersack – deines Tieres vor. Visualisiere das leere Gefäß in der Mitte der Bühne und erlaube ihm, in deinem Geist Gestalt anzunehmen. Sieh es deutlich vor dir. Stell das Bild klar ein und mach die Ränder scharf. Beachte Größe, Tiefe, Umfang und Gewicht sowie alle Details, die dir bei der Beschreibung helfen. Besonders wichtig ist, dass du die Farbe des Gegenstandes lebhaft vor Augen hast.

5. Schicke Liebe. Verlagere deine Aufmerksamkeit auf dein Tier, ohne dabei die Augen zu öffnen, und konzentriere dich auf deine Liebe zu ihm. Sprich einen Moment lautlos mit ihm und denke an deine Liebe zu ihm. Frag dann höflich: „Darf ich sehen, was du siehst?" Wenn du mit den Worten „Ich liebe dich" beginnst, wird dir deine Bitte selten abgeschlagen werden.

Solltest du unerwartet Widerstand spüren, dann versuch die Technik später noch einmal. Wir sind immer höflich und drängen uns niemals auf.

Wenn du einen warmen Fluss des Einverständnisses zwischen euch beiden fühlst, stell dir vor, dass du durch eine Tür am Scheitel in den Körper des Tieres schlüpfst. Aus dieser Perspektive *bist du* das Tier. Du kannst nun mit seinen Augen sehen.

6. Stell eine einfache Frage. Es sollte eine Frage sein, die sich mit einem Bild beantworten lässt. In unserem Fall werden wir fragen: „Was möchtest du fressen?" Stell dir den leeren Napf, den du auf die Bühne projiziert hattest, nun direkt vor dir vor. Denk daran, dass du mit den Augen deines Tieres siehst und den Napf deshalb aus seiner Perspektive vorfindest. Wenn dein Freund klein ist, wirst du beispielsweise sehr nahe an der Schüssel sein. Denk an deinen Magen und wie schrecklich hungrig du bist. Fühl, wie dir das Wasser im Mund zusammenläuft, während du darauf wartest, einen großen Happen vom köstlichsten Futter der Welt zu nehmen. Projiziere jetzt den Gedanken, dass der Napf mit diesem Futter gut gefüllt ist.

7. Schnell! Fang jetzt den Gedanken auf! Zieh dich in die Stille zurück und empfange das Bild. Welches Futter ist es? Die Antwort wird blitzschnell eintreffen. Die Übermittlung findet fast gleichzeitig statt. Noch bevor du die Frage zu Ende gestellt hast, kannst du schon die Antwort erhalten haben.

8. *Vertrau dem ersten Gefühl.* Das erste Bild, das dir zufliegt, ist das richtige. Falls es dir eher merkwürdig vorkommt, könnte es eine verschlüsselte Information enthalten, die dir das Tier sendet. Wenn du mit einem Hund sprichst und er dir das Bild eines großen saftigen Steaks sendet, brauchst du natürlich nicht daran zu zweifeln, dass du erfolgreich mit ihm verbunden warst. Aber auch, wenn die Antwort unmittelbar keinen rechten Sinn ergeben will, solltest du ihr nicht misstrauen und das Übermittelte nicht einfach abtun. Vielleicht will das Tier ausdrücken, dass es ihm an einem Vitamin oder Mineral fehlt oder dass es mehr Grünzeug, Körner oder Ballaststoffe braucht. Wenn du das Bild von einem Bund Karotten von einem Pferd empfängst, ist die Botschaft klar, wenn das gleiche Bild dagegen von einem Hund kommt, will er dir vielleicht sagen, dass er Betacarotin oder Ballaststoffe nötig hat.

Jetzt ist nicht der Augenblick, die Botschaft zu analysieren. Nimm das, was kommt, einfach auf und akzeptiere es unbesehen. Später wirst du es dann mit deinem kritischen Geist entschlüsseln. Im Augenblick sollte alles nur ein Spiel sein.

Versuch, Sympathie aufzubringen, wenn es dir schwer fällt, ein Bild zu tolerieren – ein totes Rebhuhn oder eine frisch getötete Maus beispielsweise. (Ich werde in künftigen Übungen eingehend über Mut und Urteilsfreiheit sprechen.) Mach dir keine Sorgen, wenn es etwas ist, das du niemals essen würdest. Da du dich als dein Tier erfährst, wird dir die Nahrung auf jeden Fall köstlich schmecken.

Wenn du kein Bild empfängst, füll die Futterschüssel mit dem, wovon du *glaubst,* dass es dem Tier schmeckt, und das Tier wird dein Bild korrigieren. Dein Trockenfutter könnte sich beispielsweise in Hühnerbrust verwandeln. Bleib dabei und genieße die Erfahrung, dein Tier zu sein, während es frisst. Vielleicht hast du ja auch Lust, noch weitere Fragen zu stellen:

WAS IST DEIN LIEBLINGSSPIELZEUG? Sieh deine menschliche Gestalt von außen, wie sie deinem Freund ein Spielzeug zuwirft. Lauf diesem Gegenstand aus der Perspektive deines Freundes mit wilder Hingabe nach. Heb ihn begeistert mit seinem Maul auf. Was ist es? Welche

Farbe hat es? Wenn du nicht sofort Antwort bekommst, sende deinem Freund deine Vorstellung von seinem Lieblingsspielzeug. Wenn du Unrecht hast, wird er dir ein anderes Bild zurückschicken und deine Vorstellung damit *korrigieren.*

WO SCHLÄFST DU AM LIEBSTEN, WENN ICH NICHT DAHEIM BIN? Sieh, wie sich dein tierischer Freund bereitmacht, an seinem Lieblingsplatz zu schlafen. Fühl aus seiner Perspektive, wie du schläfrig wirst und schau dich um. Was siehst du? Welche Farbe hat das Bettzeug, der Teppich, das Handtuch, das Nest oder der Ast, auf dem er sich ausruht? Welches Material spürst du, welche Temperatur? Wie fühlt es sich unter seinem Körper an? (Du sendest vielleicht das Bild eines grünen Teppichs, und er korrigiert es mit einem Bild eines blauen Bettüberwurfs.)

WER IST DEIN BESTER FREUND? Sei darauf gefasst, dass das nicht unbedingt du bist. Sieh, wie dein Tier auf das Tier zuläuft, zukriecht oder zufliegt, das es am meisten mag. Das Gefühl von Liebe und Erregung zeigt dir, wen es liebt. Deswegen geht es nicht so sehr um den Gegenstand der Liebe, als um das Gefühl selbst, das wir erschaffen. (Wir werden den Austausch von Gefühlen im Kapitel über Hellfühlen erforschen.) Vielleicht ist es leichter, diese Frage in folgendem Bild zu stellen:

WER GIBT DIR LECKERBISSEN? Wenn du dir einen Leckerbissen vorstellst, der deinem Tier vor der Nase baumelt, wird es dir das Bild der Person senden, die ihm den Leckerbissen vor die Nase hält. Du wirst vielleicht überrascht sein, dass deine Nachbarn deinen Hund füttern.

WELCHE LECKERBISSEN MAGST DU AM LIEBSTEN? Sende ein Bild von dem Leckerbissen, den dein Tier deiner Meinung nach am liebsten hat, und lass dir dein Bild vom Tier korrigieren. Auch hier gibt es oft Überraschungen. Du könntest herausfinden, dass dein Tier am liebsten das Katzenfutter von nebenan frisst oder auch die Pommes frites, die es dir am Vorabend vom Tisch stibitzt hat.

WER NIMMT DICH IM AUTO MIT? Unternimm aus der Perspektive deines Tieres eine Autofahrt. Setz dich an seinen Platz und sieh, was es sieht. Denk daran, dass es nicht deine Größe hat. Es sieht die Welt von einem viel niedriger gelegenen Standpunkt aus. Schau jetzt, wer das Auto lenkt und mit „dir" redet und „dir" den Kopf tätschelt.

WOHIN FÄHRST DU AM LIEBSTEN IM AUTO? Sende das Gefühl der Erwartung und steig als dein Tier aus dem Auto. Betrachte die Welt um dich aus seiner Perspektive. Gibt es Vögel? Bäume? Wasser? Andere Tiere? Was ist auf dem Boden? Wonach riecht es?

WAS HAST DU HEUTE GEMACHT? Das ist eine gute Frage, wenn ihr zwei den ganzen Tag getrennt seid. Sende ein Bild von dem, was es deiner Meinung nach getan hat. Schlaf in seinem Bett, setz dich ans Fenster – vielleicht sendet es dir Bilder zurück, wie es an der Couch knabbert, aus der Toilette trinkt, die Tiere in der Nachbarschaft quält oder dergleichen. Nimm das mit Humor. Wenn es nach dem telepathischen Austausch bestraft wird, wird es sich dir nicht mehr anvertrauen.

Wenn du keine klare Antwort auf eine deiner Fragen bekommen kannst, dann erzwinge nichts und sei nicht entmutigt. Stell einfach gut gelaunt die nächste Frage. Erinnere dich, dass dies eine Scharade auf psychischer Ebene ist. Wenn du kein Bild erhältst, kannst du es ein andermal wieder versuchen, und wenn du unverständliche Bilder empfängst, wird dir ihr Sinn aller Wahrscheinlichkeit nach später aufgehen.

9. Verabschiede dich mit Anstand. Wenn du deinen Besuch beendet hast, bedanke dich bei deinem Freund dafür, dass er dir seine Gedanken und Wünsche anvertraut hat.

Sag ihm, dass du dankbar bist, dass er dich so großzügig in seinen Körper hineinließ, und dass du diese Form der Kommunikation mit ihm in Zukunft öfter üben möchtest. Danke ihm für das Gespräch und bitte ihn, geduldig mit dir zu sein. (Glaub keinen Augenblick lang, dass Tiere nicht jedes Wort verstehen, das wir sagen.)

10. Kehre in deinen Körper zurück. Nun kannst du üben, deinen Körper auf demselben Weg zu betreten, wie du den Körper deines Freundes durch ein Portal am Scheitel betreten hast. Konzentriere dich auf deine Atmung und lenke deine Aufmerksamkeit wieder auf dein Herz. Werde dir der Gefühle und Wünsche in deinem eigenen Körper bewusst und erinnere dich daran, dass die Gefühle, die du gerade im Körper deines Freundes erlebt hast, nicht die deinen sind. Dein Freund hat seinen eigenen Körper und du hast deinen. Obwohl ihr manchmal eure Erfahrungen teilt, seid ihr getrennt voneinander und einmalig.

Stell dir deinen Freund umgeben von einem Feld weißen Lichts vor – als würde er eine Rüstung aus Mondstrahlen tragen. Umgib jetzt deinen Körper mit deiner eigenen Mondstrahlenrüstung. Lass Kommunikation zu, aber haltet gleichzeitig eure Identitäten auseinander. Sogar diese Kommunion benötigt gesunde Grenzen.

11. Reagiere auf den Wunsch deines Tieres. Wenn deine Meditation beendet ist, musst du deinem Freund unbedingt das geben, worum er dich bat. Auch wenn du selbst nicht daran glaubst, dass dein Kontakt erfolgreich war, wird dein Tier *wissen,* dass du Kontakt geknüpft hast, und auf die Erfüllung deines Versprechens warten. Mach keine Versprechen, die du nicht halten kannst. Sonst würde dein Tier lernen, dir zu misstrauen und nicht mehr telepathisch mit dir kommunizieren. Schreite nach einer telepathischen Kommunikation immer so schnell wie möglich zur Tat. Das wird dein Tier ermutigen, auch in Zukunft wieder mit dir zu kommunizieren, und du erweist dich als vertrauenswürdiger Freund. Wenn du den Wunsch deines Freundes nicht erfüllen kannst (z. B. eine Schüssel mit Rebhuhn oder Maus), nimm den bestmöglichen Ersatz, beispielsweise ein Stück warmes, nur halb gekochtes Huhn.

Wenn ihr Bilder von Leckerbissen oder Spielzeug austauscht, dann bring sie deinem Freund und zeig ihm damit, dass du seine Gedanken empfangen hast. Wenn ihr Bilder von einer Autofahrt ausgetauscht habt, vom Herumtoben im Park oder von einem Besuch bei Oma, dann setze diese in die Wirklichkeit um. Ich komme wieder darauf zurück, weil es so wichtig ist. *Lass eurer Konversation immer Taten folgen.* Überhäufe deinen Freund mit Aufmerksamkeit und lobe ihn überschwänglich dafür, dass er dir seine Gedanken mitteilt.

Diese positive Verstärkung wird sich als sehr nützlich erweisen, wenn du anfängst, Fragen über heikle Themen zu stellen. Im Augenblick bist du dabei, Vertrauen aufzubauen. Du musst das Vertrauen eines Tieres haben, bevor du auf negative Umstände wie medizinische Probleme oder Verhaltensstörungen eingehen kannst.

An einen neuen menschlichen Freund würdest du keine allzu persönlichen Fragen richten (wenn du Taktgefühl hast), und genauso kannst du kein Gespräch mit einem Tier eröffnen, indem du seine Gefühle verletzt oder es in die Defensive treibst.

Ich eröffne das Gespräch immer mit den Worten: „Was frisst du am liebsten?", denn Tiere sprechen genauso gern über dieses Thema wie die meisten Menschen. Würde ich die Unterhaltung mit den Worten „Hast du

Krebs?" eröffnen, dann wäre hiermit die Unterhaltung meist auch schon beendet. (Überraschenderweise kennen die meisten Tiere die Namen für ihre Gesundheitsprobleme. Ich weiß nicht, ob sie sie beim Tierarzt lernen oder ob dies ein tiefes „Wissen" ist.) Auch nachdem du eine Beziehung mit einem Tier hergestellt hast, kann es von neugierigen Fragen abgeschreckt werden und die Kommunikation abbrechen. Du wirst herausfinden, dass Tiere dir nicht immer antworten wollen. Du wirst auch unweigerlich entdecken, dass Tiere lügen (und dich übers Ohr hauen). Wenn man Fragen stellt wie „Wer hat auf meine Schuhe gepinkelt?" oder „Wer hat am Tischbein genagt?", schieben Tiere wie Kleinkinder gern anderen die Schuld zu. Jedes Mal, wenn ich meine fünf Katzen frage: „Wer hat den Streit angefangen?", antworten sie mir im Chor: „Ich nicht!" (Dann lachen sie.) Also sei am Anfang höflich und geh die Sache mit Humor an. Erinnere dich an folgende Ausgangspunkte:

1. Baue zuerst Vertrauen auf.
2. Geh später auf Probleme ein.

Für den Fall, dass du diese Übung mit einem deiner tierischen Freunde gemacht hast und zum ersten Mal in deinem Leben Kontakt hattest:
12. Brüll „Juhuuu!" Jetzt kannst du vom Stuhl aufspringen und einen Siegestanz aufführen. Tanze einen Jig. Mach Steve Martins wilde, verrückte Sprünge durch das Zimmer. Brülle und schreie und tanze. Du hast deine übersinnlichen Fähigkeiten angezapft, und das ist keine Kleinigkeit. Du hast etwas Kühnes getan! Du hast der Konvention ins Angesicht gelacht und entdeckt, dass du mystische, magische, wunderbare Kräfte hast. Dies ist ein Grund zum Feiern.

Diese positive Verstärkung wird dir tatsächlich dabei helfen, deine psychischen Kanäle zu öffnen, und das mit jeder freudigen Feier von Neuem.

Einige überraschende Antworten

In meinen Workshops wird immer viel gelacht. Einmal assistierte mir mein Kater Rodney, indem er eine Reihe von Fragen für die Kursteilnehmer überprüfte. Ich hatte die Antworten (die *ich* für richtig hielt) auf

Karten geschrieben und diese mit der Schrift nach unten auf meinem Schoß gestapelt, um Zweifel von vornherein auszuräumen. Als Rodney nach seinem Lieblingsfutter befragt wurde, gab mir die Klasse korrekte Antworten, auf die ich selbst niemals gekommen wäre. Es war klar, dass sie nicht *meine* Gedanken gelesen hatten, denn ich hatte „Hühnchen" auf die Karte geschrieben. Eine Kursteilnehmerin sagte „Zuckerguss", eine andere platzte mit „Käsefisch" heraus.

Sie konnten unmöglich wissen, dass Rodney über meinen letzten Geburtstagskuchen hergefallen war und eine ganze Reihe der zuckrigen Röschen weggeschleckt hatte. Auch konnten sie nicht erraten, dass ich mir auf meiner letzten Cocktail-Party ein paar der fischförmigen Kräcker aus der Schüssel nehmen wollte und die Kräcker pitschnass vorfand. Zu meinem Ärger hatte Rodney den Käse von jedem einzelnen „Fisch" geleckt.

Bei einem Testlauf von Tammy Faye Bakkers Fernseh-Talkshow kommunizierte ich per Foto telepathisch mit ihrem herrlichen Hund. (Auf diese Methode werde ich in späteren Kapiteln eingehen.) Als ich den Hund bat, mir sein Lieblingsfutter zu zeigen, sandte er das Bild und den Geschmack von Schokolade. Als er gebeten wurde, seine Lieblingsaktivität zu schildern, sagte er, am liebsten sitze er in etwas Rotem. Tammy bestätigte, dass sie eine Woche zuvor den Hund die Reste ihres Schokoladeneisbechers ausschlecken ließ und dass sie ihn immer in einem großen roten Beutel über ihrer Schulter bei sich trug. (Und dies trotz der Gerüchte, Hunde seien blind für bestimmte Farben, was übrigens auch nicht meine Erfahrung ist. Hunde und Katzen haben mir jede Farbe des Regenbogens beschrieben, und in „The Mo-Show" zeigte mir ein Mops mental seine grün und purpurn geblümte Tagesdecke.)

Mach dir klar, dass das Scharadenspiel ziemlich subjektiv sein kann. Die Tiere werden dir – so gut sie es eben können – Bilder übermitteln, aber die Interpretation ist dir überlassen. Sei nicht voreilig und verwirf nichts, was dir *falsch* oder *nur eingebildet* vorkommt. Die korrekte Übersetzung erfordert vielleicht etwas mehr Kreativität von deiner Seite. Hier noch ein paar Beispiele von „Bildersprache", wo die Information zwar richtig war, die Übersetzung mich jedoch gnadenlos überforderte.

Bills Bulldoggen

Ich machte vor ein paar Jahren einen Hausbesuch, um ein Paar Bulldoggen kennen zu lernen, die bei mir einen unauslöschlichen Eindruck hinterließen. Sie erzählten mir viel, und ich gab alles an ihren Besitzer Bill weiter, einer Größe in der Filmindustrie. Während ich jedoch unzusammenhängendes Zeug daherredete, saß Bill bewegungslos und mit versteinertem Gesicht da, ohne mir durch ein Kopfnicken auch nur die geringste Bestätigung zu geben.

„Gott, ist das strapaziös", murmelte ich vor mich hin. Als ich die Bulldoggen bat, mir ihre Lieblingsaktivität zu schildern, schwärmten sie von einem seichten fließenden Wasser. Sie zeigten mir, wie „Papa" sie zu einem seichten Gewässer führte, in dem sie knietief wateten und planschten. Das Wasser schien einer Quelle zu entspringen, deshalb nahm ich an, dass es sich um einen Bach oder einen Teich handelte, der von einem kleinen Wasserfall gespeist wurde. Aber hier war ich überfordert. Die Hunde sandten mir ständig Bilder von bunten Fischen im Wasser. Ich sagte Bill, dass die Hunde den Teich mit den Fischen liebten und er sie bald wieder dorthin führen sollte. Noch während ich dies sagte, fragte ich mich, wo man im südlichen Kalifornien Hunde zu einem Teich mit tropischen Fischen in leuchtenden Farben führen konnte.

Am Ende des Readings sagte mir Bill, er habe absichtlich nicht reagiert, weil er mir keine Hilfestellung geben wollte. Aber dann holte er ein Fotoalbum und zeigte mir ein Bild seiner Bulldoggen in einem Planschbecken für Kinder. Das war also der Teich! Bill hatte es im Garten aufgestellt und mit einem Gartenschlauch gefüllt. Das war die Quelle! Das Plastikbecken war *mit bunten Fischen bedruckt.*

Der Iguana und die Trauben

Ich bekam einen Anruf von Peggy, einer reizenden und sehr gewissenhaften Klientin, die darüber klagte, dass ihr Iguana Stan, den sie gerettet hatte, nicht mehr fraß.

Peggy war in Panik, weil Stan sich offensichtlich zu Tode hungerte. Ich arbeitete damals bereits seit mehreren Jahren beruflich als Tiermedium, hatte aber noch nie mit einem Reptil geredet, und ich wusste offengestanden so gut wie nichts über Iguanas. Weil ich keine Ahnung von ihrer Ernährung, ihren Gewohnheiten und Bedürfnissen hatte, ergriff ich die Gelegenheit, auf gut Glück mit einem zu kommunizieren.

Peggy hatte mehrere Tierärzte konsultiert, die offenbar noch weniger über Iguanas wussten als ich. Die arme Peggy hatte keine Diagnose bekommen können, und die spärlichen Ratschläge, die man ihr gab, funktionierten nicht. Stan wollte einfach nichts fressen.

Ich hatte Stan in Peggys Haus gesehen, als ich einen Hausbesuch machte, um mit ihren Katzen zu reden, aber ich hatte keinen Versuch unternommen, mit ihm zu sprechen. Um ehrlich zu sein, ließ mich Stan erschaudern. Aber weil ich seine Bekanntschaft – von Angesicht zu seinem grünen Angesicht – bereits gemacht hatte, versuchte ich, telefonisch Kontakt mit ihm aufzunehmen.

Ich begann: „Stan, ich habe gehört, dass du nicht frisst. Was würdest du gern fressen?" Bei dieser Frage stellte ich mir vor, dass Stan etwas Köstliches fraß. Ich hörte die Worte *„Bananen-Bonbons, Bananen-Bonbons"*!

Ich sah mit meinem geistigen Auge kleine Stücke getrockneter Banane. Peggy bestätigte, dass Stan tatsächlich nur noch Monkey Chow fraß, eine Süßigkeit, die getrocknete Bananen enthielt. Ich fühlte mich so erleichtert. Ich hatte tatsächlich Kontakt zu einem Iguana!

Auf die Frage, was wir sonst tun könnten, um seine Gesundheit zu verbessern, schickte Stan mir einen Kälteschauer und ein Gefühl von Klaustrophobie. Seine Beine schmerzten beim Laufen. Er wollte hinaus in den Sonnenschein, wo er sich frei bewegen konnte und nicht durch das enge Terrarium in seinen Bewegungen behindert wurde.

Ich dachte nicht groß über diese Bitte nach und ignorierte sie törichterweise. Welcher Iguana würde schon nicht lieber draußen im Sonnenschein spazieren gehen?

„Was können wir für deine Gesundheit tun, Stan? Was fehlt dir? Bist du über deine Lebensbedingungen so unglücklich, dass du dich zu Tode hungern willst?"

Darauf sandte mir Stan ein tiefes Gefühl von Liebe für seine menschliche Mutter und erzählte, dass sein Leben mit ihr viel besser als vorher war. Peggy bestätigte, dass sie ihn aus einer schrecklichen Situation befreit hatte und er in der ersten Zeit gefressen hatte und zufrieden gewesen war.

Stan wurde sogar noch zahmer und zärtlicher und erlaubte ihr, ihn zu halten, bis er sich plötzlich veränderte. Ich versuchte es ein weiteres Mal: „Stan, warum willst du nicht fressen?" Hier ließ meine Interpretation mich im Stich. Als Stan mir das Innere seines Magens zeigte, sah ich in seinem Bauch ganze Trauben gelatineartiger Murmeln mit dünnen Häuten.

„Hast du es mit Weintrauben versucht?", fragte ich Peggy. „Er zeigt mir grüne Trauben. Du könntest versuchen, ihm ein paar Trauben zu füttern." (Monkey Chow war eine Süßigkeit und führte Stan keine Nährstoffe zu.)

Am nächsten Tag rief Peggy an, um mir zu sagen, dass Stan die Trauben nicht fressen wollte.

Verwirrt und enttäuscht gab ich auf. Die nächsten Tage schmollte ich und murrte, weil Reptilien so schwer zu verstehen sind.

Gott sei Dank fand Peggy bald nach unserem Gespräch einen Tierarzt, der etwas über Iguanas wusste und eine genaue Diagnose stellte. Aufgeregt rief sie an, um mir die Neuigkeit zu berichten:

Zuallererst: Stan war ein Weibchen! Kein anderer Tierarzt hatte das bis jetzt herausgefunden, und offensichtlich hatte Stan es versäumt, dies mir gegenüber zu erwähnen. Zweitens war Stan trächtig! Der Tierarzt sagte, Stans Vernarrtheit in die neue Besitzerin hatte das Tier dazu gebracht, eine Scheinschwangerschaft herbeizuführen. Stan war also nicht nur eine trächtige weibliche Eidechse, sondern eine trächtige weibliche lesbische Eidechse!

Außerdem sagte der Tierarzt, dass bei Iguanas die Schwangerschaften monatelang dauern und dass sie sich in dieser Zeit weigern, etwas zu fressen. Sie legen ihre Eier im Gehen. Weil Stan voller Eier war und sich in ihrem engen Käfig nicht weit fortbewegen konnte, war sie drauf und dran zu platzen.

Peggy sagte, dass es Stan schließlich gelungen sei, im Käfig umherzugehen und ein paar Eier herauszuquetschen, und rate mal, wie sie ausschauten: wie kleine grüne Trauben! Stans Information war also kristallklar gewesen. Sie hatte mir gesagt: „Ich bin in mein Frauchen verliebt. Ich habe einen Bauch voller Trauben, und ich muss umhergehen." *Ich* hatte es vermasselt, denn ich hatte die Information missverstanden.

Danach zog ich eine Iguana-Fachfrau, Joleen Lutz, zu Rate. Joleen leitet die Rettungsorganisation *Winged Iguana* und erzählte mir, wie das tatsächlich ist mit den Scheinschwangerschaften bei Iguanas. Die Weibchen werden einmal pro Jahr trächtig, ob sie nun verliebt sind oder nicht. Während der Schwangerschaft, die über einen Monat dauert, können sie nicht fressen, weil die Eier den Magen zusammendrücken. Das könnte erklären, warum Stan mir sagte, die Eier seien *in ihrem Magen*. Joleen sagte, Iguanas legen ihre Eier, auch wenn diese nicht befruchtet sind, genauso wie Hühner das tun. Manche Iguanas sind wunderbare Mütter. Sie gehen bei der Eierablage sehr wählerisch vor, während andere Weibchen ihre Eier einfach irgendwo fallen lassen. (Das erinnerte mich an einige Schauspielerinnen, die ich kenne.) Wenn du dich mit Winged Iguana in Verbindung setzen möchtest, um Hilfe für deine Iguana-Freunde zu suchen, findest du die Rufnummer am Ende dieses Buches.

Kapitel 3:
Hellfühlen – Von Herz zu Herz

Das Land erschafft die Familie. Die meisten Menschen erschaffen nicht ihre eigenen Werte; die Kultur stiftet Werte – das ist der Sinn einer Kultur.

Sapphire, Black Wings und Blind Angels

Hellfühlen: Gefühle klären

Im folgenden Absatz beschreibt Brenda Ueland eine Liebe jenseits aller Worte:

Als van Gogh ein junger Mann in seinen frühen Zwanzigern war, studierte er in London, um Pfarrer zu werden. Er verschwendete keinen Gedanken daran, Künstler zu sein. Er saß in seinem billigen kleinen Zimmer und schrieb einen Brief an seinen jüngeren Bruder in Holland, den er sehr liebte. Er blickte hinaus aus seinem Fenster, sah eine wässerige Dämmerung, einen dünnen Laternenpfahl, einen Stern und schrieb in seinem Brief etwa folgende Worte: „Es ist so schön, ich muss dir zeigen, wie es ausschaut." Und dann machte er auf seinem billigen linierten Schreibpapier die wunderschönste zarte kleine Zeichnung davon ... Aber in dem Moment, als ich van Goghs Brief las, wusste ich, was Kunst ist, was kreativer Impuls ist. Es ist ein Gefühl von Liebe und Begeisterung, und du versuchst, auf direkte, einfache, leidenschaftliche und wahrhafte Weise, diese Schönheit in den Dingen anderen zu zeigen. Der Unterschied zwischen van Gogh und dir und mir ist, dass wir, während wir den Himmel ansehen und ihn als schön empfinden, nicht versuchen, jemand anderem zu zeigen, wie er aussieht. Ein Grund mag sein, dass uns der Himmel oder die anderen Leute egal sind. Aber meistens glaube ich, es liegt daran, dass wir entmutigt wurden und jetzt meinen, dass das, was wir über den Himmel denken, nicht wichtig ist.

Ersetze das Wort *Himmel* durch *Tiere* und du wirst sofort verstehen, was Hellfühlen ist. Unsere Kultur hat uns eingebläut, dass die Gefühle von Tieren unwichtig sind – so unwichtig, dass wir sie schließlich gar nicht wahrnehmen. Ich sage *eingebläut,* denn die Erwachsenen geben sich große Mühe, Kinder immer wieder zu beschämen, wenn diese ihr Mitgefühl zeigen: ihre angeborene Liebe, das innere Wissen, das angeborene Hellfühlen, das wir alle besitzen.

Als ich letzten Donnerstag mit meinem Skizzenblock im Zoo unterwegs war, bemerkte ich einen sehr traurigen Gibbon, der hoch oben auf einem Ast saß, seine Knie umschlungen hielt und grüblerisch in die Luft starrte. Als ich ihn gerade entdeckt hatte, stürmte ein Schwarm Kinder auf den Glaskäfig zu und gruppierte sich um mich herum.

„Schau! Er ist traurig!", rief ein kleiner Junge von ungefähr acht Jahren und zeigte zu dem stattlichen Gibbon hinauf.

„Ja, er ist so traurig!", stimmte ein anderer kleiner Junge ein. Dann kam die erwachsene Betreuerin anstolziert, und ich hielt den Atem an. Für den Bruchteil einer Sekunde glaubte ich, sie würde die Wahrheit auch fühlen, denn sie schien die Wahrnehmung der Kinder zu bestätigen, als sie fragte: „Warum glaubt ihr, dass er traurig ist?"

Sie waren sich alle einig: „Ich weiß nicht warum, aber er ist auf jeden Fall traurig!"

Plötzlich keifte die Erwachsene: „Ich finde, er sieht vollkommen glücklich aus!" Er sah nicht vollkommen glücklich aus; auf niemanden hätte er einen glücklichen Eindruck machen können.

Sofort wurden die Kinder verlegen. Sie waren beschämt und ins Unrecht gesetzt worden. Warum war sie auf einmal über die Kinder hergefallen? War die Wahrheit zu schmerzlich, zu unerträglich? Wie lange würde es noch dauern, bis diesen Kindern das Hellfühlen ausgetrieben war und sie in der Überzeugung aufwuchsen, dass sie ihren eigenen Beobachtungen nicht trauen durften?

Es ist der natürliche Zustand des menschlichen Tieres, die Gefühle der anderen Tiere zu fühlen; aber in unserer Gesellschaft sind wir gefühllos geworden. Man hat uns gesagt, dass Mitgefühl mit Tieren kindisch ist, sentimental, banal, trivial, etwas für Fantasten, unreifes Verhalten, über das man hinauswachsen muss. Die Wahrnehmung ihrer Gefühle sei nur eingebildet, unsere natürliche Identifizierung mit ihnen sei falsch. Die Erwachsenen sagten uns, wir würden *unsere* Gefühle *auf die Tiere* übertragen. Wir wurden davon überzeugt, dass Mitgefühl mit Tieren Schwäche ist, Kommunikation ein Ding der Unmöglichkeit und das Festhalten daran über die Kindheit hinaus abartig. Auch wenn Menschen Tiere schlecht behandeln, kapseln diese sich selten von uns ab. Wir kapseln uns ab.

Um die Gefühle der anderen wahrzunehmen, müssen wir zuerst unsere eigenen Gefühle wieder erwecken – das Vertrauen, das wir ursprünglich hatten, die Gefühle des verlorenen Kindes in uns. Nur wenn wir unsere verlorene Unschuld wiedergewinnen, können wir mit Tieren kommunizieren. Wie van Gogh zum ersten Mal einen Pinsel in die Hand nahm, um seinem Bruder den Himmel zu zeigen, weil er seinen Bruder und den Himmel so liebte, kann ich vielleicht für dich ein neues Bild von den Tieren malen. Vielleicht können wir zusammen eine neue Welt malen. Aber lasst uns zuerst diese himmelhohen Mauern sprengen, die wir um uns herum aufgerichtet haben. Hier ein paar Ideen – das Dynamit dazu:

Die Gefühle der Tiere sind wichtig.

Es ist in Ordnung, Tiere zu lieben.

Es ist in Ordnung, ihre Gefühle zu spüren.

Du kannst lernen, mit Tieren zu sprechen.

Deine Wahrnehmung der Tiere ist bemerkenswert klar.

Niemand nennt dich ein Baby, einen Waschlappen oder einen Spinner, wenn du den Schmerz eines Tieres fühlst.

Nun gut, ich habe gelogen. Die Leute werden sich wahrscheinlich über dich lustig machen, aber lass das ihr Problem sein. In meiner ersten Zeit als Tiermedium war ich Mitglied in einem Improvisiertheater. Die Truppe bestand hauptsächlich aus bissigen alten Charakterdarstellern. Ab und zu hinterließ einer dieser Komiker eine Nachricht auf meinem Anrufbeantworter:

„Amelia, meine Fadenwürmer lassen sich nicht einfädeln."

„Amelia, mein Bandwurm will nicht fressen."

„Amelia, meine Giraffe Lamont hat Probleme mit ihrem einziehbaren Hals. Sie passt nicht mehr in meinen Kofferraum."

Ich nahm ihre Neckereien auf die leichte Schulter, aber als sich die Aufregung gelegt hatte und einer dieser Typen ein Problem mit einem Tier hatte – rate mal, bei wem das Telefon nachts um zwei klingelte?

Deine Liebe zu den Tieren ist die reinste Liebe, die du geben kannst, und Hellfühlen ist ein Akt der Nächstenliebe – handelnde Liebe. Du bist kein sentimentaler Irrer, nur weil du die Gefühle von Tieren spürst. Hellfühlen macht dich zu einem Menschen, zu einem Menschen von der Art, die Gott im Auge hatte.

Wenn wir zu den Tieren mit Ehrfurcht, mit Verehrung aufblicken wie van Gogh zu seinem Himmelsmeer von Sternen, verändern wir unsere Perspektive. Wir werden zum ersten Mal wahrhaft sehen. Tiere lehren uns leben: im Augenblick gegenwärtig zu sein, ganz ohne Angst zu leben, ohne Vorbehalt zu lieben.

Es gibt noch einen Grund, warum wir uns vor unserem angeborenen Hellfühlen verschließen. Es ist keineswegs so, dass wir nicht fühlen oder nicht fühlen könnten. Im Gegenteil, wir fühlen viel zu viel. Eine ganz offensichtlich hellfühlende Frau näherte sich mir letzte Woche nach einem Seminar, um mir zu sagen, dass sie gerne als Tiermedium arbeiten würde, aber jede Tierquälerei versetze sie in blinde Wut, und sie bezweifelte, dass sie den Schmerz aushalten könne.

„Tritt dem Club bei", sagte ich.

„Du verstehst das nicht! Ich würde die Tierhalter ermorden. Ich fühle so sehr mit den Tieren, dass ich es nicht aushalten kann, wenn sie Schmerzen haben!", ereiferte sie sich.

„Ja!" Ich erhob jetzt auch meine Stimme, um mich ihrer Lautstärke anzupassen. „Du kannst den Schmerz nicht aushalten. Aber sie auch nicht! Zumindest hast du eine Wahl. *Sie* haben keine. Es ist doch nicht *dein* Schmerz! *Sie* müssen Schmerzen leiden, weil Leute wie du nicht für sie eintreten wollen!"

„Aber ich kann nicht so arbeiten wie du. Ich bin nicht hellfühlend", beharrte sie.

„*Du bist es!* Wärst du nicht hellfühlend, dann würdest du gar nicht so empfinden!"

„Aber ich sehe keine Bilder, ich höre keine Worte ..."

„Nein, aber du *hast Gefühle* und *das reicht.*" Und: „Wenn nicht du ... *wer* dann?"

Es ist einfach verrückt. Es ist ein Hohn, dass die Leute, die sich am meisten um die Tiere sorgen, es oft nicht aushalten, für sie zu sorgen. Dabei besitzen gerade diese empfindsamen Seelen die größte Gabe. Ich erklärte der Frau, dass ich mich jahrelang in den Schlaf geweint hatte. Ich hatte mich auf sämtliche Tiere in sämtlichen Laborkäfigen auf diesem Planeten eingestimmt und sogar eine Weile aufgehört, als Tiermedium zu arbeiten. Ich war damals überzeugt, den Schmerz nicht auszuhalten oder meine Wut nicht beherrschen zu können.

Im Laufe der Zeit hörte ich mit dem unablässigen Weinen auf und gestand mir ein, dass mein Tränenfluss keinen einzigen der kleinen pelzigen Köpfe rettete. Eine kleine Stimme in mir gab nie auf: „Wenn nicht du ... *wer* dann?" Ist dies das Risiko wert, dass wir einen Narren aus uns machen? Ist dies das Risiko wert, sich zu irren? Wenn nicht, dann weiß ich nicht, was es wert ist.

Ich beendete mein Gespräch mit dieser Frau mit der Erklärung, dass auch kleine Siege zu erringen sind, tägliche Freuden, Gelegenheiten zu intervenieren, wenn man eine Änderung herbeiführen kann, und diese Erfolge rechtfertigen den Einsatz. Wird der Schmerz dadurch weniger heftig? Nein. Aber es lässt sich dann leichter mit ihm umgehen. Buddha verglich den Zorn mit einer heißen Glut, die du in der Hand hältst, um sie auf andere zu werfen, während der Zorn dich verbrennt. Du kannst lernen, die heiße Glut des Zorns und der Leiden fallen zu lassen, bevor sie deine Hände verbrennen. Der Schmerz und die Wut kühlen zwar dadurch nicht ab, aber du wirst lernen, sie schneller loszulassen. Aufklärung ist unsere einzige Hoffnung. Beginne langsam. Sei sanft in deinem Vorgehen und benutze deine Vernunft.

Gehörst du zu den sensitiven Menschen? Weil Tiere nicht für sich sprechen können, kannst nur du ihren Gefühlen eine Stimme geben. Weil Tiere eine schlechte Ausgangsposition auf diesem Planeten haben, brauchen sie dich jetzt mehr denn je. Wenn deine Kraft das Hellfühlen ist, dann bist du nicht nur gefordert, dich des körperlichen Befindens und der Emotionen der Tiere anzunehmen. Du bist auch gefordert, dir einen Raum zu schaffen, in dem du dich mit all diesen Gefühlen sicher und geborgen fühlst. Vielleicht fürchtest du dich davor, dass dich die Gefühle der Tiere wie eine Sturmflut ertränken und in Stücke reißen könnten. Wenn du sehr emotional bist, brauchst du nicht nur eine Lektion in intuitivem Handeln, sondern auch in Sachen Selbstschutz. Ich werde dir beibringen, Mauern aus Licht um dich herum zu errichten. Wenn du das Leiden der Tiere mit einem Waldbrand vergleichst, sind Tiermedien die Feuerwehrleute, die gut geschützt ins Feuer gehen, und sich zurückziehen, bevor sie verbrennen. Es ist nicht deine Aufgabe, dich zu verbrennen. Deine Aufgabe ist es, das Feuer zu löschen. Mit etwas Übung wirst du lernen, den Tieren zu vertrauen und darauf zu vertrauen, dass ihre Gefühle dich nicht töten.

Indem du dem Leben vertraust, indem du Gott vertraust, wirst du lernen, dich neuen Kanälen zu öffnen, aber nur dort zu verweilen, wo du Schönheit, Harmonie und Freude findest. Du brauchst nur einen Seelöwen zu erleben, der im Sonnenschein schwimmt, oder einen schlafenden Koalabären, um die Dimension der Ekstase und der zarten geheiligten Stille zu entdecken, die du niemals zuvor als Mensch erlebt hast. In diesen Sphären erhabener Seligkeit versagen mir die Worte. Auch du kannst den Himmel auf Erden im Geist der Tiere erleben, und das rechtfertigt jedes Leid, das du erfährst, aber lass uns zuerst einer vergessenen Erinnerung nachgehen – zurück zu der Zeit, als dein Geist jung war.

Übung:
Meditation zur Wiedererweckung des Zaubers
Das Kind, das du warst

Setz dich bequem hin, am besten draußen, wo du eine Weile allein sein kannst. Konzentriere dich auf deine Atmung, versenke dich in dein Herz und betritt die Stille. Lass dein erwachsenes Selbst einschlafen. Alle Gedanken, alle Pläne, alle Sorgen des Tages fallen von dir ab. Jetzt versinkst du tief in dir. Du gehst zurück in der Zeit, bis zu einem Alter, das du völlig vergessen hast. Du wirst dich an einen ganz besonderen Augenblick erinnern, an einen Augenblick, als du bewusst warst. Du erwachst in einem Alter, als du noch sehr klein warst – so jung, dass du kaum sprechen konntest. Die Menschen überragten dich, aber du hattest eine innere Welt, die sie nicht sehen konnten.

Was siehst du? Sind Elfen in den Bäumen, zupfen sie an deinen Haaren? Flitzen dort Zwerge über das Gras? Leuchten die Blumen stärker? Sind die Farben jetzt anders, wo du der Erde so nahe bist? Umgeben dich Wesen, die unsichtbar für Erwachsene sind? Gleichen sie Menschen oder haben sie Flügel? Kannst du mit den Blumen reden? Kannst du mit Bäumen sprechen? Hörst du die Engel? Was sagen sie? Halte ein paar Augenblicke inne und lausche.

Hier in diesem magischen Moment kannst du die Gedanken der Tiere hören. Welche Tiere liebst du? Was sagen sie dir? Du weißt, dass sie Gedanken und Gefühle haben, die den deinen ähnlich sind. Hier in diesem Hologramm der Zeit wirst du die Tiere immer hören und verstehen können. Gelobe, niemals „aufzuhören zu wachsen", niemals den Tieren den Rücken zu kehren. Egal, was die „Erwachsenen" sagen, du weißt, dass du diese magische Fähigkeit nie verlieren wirst.

Mauern aus funkelnden Sternen wachsen aus der Erde und umgeben dich mit einer Lichthülle. Keine Dunkelheit, nichts Schmerzhaftes, nichts Erschreckendes kann diese Wand aus Sternenlicht zerstören. Es schimmert und funkelt um dich wie eine dicke Schneewehe, mindestens einen Meter in jeder Richtung. Dieses flüssige Licht ist die stärkste Kraft im Universum: stärker als Dunkelheit, stärker als das Böse. Konzentriere dich auf dein Licht, bis es fest wird wie Kristall, wie Marmor, wie Glas. Hier in dieser Rüstung aus Licht kannst du beruhigt unschuldig bleiben, denn obwohl die Gedanken und Gefühle der Tiere durchsickern, kann nichts Schädliches eindringen. Diese Rüstung aus Licht wirst du tragen, während du dich darin übst, die Tiere zu lieben und zu hören. Indem du dich heilst, kannst du beginnen, sie heilen zu helfen.

Nimm das Bild von einem dich umhüllenden Lichtmantel und bring es zurück in dein erwachsenes Selbst. Kehre erfrischt und erneuert in deinen Wachzustand zurück.

Übung: Im Inneren des Herzens – Den Dachboden ausmisten

Setz dich bequem hin und konzentriere dich auf deine Atmung. Nimm einen tiefen Atemzug. Halte den Atem zehn Sekunden und lass beim

Ausatmen alle Spannung aus deinem Körper fließen. Atme wieder tief ein und halte den Atem. Zähl bis zehn. Entspann dich beim Ausatmen. Ein letztes Mal. Halte den Atem bis zehn. Lass alles heraus. Alle Sorgen. Alles, woran du gehangen hast, kannst du jetzt völlig gehen lassen.

Verlagere jetzt deinen Fokus hinunter ins Herz. Du findest dich in einem alten verlassenen Dachboden wieder. Die Fenster sind jahrelang nicht geöffnet worden. Du bist in einer Kammer deines Herzens, die seit deiner Kindheit verschlossen war. Der Fußboden ist dick mit Staub bedeckt und mit Dingen voll gestellt, die du wegwerfen musst. All die negativen Gedanken und Überzeugungen, die dir nicht mehr dienen.

Aber warte. Jemand betritt den Raum – jemand, mit dem du noch etwas zu erledigen hast, jemand, der nicht mehr in dein Herz gehört. Es ist die Person, die dein Vertrauen unterminierte und dir sagte, dass du keine intuitiven Kräfte besitzt. Wenn niemand erscheint, gehe in die Vergangenheit zurück und wecke deinen Widerstand. Finde die Person, die dich davon überzeugte, dass du nicht auf Intuition bauen kannst. Finde die Person, die dir sagte, dass du nicht mit Tieren fühlen sollst, dass dies sentimental, verrückt, unproduktiv oder selbstdestruktiv ist.

Frag diese Person, warum sie noch in deinem Herzen ist. Frag, was sie dich lehren kann. Hör dir an, was sie zu sagen hat, leg deinen Fall dar und frag, ob sie bereit ist zu gehen. Bist *du* bereit, allen Schmerz und alles Leid, das dir diese Person verursacht hat, gehen zu lassen? Tritt hier in der muffigen Dunkelheit jedem entgegen, der noch in deinem Herzen lauert.

Blick dich jetzt in dem Raum um. Was muss ausrangiert werden? Es gibt alte Möbel und anderen Ramsch, der für Leid, Angst, Isolation und Trägheit steht. Eine gute Reinigung ist angebracht, oder?

Wenn du den Schrank öffnest, findest du einen Besen. Lauf zu den Fenstern und reiß sie auf. Die Morgensonne strömt in den dunklen Raum, und der frische Sommerwind fegt hindurch. Windstöße blasen allen Staub aus deinem Herzen, während du den Fußboden kehrst und die Spinnweben herunterreißt. Löse dich von all dem Schutt und übergib ihn dem Wind. Verbanne alle alten Schmerzen und alles Leid. Lass den Wind die alten Schmerzen forttragen. Jetzt ist der Raum blitzsauber und strahlend hell.

Du drehst dich um und entdeckst eine Spielzeugtruhe voll von deinen alten Spielsachen. Was findest du? Welche bezaubernden Gaben hast du vergessen?

In dieser Truhe ist Magie, die dir helfen wird, mit Tieren zu sprechen. Da sind Spielzeuge, die Vertrauen, Mut und Hoffnung bringen. Wähl die aus, die du am liebsten hast, und nimm diese kostbaren Gaben mit in dein Tagesbewusstsein.

Öffne deine Augen. Du wirst dich sauber und erfrischt finden.

Der Juckreiz des Afghanen

Lass mich dir von meinem allerersten Reading berichten. Vor vielen Jahren traf ich Jackson und Jenny, zwei afghanische Windhunde, bei einer Party von Tina und Sydney. Ich sprach kurz mit den Hunden, tat dies aber ganz unauffällig, da ich nicht wusste, ob ihre Besitzer „an so was glauben" würden. Aber in Tinsel Town sickern Gerüchte schnell durch, und so hörten Tina und Sydney von meiner Arbeit.

Als Sydney anrief und mir sagte, dass Jackson krank war, hatte ich die Bekanntschaft des Hundes also schon gemacht und versuchte deshalb, direkt mit ihm Verbindung aufzunehmen.

Ich visualisierte Jackson und versuchte, ihn mir bildlich vorzustellen, als Sydney die Beschwerden beschrieb: Der herrliche Hund kratzte sich buchstäblich das Kinn weg. In dem verzweifelten Versuch, den Juckreiz zu stillen, riss er sich die Haut an einer Seite des Mauls herunter. Die Tierärzte hatten außer Kortison nichts zu bieten, aber Tina und Sydney suchten nach einer anderen Lösung.

Als nächstes stellte ich mir vor, der Hund zu sein. Ich war in Jacksons Körper, blickte durch seine Augen und fühlte den schrecklichen Juckreiz auf einer Gesichtsseite. Aus dieser Perspektive fragte ich ihn: „Was verursacht den Reiz?"

Ich sah einen neuen – cremefarbenen – Teppichboden und rieb mein Hundekinn daran. Mein Gesicht juckte und meine Augen tränten. Ich kämpfte gegen den Drang zu niesen an.

„Habt ihr neue Teppiche bekommen? Cremefarbene Teppichböden?", fragte ich Sydney. Er bestätigte es mir.

„Ich nehme an, er ist allergisch gegen das Formaldehyd im neuen Teppich", sagte ich.

Es war eine Beschwerde, die ich auch später immer und immer wieder von Tieren zu hören bekam. Glücklicherweise lassen die allergischen Wirkungen der Giftstoffe in einem neuen Teppich im Laufe der Zeit nach.

Sydney dankte mir ziemlich stoisch. Kaum hatte ich aufgelegt, als ich eine weitere Übermittlung empfing. Mit meinem geistigen Auge sah ich, dass Tina, die andere Hundebesitzerin, Probleme mit den Zähnen und Schmerzen im rechten Kiefer hatte – auf der gleichen Seite wie der Hund. Ich spürte eine starke Verbindung zwischen Tina und Jackson und fühlte, dass Jackson Tinas medizinischen Zustand widerspiegelte.

Ich rief Sydney zurück, um ihm diese Auskunft zu geben. Überrascht bestätigte er, dass Tina gerade ihre Weisheitszähne hatte entfernen lassen und noch unter starken Schmerzen litt. Und ja, Jackson fühlte sich mehr zu Tina hingezogen. Es waren hier zwei Faktoren im Spiel: die Reizung, die der neue Teppich verursachte, und das Spiegeln von Tinas Schmerzen.

Diese rätselhafte Dynamik – dass Tiere sehr realen osmotischen Schmerz empfinden, den sie von ihren Besitzern übernehmen – hat mich seit jeher fasziniert, und ich werde später in diesem Buch auf weitere Falluntersuchungen eingehen. Aber damals erkannte ich den Umfang dieses weit verbreiteten Phänomens noch nicht: Tiere fühlen mit uns und reagieren entsprechend auf unseren Schmerz und unsere Krankheiten.

Nachdem Sydney mir kühl gedankt hatte, legte er auf, aber mein Gespräch mit den Hunden hatte gerade erst angefangen. In der Nacht erschien mir Jenny, der andere fantastische Afghane, im Traum. Sie sagte mir, Tina sei arbeitslos, und sie und Jackson hätten Angst zu fressen, weil sie glaubten, dass ihre Besitzer sich das Futter nicht mehr leisten konnten. Die beiden Hunde waren so beunruhigt, als Tina nicht mehr aß, dass sie beschlossen, weniger zu fressen und ihr Futter für Tina in den Schüsseln zu lassen. Jenny erklärte auch, dass sie an ihrer linken Pfote herumkratzte, weil Tina ihren linken Fuß verletzt hatte.

Anderntags rief ich Sydney an und fragte ihn, ob Tina nicht gut aß und ob sie ihren linken Fuß verletzt hätte. (Ich wusste bereits, dass Tina Arbeit suchte.) Ja, Tina hatte ihren linken Fuß verletzt und aß kaum. Und die

Hunde hatten neuerdings tatsächlich Futter in ihren Schüsseln gelassen. Als ich Sydney den Grund dafür sagte, unterdrückte er ein Lachen. Tina und Sydney hatten keineswegs finanzielle Sorgen. Sie besaßen ein schönes Haus in den Hügeln von Hollywood. Tina hungerte sich nicht zu Tode, weil sie keine Arbeit hatte. Sie machte eine Diät. Wir staunten über die vernünftige Hundeargumentation: *Armut ist der einzige Grund zu hungern. Was ist eine Diät?*

Ich riet Tina, im Beisein ihrer Hunde tüchtig zu essen und ihnen laut zu sagen, dass sie mit ihren Schwierigkeiten selbst klar kam und ihre Zähne von allein heilen würden.

Ich erklärte ihr, dass die Hunde sie verstehen würden, wenn sie laut mit ihnen redete.

Ein paar Tage gingen vorbei, und ich konzentrierte mich auf andere Dinge. Dann kam der Anruf. Tina war für eine Talkshow engagiert worden. Hätte ich Interesse, als Gast mitzuwirken? Es ging um Haustiere, und man brauchte ein Tiermedium. So kam ich innerhalb weniger Wochen von meinem ersten Reading zu meiner ersten Talkshow und wusste nicht, wie mir geschah. Ich hatte selbst nicht das Geringste dazu getan.

Gestern schwafelte ausgerechnet in meinem Anatomiekurs für Künstler ein Intellektueller über den strukturellen Unterschied zwischen den Schädeln von Menschen und Gorillas. „Tiere können nicht denken!", sagte er zu jedem im Raum.

„Meine Katze kümmert sich vielleicht nicht darum, was sie morgen tun wird", protestierte ein anderer Künstler, „aber deswegen kann sie trotzdem die Fähigkeit haben, rational zu denken."

„Katzen können nicht denken! Sie haben keinen Stirnlappen", erklärte der Intellektuelle mit absoluter Gewissheit. Dies ist der neuste Trugschluss der Wissenschaft.

Vor ein paar Monaten flatterte in einer heißen Sommernacht ein Schmetterling durch meine Küche. Ich sandte ihm den Gedanken: „Wenn du dich auf meine Bluse setzt, trage ich dich nach draußen. Hier wirst du niemals ein Auskommen haben." Als er stattdessen seine Flügel rasend gegen das Fenster schlug, griff ich nach ihm. Ich musste ihn erschreckt haben, da er nach oben hinter die Jalousien flatterte und sich vor mir in

Sicherheit brachte. Ich fing an, das Abendessen vorzubereiten, und vergaß in meiner Eile den kleinen weißen Schmetterling. Ich hatte vier Herdplatten auf Höchststufe an, und in den Töpfen schmurgelte es, als mir ein plötzliches Flügelgeflatter den Blick versperrte. Der Schmetterling war durch die Küche geflogen, um sich auf meiner Bluse niederzulassen. Dort ritt er auf meiner Brusttasche durchs Haus nach draußen, wo er augenblicklich am Nachthimmel verschwand, sobald meine Füße den Hof betraten.

Kürzlich hatte ich einen erstaunlichen Austausch mit einer Gottesanbeterin. Ich ging zu meinem Blumenkasten hinaus und wollte ein paar Sonnenblumen holen, aber als ich eine riesige Blüte abschneiden wollte, fiel mir die Gartenschere fast aus der Hand. Ich stand Auge in Auge mit einer enormen Gottesanbeterin, die sich im Zentrum eines entfalteten Blattes in ihrer ganzen außerirdischen Pracht sonnte.

Ich holte einen Pappteller aus der Küche und hielt ihn neben das breite Blatt. „Wenn du auf diesen Teller gleitest, werde ich dich in den Rosengarten setzen", sagte ich und stellte mir vor, wie sie sich über das Blatt bewegte und sich auf dem Teller niederließ. Bis zu diesem Moment war die Gottesanbeterin unbeweglich wie eine Statue gewesen.

Sobald ich die Kommunikation ausgesandt hatte, drehte sie ihren Kopf herum und blickte mich an. Ein Schauer lief mir den Rücken hinunter. Nur der roboterähnliche Kopf bewegte sich, um mich zu prüfen. Ich hielt den Teller mit zitternder Hand und wiederholte schweigsam meine Bitte. Nach einer kurzen Pause begann sie ihre langbeinige Reise über das Blatt. Sicheren Fußes und im Bewusstsein ihrer Anmut stieg sie auf den Teller, als stünde sie auf dem Dock und würde ein Segelboot besteigen. Ich trug sie in den Rosengarten, wo ich den Teller auf das Gras setzte. „Bitte, steig ab", sagte ich. Ohne Zögern schiffte sie sich aus.

Stirnlappen, du meine Güte. Wenn Schmetterlinge und Gottesanbeterinnen mich hören können, kommt es etwa daher, dass sie winzig kleine Stirnlappen haben? Fraglich. Wenn nicht der Stirnlappen, was gibt uns dann die Fähigkeit, rational zu denken? Wo in unserem Gehirn bilden wir Gedanken, formulieren Bilder und fühlen Emotionen? Vielleicht denken wir nicht ausschließlich in unseren Stirnlappen. Ich habe mit Krokodilen in Louisiana gesprochen, die Marshmallows jagten, welche von Kreuzfahrt-Passagieren über Bord geworfen wurden. Ich hatte einmal eine Unterhaltung mit einer zweihundert Pfund schweren Python, Tiny genannt, und einer Tagu-Eidechse namens Vivian. Vermutlich hat sich das Gehirn bei diesen Tieren nicht über die Struktur eines Reptiliengehirns hinaus entwickelt, dennoch können sie kommunizieren. Sie denken und fühlen Schmerz und reden mit Tiermedien. Könnte es sein, dass wir mit unserem Reptiliengehirn denken, dem ältesten Segment des Gehirnes, das wir mit den Tieren teilen? Es ist möglich, aber wahrscheinlicher ist noch, dass wir nicht genug wissen.

Insekten haben nicht unsere Gehirnstruktur, aber sie können kommunizieren. Hummer haben kein zentrales Nervensystem, dennoch können sie Angst und Schmerz fühlen. Wissenschaftler vermuten, dass nur vier bis zehn Prozent des menschlichen Gehirns arbeiten. Wie kann dieser winzige Teil die Funktionen der anderen 90 bis 96 Prozent verstehen? Liegt der Großteil unseres Gehirnes wirklich brach? Offensichtlich. Und besonders dann, wenn es darum geht, die Tiere zu verstehen.

Ich unterbreitete der bemerkenswerten Dr. Francine „Penny" Patterson, Präsidentin der Gorilla Foundation, das Rätsel des Stirnlappens und wollte wissen, was sie darüber denkt. In den letzten zwanzig Jahren hat niemand größere wissenschaftliche Anstrengungen unternommen, um zu beweisen, dass Tiere nicht nur denken und fühlen können, sondern sich auch unterhalten. Pennys richtungsweisende Entdeckung, dass Gorillas die amerikanische Zeichensprache lernen können, machte ihren Freund Koko zu einem internationalen Star. Penny entlarvte nicht nur die Stirnlappentheorie, sondern versicherte mir auch, dass die ganze Theorie von der Gliederung des Gehirns in verschiedene Abteile sehr bald überholt sein wird. Sie erwähnte die Entdeckungen von Dr. Karl Pribram, dem Verfasser von *Brain and Perception, Holonomy and Structure in Figural Processing* (John Mac Eachran Memorial Lecture Series), dessen revolutionäre Forschung zeigt, dass das Gehirn nicht ausschließlich von seinen einzelnen Teilen her, sondern holografisch betrachtet werden muss. Leider hat sich Dr. Pribram nicht für die Tiere eingesetzt, aber seine Entdeckungen können die These unterstützen, dass nicht nur Menschen fähig sind, kognitiv zu denken.

In einem Interview mit Dr. Jeffrey Mishlove über *Thinking Allowed,* erläutert Dr. Pribram seinen Anspruch auf Ruhm. In der Psychologie und

Neuropsychologie ist er als Begründer des holografischen oder holonomischen Gehirnmodells anerkannt:

Die holonomische Gehirntheorie basiert auf den Erkenntnissen
Dennis Gabors. Er war der Erfinder des Hologramms und erhielt
den Nobelpreis für seine zahlreichen Beiträge. Er war Mathema-
tiker und versuchte, die Herstellung elektronischer Mikrogramme
weiterzuentwickeln, die Auflösung von Mikrogrammen zu verbessern ... Mit Elektronenmikroskopen werden bei der Herstellung
von Fotografien Elektronen anstatt Photonen benutzt. Er dachte,
dass er vielleicht anstelle von gewöhnlichen Fotos Interferenzmuster bekommen würde. Nun, was ist ein Interferenzmuster? Wenn
Licht auftrifft oder wenn Elektronen auf einen Gegenstand treffen,
zerstreuen sie sich. Aber diese Streuung ist komisch. Es ist nämlich
eine sehr gut regulierte Streuung. Wenn du zum Beispiel die Linse
einer Kamera unscharf einstellst, so dass nicht das einfallende Bild
auf der Bildfläche erscheint, sondern alles verschwommen ist, dann
ist dieses Verschwommene eigentlich ein Hologramm, weil du es
nur wieder richtig einstellen musst.

Also, eines der Hauptprinzipien der holonomischen Gehirntheorie,
die uns auch in die Quantenmechanik führt, ist, dass es hier eine
Beziehung zwischen dem gibt, was wir normalerweise erleben, und
einem anderen Prozess bzw. einer anderen Ordnung, die David
Bohm *Implikat* oder umhüllte Ordnung nennt, in der alle Dinge
verteilt oder ausgedehnt sind. Tatsächlich werden die mathema-
tischen Formulierungen oft ausgedehnte Funktionen genannt – sie
dehnen sich aus.

... Diese quantenähnlichen Phänomene bzw. die Regeln der
Quantenmechanik gelten selbst noch für unsere psychischen Prozesse, für das, was im Nervensystem vor sich geht. Damit haben
wir vielleicht eine Erklärung – und sicherlich haben wir hier eine
Parallele – zu den so genannten *spirituellen* Erfahrungen. *Denn die
Beschreibungen spiritueller Erfahrungen scheinen vergleichbar zu
sein mit den Beschreibungen der Quantenphysik.*

An diesem Punkt seines Diskurses holt Mishlove seine verbalen
Schwimmflügel heraus und watet durch die Interferenzmuster von
Pribrams Genius:

Wenn ich das, was du sagst, vereinfacht auszudrücken versuche, dann gibt es eine Ebene der Wirklichkeit, auf der die Dinge so sind, wie sie erscheinen. Ich schaue dich an und sehe einen Körper und ein Gesicht. Dies wäre die explizite Ebene, wo die Dinge so sind, wie sie erscheinen. Dann gibt es eine implizite Ebene, die ebenso wirklich ist, aber wenn du hinschaust, gleicht sie der anderen keineswegs.

Pribram ist derselben Meinung. „Wir erleben sie gänzlich anders – *als den spirituellen Aspekt unseres Seins.*"

Und später im Interview – nun schon weit draußen in tiefen Gewässern – bemerkt Mishlove:

Viele Neurowissenschaftler sagen heute, dass der Geist – und es ist fast axiomatisch, wenn sie ab und zu über den Geist sprechen – irgendwo im Gehirn zu finden ist. Ich gehe davon aus, dass dies gänzlich unvereinbar mit deiner Sicht der Dinge ist.

Worauf Pribram antwortet:

Ja. Es gibt viele verschiedene Möglichkeiten, dies auszudrücken. So könnte man beispielsweise mentale Phänomene als die sich herausbildenden Eigenschaften der Wirkweise des Geistes ansehen und unser Sehvermögen, unseren Geist, usw. als Absonderungen des Gehirns. Zutreffender wäre es vielleicht zu sagen, dass geistige Phänomene durch die *Interaktion* von Gehirn, Körper und Umwelt entstehen ... Die ganze interaktive Angelegenheit erzeugt etwas – etwas, was auftaucht und was wir *Verstand und Geist* nennen.

Jetzt kann ich es ja endlich loswerden: Das entspricht genau meiner Erfahrung! Um psychisch zu kommunizieren, muss man sich von der expliziten Ordnung lösen und das Bewusstsein in das größere Paradigma der impliziten Ordnung ausstreuen (wo man sich nicht als statisch, sondern als Aktion in Bewegung wahrnimmt); dehne dann deinen Fokus aus, um andere empfindungsfähige Wesen in diese Bewegung einzuschließen, wie Frischkäse auf einem wirklich heißen Bagel (wenn ich meine eigene nichtwissenschaftliche Analogie hinzufügen darf). Wenn du deine intuitiven Fähigkeiten schärfst, kann die Kamera deines Bewusstseins lernen, das zu sehen, was hinter der verschwommenen Wahrnehmung liegt.

Zum Erlernen telepathischer Kommunikation werden wir unsere bewusste Kommandozentrale in den *spirituellen Bereich unseres Seins* verlegen. Du kannst hier lernen, mit dem Dritten Auge zu „denken", mit dem Herzchakra zu fühlen und mit dem Halschakra zu „hören". Obwohl diese Chakren oder Energiezentren weitab vom Gehirn liegen, sind sie für den Austausch telepathischer Daten die akkurateren Empfänger. Wir werden unsere „Sternensicht" erwecken, mit der wir verstorbene Seelen auf der Anderen Seite wahrnehmen können – und dies nicht etwa mit dem Dritten Auge oder dem Kronenchakra, sondern mit noch höheren Chakren, die über unseren Köpfen kreisen. Lassen wir einstweilen unsere Stirnlappen zurück. Aus der Sicht unseres Planeten haben sie uns ohnehin nicht viel Gutes gebracht.

Ein bisschen herumalbern

Ich werde niemals vergessen, wie Dr. Jane Goodall ihr Publikum bei dem Diavortrag begrüßte, den sie letzten Sommer vor den angesehendsten Wissenschaftlern von Los Angeles an der University of California hielt. Der Raum war so knüppelvoll von Pomp und Prunk, dass ich Mühe hatte, einen Stuhl zwischen all den Professoren zu finden, die sich die Plätze für ihre Egos sicherten.

Nach einer Einführung, die der Königinmutter würdig war, schlenderte die kleine blonde Frau auf die Bühne. Wenn du sie nie gesehen hast, dann lass alles stehen und liegen, um auf keinen Fall ihren nächsten Auftritt zu verpassen. Eine strahlendere Frau gibt es nicht auf der Erde. Sie ist erstaunlich klein, gelenkig und zierlich; niemand käme auf den Gedanken, dass sie dreißig Jahre im Busch mit einer Horde Affen verbracht hat. Sie hielt einen Moment vor dem Mikrofon inne, elegant und bescheiden. Stille senkte sich über den Raum, in dem es vor intellektueller Spannung nur so knisterte. Jeder im Publikum hatte über sie gelesen und ihre Dokumentationen über die meiste Zeit ihres Lebens als Erwachsene verfolgt. Hier stand sie in Fleisch und Blut. Wir bissen uns auf die Zungen und hielten unsere Stifte bereit, um auch nicht ein einziges ihrer weisen Worte zu verpassen.

Sie lehnte sich über das Mikrofon: „Ooh, ooh, ooh", sagte sie, zuerst leise wie eine Lokomotive aus der Entfernung. Dann: „OoH, oOH, OOH", ein bisschen lauter, als ob der Zug näher kam. „OOH! OOH! OOOH!" – noch lauter; der Zug wollte uns alle niederwalzen.

Die Wissenschaftler starrten geradeaus und trauten sich nicht, ihre Köpfe zu drehen, aus Angst, einem anderen Augenpaar zu begegnen. Als der Raum vor Verlegenheit kicherte, ging Dr. Goodall bis an die Grenzen ihrer verbalen Kapazität: „OOOH, OOOH, OOOOH!!!"

Endlich schöpfte sie Atem. Mit zarter Stimme und ihrem spröden englischen Akzent sagte sie: „Das heißt ‚Hallo' auf Schimpansisch." Sie lächelte nicht eine Sekunde lang. Ich brauche wohl nicht zu erwähnen, dass Dr. Goodall selbst die kopflastigsten, hart gesottenen Professoren dazu brachte, sich vor Lachen zu wälzen. Die Egos purzelten nur so von den Stühlen. Sie entwaffnete die ganze wissenschaftliche Gemeinde und warf sämtliche vorgefassten Meinungen über den Haufen.

Also, wenn Dr. Goodall sich dazu „herablassen" kann, kannst du es auch. Indem du so tust, als wärst du ein Tier, wirst du von seinen Wahrnehmungen, Gefühlen und Gedankenmustern lernen. Du wirst lernen, dein Bewusstsein auszudehnen. Wie früher als Kind gibst du im Spiel vor, etwas anderes zu sein. Wenn du es mit Bewusstsein tust, kann dir dieses „Vortäuschen" am Ende vielleicht die Fähigkeit verleihen, dich „einzustimmen" und medizinische Information zu erhalten und vielleicht sogar verlorene Tiere aufzuspüren. (Beim Aufspüren geht es hauptsächlich darum, die richtigen Fragen zu stellen.)

Welches Kind wäre nie herumgeflattert, gerudert, in großen Sätzen gesprungen? Welches Kind hätte nie unter dem Protest der Erwachsenen im Zimmer herumtrompetet: „Du bist ein Vogel! Du bist eine Schlange! Du bist ein Bär! Du bist ein Elefant!" – „Was sagt ein Truthahn? Was ein Affe?" Worauf du geantwortet hast: „Schmatz, schmatz!" und „UUh, uuh, uuh, uuh!" Hier beginnen die erforderlichen Paradigmenverschiebungen, die erhöhte Perspektive, die es uns ermöglicht, Beweglichkeit in unser Bewusstsein zu bringen. Schreib die Antworten auf folgende Fragen in dein Notizbuch. Schreib auf, was dir als Erstes in den Sinn kommt.

Übung: Werde ein Tier

Du bist ein Dackel

Was siehst du, wenn du in deiner Küche stehst? (Fußknöchel, viele Knöchel!)

Was siehst du im Schlafzimmer?

Wie ist es, wenn das Bett über dir emporragt und du nicht von allein hinaufspringen kannst?

Was fühlst du, wenn die Leute dich überragen?

Magst du bei ihnen schlafen?

Verstehst du die menschliche Sprache?

Wie ist es, wenn du hochgehoben wirst?

Wie ist es, wenn du aus deiner Schüssel frisst?

Was ist deine Lieblingsspeise?

Wie fühlt es sich an, in einer Kiste zu sitzen?

Wie fühlst du dich in einem Tragekorb?

Wie ist es, in einem Rucksack getragen zu werden?

Weißt du, was ein Flugzeug ist?

Wie fühlst du dich, wenn du im Flugzeug im Frachtraum befördert wirst?

Was empfindest du, wenn du zum Tierarzt gehst?

Wie ist es, der kleinste Hund im Park zu sein?

Wie denkst du über andere Hunde?

Magst du an einer Leine gehen?

Schmerzt der Asphalt unter deinen Pfoten, wenn du läufst?

Was fühlst du, wenn du eine Dogge triffst?

Jetzt bist du eine riesige Dogge

Wo schläfst du am liebsten?

Magst du es, wenn dein Bett angewärmt wird?

Spielst du gern mit Menschen?

Was ist dein Lieblingsspielzeug?

Wirst du gern von Menschen „dressiert"?

Welche Gefühle erwecken Katzen in dir?

Welches Gefühl erwecken menschliche Kinder in dir?

Was ärgert dich?

Schwimmst du gern?

Jagst du gern Vögel?

Wie viel Platz brauchst du zum Laufen?

Welche Nahrung gibt dir das größte Wohlgefühl?

Hörst du gern Radio?

Bist du gern allein?

Fährst du gern im Auto?

Was empfindest du anderen Hunden gegenüber?

Wie empfindest du, wenn du einen Dackel triffst?

Was erschreckt dich?

Wie fühlt sich ein Stachelhalsband an?

Du bist eine Taube

Wie ist es, wenn du auf einer Telefonleitung sitzt?

Wie sieht dein menschliches Haus von oben aus?

Wie ist es, wenn du deine Flügel ausbreitest?

Wie fühlt es sich an, wenn du mit dem Wind aufsteigst?

Wie ist es, bei strömendem Regen in den Baumwipfeln zu sitzen?

Wie fühlt sich der Winter an?

Hast du Angst, keine Nahrung zu finden? Oder hast du Vertrauen?

Was ist der Zweck deines Lebens?

Hast du einen Freund? Liebst du ihn/sie?

Hast du Junge? Was fühlst du für sie?

Weißt du, wo deine Eltern sind?

Wie fühlt es sich an, ein Ei zu legen?

Redest du mit anderen Vögeln? Worüber redest du?

Wie kommst du mit anderen Vogelarten aus?

Wo schläfst du nachts?

Gefällt es dir, dich zu putzen?

Was macht dich am glücklichsten?

Jetzt bist du ein Eisbär im Zoo

Das ist übel ... nicht wahr?

„Aber Amelia!", magst du argumentieren. „Du personifizierst sie! Du vermenschlichst sie!" Ja, das tue ich. So lernen wir. „Aber sie haben keine menschlichen Emotionen! Sie vermissen ihre Kinder nicht, werden nicht böse auf ihre Freunde, haben keine abstrakten Gedanken und denken nicht über den Sinn des Lebens nach!" Wenn solche Einwände ihren Weg in deinen Geist finden, lerne das folgende korinthische Gebet (vgl. auch Philipper 4:7 und 1 Johannes 4.18) auswendig. Sage es dreimal laut auf. Widme es der höchsten Macht, die du kennst. Ich sage es jeden Morgen und vor jedem Reading und verehre dabei Sekhmet, die löwenhäuptige Göttin des uralten Ägypten.

Das Korinthische Gebet

Göttin Sekhmet,

Nimm mich sanft bei der Hand.

Und führe mich den kleinen Pfad hinauf

durch die engen Tore,

durch das Heiligste des Heiligen,

und in das Königreich Gottes, wo alles rechtschaffen ist.

Denn hier sind wir eins mit der Mutter.

Und wir danken dir, Göttin, dass du uns hörst.

Und dafür, dass du uns auf den Weg der befreienden Wahrheit führst:

auf den Weg der vollkommenen Liebe, die alle Angst fortnimmt,

auf den Weg des Friedens, in dem alles Verständnis ruht

und auf den Weg des ewigen Lebens. Amen.

Dieses Gebet wird beträchtliche Aufmerksamkeit deiner Geistführer von der Anderen Seite auf sich ziehen. Falls du aber noch Widerstand fühlst, probiere es mit der Meditation „Den Deckmantel der Negativität abwerfen", die ich aus Diane Mariechilds wundervollem Buch *Im Einklang mit mir selbst* lernte. Kläre deinen Geist, konzentriere dich auf dein Herz und beginne von neuem. Wenn du den Standpunkt der inneren kritischen Eltern unterdrücken und dein allwissendes Kind spielen lassen kannst, wirst du deine eigenen Entdeckungen machen. Lass deine Antworten dich schockieren. Ideen und Emotionen sind universell – sie sind nicht ausschließlich menschlichen Tieren eigen. Alle Tiere denken und fühlen das riesige Spektrum der Ideen und Emotionen.

Wenn du davon überzeugt bist, dass sie es nicht tun, dann lies trotzdem dieses Buch, und zwar so, als sei es Fiktion. Beobachte dann, ob die Tiere nicht doch zu dir kommen – gerade wenn du es am wenigsten erwartest. Sie könnten in die Nischen deines Geistes kriechen und sanft die Form deines Glaubenssystems ändern. Schau zu, wie dir dein Leben neue Informationen über tierische Intelligenz darbringt. Und ist es schließlich nicht besser, auf der Seite des Mitgefühls zu irren?

Ich praktiziere die folgende Meditation aus *Im Einklang mit mir selbst* seit neun Jahren jeden Tag. Nichts wird dich schneller reinigen als diese wunderschöne Meditation. Wende sie bei deiner Arbeit mit Tieren an, indem du deinen Deckmantel visualisierst. Dieser ist aus allen Zweifeln zusammengeschneidert, die du deiner eigenen Intuition entgegenbringst.

Übung: Den Deckmantel der Negativität abwerfen

von Diane Mariechild

Entspanne dich, vertiefe und schütze dich. Hier in diesem Raum außerhalb der Zeit wird dir das Gewand bewusst, das du trägst. Es ist ein Mantel, ein schwerer schwarzer Deckmantel. Diese dunkle Robe mit einer Kapuze ist der Mantel deiner Negativität. Er symbolisiert alle negativen Gedanken, Gefühle und Erfahrungen, die du mit dir herumträgst. Spüre seine Schwere. Mach dir das Material bewusst und fühle das Tuch. Fühl das Gewicht auf deinen Schultern. Dein ganzer Körper ist umhüllt von Negativität und Verzweiflung. Halte eine Minute inne.

Werde dir jetzt bewusst, dass der Mantel – und damit auch deine Negativität und Verzweiflung – allmählich von deinem Körper gezogen wird. Jetzt ist der Deckmantel verschwunden.

Deine Aufmerksamkeit wird auf einen Brunnen gelenkt, einen Brunnen aus Licht, einen unglaublichen Brunnen aus Licht. Und das schimmernde Licht sprudelt und quillt über. Ein Schauer von Licht, ein Schauer von Sternen. Tausende winziger Sterne strömen auf dich herab. Der ganze Raum ist mit gleißendem Licht erfüllt.

Dir wird klar, dass du mit einem neuen Gewand bekleidet bist – einem hauchfeinen, durchsichtigen Mantel aus Licht, der aus Sternen gewoben ist. Du trägst dieses Gewand aus Liebe, Freude und Schutz. Es ist das Symbol deiner Seele und der liebevollen Beziehungen, die du fühlst und spürst und siehst. Trag es jetzt und immer. Wenn du fertig bist, komm zurück in deine mit Licht und Liebe gefüllte Realität.

Kämpfe werden nie gewonnen – sie werden transzendiert

Telepathie und Gestalttherapie arbeiten nicht aus dem Bewusstsein der Dualität heraus. Etwas Bemerkenswertes geschieht, wenn die zwei Hemisphären des Gehirnes als Gespann zusammenarbeiten. Die dritte Art von Bewusstsein wird geboren, wenn keine Seite des Gehirnes schwer arbeitet. Dieses neue erhöhte Bewusstsein befindet sich überhaupt nicht im Gehirn, sondern im Herzen. Ohne die Paradigmenverschiebung vom Kopf ins Herz, von der Dualität zur Trinität bleibt die psychische Fähigkeit unerreichbar oder im besten Falle eingeschränkt.

Wenn du wirklich die Kunst der Telepathie beherrschen willst, muss es dir ernst damit sein, Gott oder Göttin in dir zu finden. Unsere Gehirnwäsche war unerbittlich. Unsere Religionen haben uns seit frühster Kindheit eingebläut, dass wir wertlos sind. Die Schöpfungsmythen aller großen Weltreligionen sind verdächtig ähnlich: Die ursprünglichen Götter der jeweiligen Kultur haben die Menschheit erschaffen, aber der Mensch beging sofort einige unverzeihliche kosmische Fehler (Äpfel und wer weiß was sonst noch gegessen), was die Götter veranlasste, in unbändiger Wut ihre Schöpfung im Stich zu lassen. Wo Gott jetzt sein könnte, versäumt die Geschichte uns mitzuteilen. Unsere Aussöhnung mit ihm ist auf ein späteres Datum verschoben ... und die Abmachungen sind an Bedingungen geknüpft. Auserwählte werden abgeholt werden, sich an Gebote Haltende gelobt, Kamikazekrieger, die in seinem Namen sterben, werden durch die perlmutternen Tore eingelassen werden. Wer die verbotenen Speisen nicht anrührt, kommt in den Himmel und wird frei sein vom Joch der Reinkarnation. Wenn man einmal von den Einzelheiten absieht, so ist die rührselige Geschichte vom Ursprung auf jedem Kontinent fast identisch: Wir wurden von einem abgetakelten Papa geschaffen, der uns hier auf der Erde ablud und sich wütend aus dem Staub machte, weil wir irgendein kosmisches Chaos anrichteten. Wir haben uns also Zeit unseres Lebens nicht nur dafür zu schämen, dass es eine deutliche Trennung zwischen Gott und Mensch gibt, sondern auch, dass die Trennung *unsere Schuld* ist.

Joseph Campbell sprach über diese Dualität in *Die Kraft der Mythen*. Er schildert, wie Adam und Eva aus dem Garten Eden vertrieben wurden:

Es gibt ein elementares mythologisches Motiv – dass ursprünglich alles eins war und dann die Trennung kam: Himmel und Erde, männlich und weiblich und so weiter. Wie haben wir uns von der Einheit entfernt? Fest steht, dass jemand Schuld an der Trennung hat – sie aßen die falsche Frucht oder sagten Gott gegenüber etwas Falsches, so dass er wütend wurde und verschwand. Jetzt liegt das Ewige irgendwie in der Ferne, und wir müssen sehen, wie wir wieder Verbindung aufnehmen können.

In einer anderen Version kommt der Mensch nicht von oben, sondern aus dem Leib der Mutter Erde. Oft gibt es in diesen Geschichten eine große Leiter oder ein Seil, wo die Menschen emporklettern. Als Letztes wollen zwei große dicke schwere Leute hinaufsteigen. Sie packen das Seil und – schnapp! – es zerreißt. Damit sind wir von unserer Quelle abgeschnitten. Auf gewisse Weise sind wir durch unseren Geist tatsächlich abgeschnitten, und wir stehen vor dem Problem, das gerissene Seil wieder zusammenzufügen.

Campbell sagt, dass wir durch *unseren Geist* von der göttlichen Quelle getrennt werden, und ich kann ihm nur beipflichten. Alle Probleme des Menschengeschlechtes liegen zwischen unseren Ohren, und aus diesem Grund ist nicht der Geist unser kostbarster Kommunikationskanal, sondern das Herz. Im Geist sind die Dualitäten gegenwärtig, aber wenn du

77

dich auf das Herz konzentrierst, ist die Präsenz der inneren Göttlichkeit unbestreitbar. (Meine innere Göttlichkeit hat den Geschmack von Pistazien.)

Mach mich zum Kanal Deines Friedens

Man sagt, dass es keinen längeren Weg gibt als den Weg vom Kopf ins Herz. Die größte Paradigmenverschiebung hin zur Öffnung unserer intuitiven Kanäle tritt ein, wenn wir nicht mehr „haben wollen", sondern „geben möchten". Die meisten Gebete zielen darauf ab, etwas „zu bekommen". Ständig soll uns die Göttin alles Mögliche liefern; Unmengen von Fragen soll sie uns beantworten. Wir beten, weil wir schmerzfrei leben möchten – also nicht viel lernen wollen – und sind wütend oder auch niedergeschlagen, wenn sie ihr Programm nicht umgehend über den Haufen wirft, um uns unsere Wünsche zu erfüllen. Bedürftigkeit ist ein Zustand des Geistes, der sich von selbst fortsetzt. Sein Gegenteil – die Dankbarkeit – hebt dich empor in ein Paradigma von so liebevoller Fülle, dass die göttliche Gnade ausströmt und Menschen und Tiere in deinem Leben segnet.

Ich werde nie vergessen, was mir mein Exfreund Benjamin, ein sehr erfolgreicher Geschäftsmann in Hollywood, erzählt hat. Jeden Tag setzte er sich mit Bitten von Leuten auseinander, die alle irgendetwas von ihm wollten, und mochten sie noch so wohlmeinend sein. Benjamin sagte mir, dass er nur einen Freund hätte, einen Milliardär. Der Freund würde ihn einfach anrufen, ohne etwas von ihm zu verlangen: „Hallo, Benjamin. Ich brauche nichts. Ich wollte nur fragen, ob es etwas gibt, was *ich heute für dich tun kann*. Irgendetwas."

In unserer Gesellschaft glaubt man allgemein, dass nur Haie in der Geschäftswelt vorankommen, aber mir gefällt der Gedanke, dass dieser Mann zum Milliardär wurde, weil er so viel Großzügigkeit besitzt.

Was meinst du, wie oft die Göttin von einem Erdling folgende Worte zu hören bekommt: „Dank für alles! Was kann ich heute für dich tun?" Kannst du dir vorstellen, wie sie sich freuen würde, eine Atempause zu bekommen, die Füße auf den Schreibtisch legen zu können und nicht bis spät im Büro arbeiten zu müssen?

Unternimm einen Versuch. Mach es dir zur Gewohnheit, jeden Morgen im Gebet zu fragen, was du noch geben kannst, wie du helfen und was du für die Tiere beitragen kannst. Setz dich dann still hin und lausche. Wenn du keine Bilder bekommst, keine Stimmen hörst, wenn die Eingebung auf sich warten lässt, verzweifele nicht. Beobachte statt dessen sehr aufmerksam die Welt um dich herum und halte Ausschau nach Zeichen oder Signalen für das Nächstliegendste. Vertraue deinem inneren Drang. Lies Anschlagbretter, hör bewusst die Texte von Liedern. Wenn du „zufällig" eine Zeitung auf einer bestimmten Seite aufschlägst, dann lies sie; wenn dein Freund aus dem Blauen heraus einen Vorschlag macht, speichere die Information. Die Göttin muss die dreidimensionalen holografischen Puzzlestücke um dich herum für ihre Scharaden nutzen. Wenn du dich in diesem neuen Paradigma des Gebens befindest, entdeckst du vielleicht, dass deine Wünsche ganz nebenbei erfüllt wurden oder dass du das Gewünschte gar nicht wirklich brauchst. Die Göttin kann deine Tagesordnung dramatisch verändern, dich aus Arbeitsstellen „entlassen", die dir nicht mehr gut tun, oder dich aus Beziehungen herausholen, die nicht zu deiner neuen Aufgabe beitragen. Vertrau darauf, dass dein Höchstes, Bestes im göttlichen Plan geehrt wird, wenn du der Göttin dienst, um die Welt zu verbessern.

Wenn du mit einem deiner Tiere ein Trauma oder eine Krankheit durchlebst, dann möchtest du sicherlich am liebsten beten: „Bitte, nimm diesen Schmerz weg!" Aus einer höheren Perspektive geht es jedoch um die Frage: „Was muss ich daraus lernen? Lass mich bitte die Lehre erkennen, so dass diese Situation gelöst werden kann und sich nicht wiederholen muss." Die Paradigmenverschiebung zu „Was kann ich den Tieren geben?" wird dir helfen, ein aufnahmebereiteres Instrument für die Gedanken und Gefühle der Tiere zu sein. Beginne damit, den Geist unendlichen Gebens bei deinem eigenen Tier zu üben. In einem Cartoon von Gary Larsen sagt ein Hund zum anderen: „Mein Name ist Nein! Nein! Böser Hund. Und wie heißt du?" Wenn es wahr wäre, dass Tiere ihre Namen nicht kennen, sondern nur das, was wir täglich von uns geben, würde Mr. Jones glauben, sein Name sei „Ich liebe dich". Und Oscar: „Kann ich etwas für dich tun?" Dieser tägliche Liebeserguss fließt zehnfach zu mir zurück, wenn sie mir erlauben, die Bilder in ihren kleinen kuscheligen Köpfen zu sehen.

Gott ist nicht anderswo

„Wir sind Gottes Ebenbild." – „Das Königreich Gottes ist in dir." – „Was ich tue, werdet ihr auch tun, und noch Größeres." Mit solchen Worten meinte der Erretter der Christenheit sicherlich: „Aufgewacht, Leute, es gibt keine Trennung! Übernehmt die Verantwortung für eure magischen Kräfte!"

Der Mystiker Meister Eckhart sagte, das endgültige und höchste Abschiednehmen bestehe darin, Gott für Gott zu verlassen, die Vorstellung von Gott hinter sich zu lassen, um *zu erfahren,* was jede Vorstellung übersteigt. Ich und du, dies und jenes, wahr und unwahr – alles hat seine Kehrseite. Aber in der Mythologie deute sich an, dass es hinter der Dualität eine Singularität gibt, über der die Dualität nur eine Art Schattenspiel spielt. In dieser Singularität wirst du einen unterirdischen Kanal finden, ein Netzwerk, das alles mit allem verbindet, eine Art psychisches U-Bahnsystem nicht weit unterhalb der bewussten Wahrnehmungsebene. Hier in diesem psychischen Massen-Transitsystem kann jedes Lebewesen mit jedem anderen Lebewesen kommunizieren. An diesem Ort göttlichen Verbundenseins ist Gott kein Konzept mehr, sondern *eine Erfahrung.* Du wirst die *Einheit* aller Lebewesen erleben und die Gedanken deiner tierischen Freunde hören können.

In der nächsten Geschichte wirst du einer Katze begegnen, die ihr Frauchen so sehr liebte, dass sie es nicht ertragen konnte, dass im Körper ihres Frauchens etwas Lebendiges heranwuchs.

Drei ist gute Gesellschaft – vier sind zu viel

Ich machte einen Hausbesuch bei Jasmin, einer schönen jungen Hollywood-Schauspielerin, weil ihr schottischer Faltohrkater Othello im ganzen Haus seine Duftmarken setzte. Jasmin begrüßte mich an der Tür und führte mir besorgt Othello und die zwei siamesischen Katzen Hamlet und Tybalt vor. Ich wollte mir Othello vorknöpfen, aber die Katzen umringten mich, und bevor ich noch eine Frage stellen konnte, erzählten sie mir, was nicht stimmte. Tybalt sprach als erste und vermittelte mir das Bild eines ungefähr achtjährigen Jungen in ausgebeulter Surf-Kleidung, teuren Markensportschuhen und einer coolen Schirmmütze. „Ja! Das ist mein Neffe!", bestätigte Jasmin. „Er ist neun, und er ist sehr cool."

Tybalt sandte das Bild vom Magen ihres menschlichen Papas mit großer Dringlichkeit, und so fragte ich die Katze, ob ihr Herrchen ein medizinisches Problem hätte. *Nicht mehr,* sagte sie. Die anderen zwei Katzen stimmten ihr zu. *Bei Herrchen ist jetzt alles in Ordnung. Herrchen ist jetzt in Ordnung.* Als ich dies an Jasmin weitergab, war sie für einen Moment sprachlos. „Daryl, meinem Mann, wurde gerade der Blinddarm entfernt!", keuchte sie dann. Hamlet zeigte mir zwei Kinder, die sie abgöttisch liebte, den Jungen und ein Mädchen. „Meine Nichte und mein Neffe", sagte Jasmin. Ich fragte Othello, ob er ein medizinisches Problem hätte, das ihn veranlasste, im Haus seine Duftmarken zu hinterlassen. *Nein,* antwortete er. Die anderen Katzen"stimmten zu. *Othello fehlt nichts.* Ich vermutete, dass er sein Territorium absteckte, weil er sich von irgendetwas bedroht fühlte. „Hast du einen Konflikt mit einer der anderen Katzen?", fragte ich. *Nein,* antwortete Othello. Die anderen Katzen unterstützten ihn ausdrücklich: *Nein! Wir kommen alle gut miteinander aus. Wir lieben uns alle.*

„Ist dein Katzenklo immer sauber, wenn du es brauchst?" Oft ist dies das einzige Problem. Manche Leute halten die Streukisten nicht sauber genug für pingelige Katzen. *Nein, meine Kiste ist in Ordnung,* versicherte mir Othello. *Das Katzenklo ist großartig. Einfach großartig,* fügte Tybalt hinzu. „Gibt es etwas, womit deine Eltern dir das Leben schwer machen?" Othello sagte, dass er vorgestern vor dem Haus ein Baby im Kinderwagen sah. Es war ein Junge mit einem bunten Hut. Ich erzählte dies Jasmin, die es aufgeregt bestätigte: „Ja, ja, es war vorgestern. Ich ließ die Katzen gestern hinaus, und wir sprachen mit der Mutter des kleinen Jungen." – „Mögen die Katzen Kinder?"

Ich überprüfte das und sagte ihr: „Hamlet ja, Tybalt auch, aber Othello sagt: *Nein, ich mag sie nicht."* – „Er hasst sie!", bestätigte Jasmin. „Frag ihn, warum er Kinder hasst." *Es gab zwei Kinder in meinem letzten Zuhause, als ich noch ein Kätzchen war. Sie schleiften mich überall herum und zogen mich an den Ohren. Sie zerrten immer an meinem Fell. Ich hasste sie.* Ich fragte mich, ob das frühe Trauma Othello noch immer zu schaffen machte und ob er deshalb das Haus markierte. Schließlich mussten die Katzen Klartext mit mir reden. (Das Tiermedium war diesmal wirklich schwer von Begriff!) Sie zeigten mir Jasmins Unterleib, dann ihren Uterus. Jetzt ging mir ein Licht auf. Plötzlich verstand ich die Bilder, die mir die Katzen schon gesendet hatten, als ich das Haus betrat. Noch bevor ich fragen konnte, hatten mir die Katzen Bilder von Jasmins Nichte und Neffen geschickt – den einzigen Kindern, die sie kannten. Dann folgten Daryls Bauch und ein Baby in einem Kinderwagen.

„Jasmin! Du versuchst schwanger zu werden, nicht wahr?", rief ich. „Ja! Wir haben viel darüber geredet. Daryl möchte Kinder und ich nicht. Ich habe Angst, es würde das Leben meiner Katzen beeinträchtigen."

„Othello denkt auch so", sagte ich. „Othello markiert sein Territorium gegen ein Baby, das noch gar nicht da ist. Er spürt deine Sorge und reagiert auf deinen Widerstand." – „Gut, dann ist es beschlossen." Jasmin lächelte triumphierend. Sie warf ihrem gänzlich erstaunten Mann einen boshaften Blick über die Schulter zu und triezte ihn: „Oh, ich würde niemals etwas tun, was meinen Katzen das Gefühl gäbe, vernachlässigt zu werden!"

Jetzt hatten wir Jasmin die richtige Munition in die Hände gespielt, mit der sie ihren Fall gewinnen konnte.

Das Herz sieht klarer als das Dritte Auge

Ein Bild kann tausend Worte aufwiegen, ein Gefühl tausend Bilder. Mit unserem Dritten Auge spielen wir einander Bilder zu, aber mit dem Herz tauschen wir Emotion aus. Das Herz ist die Oase, die reich und fruchtbar bleibt, weil sie Zugang zu der ewig jungen Seele hat. Das ist die Ebene, auf der alles möglich ist.

So wie in unserem eigenen Leben müssen wir manchmal auch im Leben unserer Tiere Kompromisse schließen. Wir müssen Wege finden, das Leid zu mildern, das wir verursachen. Wer hat nicht schon einmal jemanden sagen hören oder zu sich selbst gesagt: „Ich weiß, mein Tier ist nicht glücklich darüber. (Es möchte nicht allein im Haus gelassen werden, will nicht sterilisiert werden, will einen größeren Garten.) Aber ich kann im Augenblick nichts dagegen tun!"

Ich ließ kürzlich eine meiner Katzen sterilisieren, und da meine körperliche Verbindung zu ihr so stark ist, machte mich das völlig fertig. Ich musste mich in der ersten Woche ihrer Genesungszeit ihrem Schmerz verschließen, sonst hätte ich das Bett nicht verlassen können. Ich erwarte

sehnsüchtig den Tag, an dem wir bei weiblichen Tieren keine Hysterekto-
mie mehr vornehmen müssen, weil die Tiere sich immer bei mir über den
Schmerz beklagen. Wenn ich ein weibliches Tier nach seiner Gesundheit
frage, spricht es oft als Erstes von der Operation, selbst wenn diese zehn
Jahre zurückliegt. Vielleicht erfindet eines Tages jemand eine Form von
Geburtenregelung für Tiere, die nicht so brutal und traumatisch ist.

Wir wissen es alle, wenn ein Tier Schmerzen hat, und ich glaube, dass
gerade die größten Rüpel, die am lautesten dagegen protestieren, in
Wirklichkeit besonders empfindsam sind – sie haben am meisten zu
verteidigen. Du kennst den Satz „Wer am lautesten schreit ..." Hier ein
Beispiel von einem denkwürdigen Protestierenden und einem wahrlich
unvergesslichen Elefanten.

Der Elefantendresseur

Mein Freund Rick und ich verbrachten letzten Sommer einen Tag in
einem kanadischen Wildpark, wo wir einen Elefanten trafen, der vor
einer wachsenden Touristenschlange für Fotos posierte. Den Dresseur des
Elefanten äffen wir seitdem gern beim Essen nach. Er war mager und rot-
nackig, hatte vorstehende Zähne und war über und über tätowiert. Er ließ
Gomer Pyle wie Cary Grant aussehen. Seine Aufgabe war es, den
Elefanten dazu zu bewegen, den Rüssel zu heben und für Bilder zu posieren.

Einer unserer Führer im Park erteilte mir die besondere Erlaubnis, nahe
an den Elefanten heranzugehen, und erwähnte dem Dresseur gegenüber,
dass ich mit Tieren sprechen könne – eine Tatsache, die ich nicht sogleich
ausposaunt hätte. Der Dresseur hielt es nun für seine Aufgabe, mir zu beweisen, dass das nicht stimmen konnte. „Wenn du so psychisch bist, dann
sag mal, wo der pennt!", brüllte er. Ich hatte sehr wenig Gesprächserfah-
rung mit Elefanten, aber ich tat mein Bestes, um mich zu zentrieren. Ich
schickte das Bild des schlafenden Elefanten und bat darum, die Umgebung sehen zu dürfen. Er zeigte mir, wie er in einem ziemlich klaustro-
phobischen Stall stand.

„Er sagt, dass er in einem Stall schläft", antwortete ich. Der Dresseur
wurde aufgeregt. „Det stimmt! Mit wie vielen Ketten dran?", wollte er
wissen. Ich spielte dem Elefanten das Bild von Ketten zu, und er lieferte

das Bild von Ketten, die drei seiner mächtigen Beine umschlossen. „Drei", sagte ich. Der Dresseur führte einen Tanz auf und glich ganz einem Affen, der seinem Drehorgelspieler entkommen war. „Det is richtich! Hierjeblieben! Hierjeblieben!", schrie er, als er das Rüsselheben und das Posieren für einen Moment unterbrach und zu mir herübertänzelte. „Warum lässt du ihn in Ketten schlafen?", fragte ich.

„Wenn nicht, würde er aus'm Stall ausbrechen und davonlaufen." – „Wen wundert's", sagte ich seufzend. Er führte das Verhör mit großem Schwung fort.

„Wenn de mit ihm, eh, sprichst, frag ihn das: Was is sein Lieblingsfutter?" Der Dresseur war noch nicht ganz überzeugt, auch wenn ihm in der Aufregung der Speichel auf das Kinn sabberte. Ich schickte die Idee von Nahrung, die in dem massiven Maul des Elefanten verschwand, und bat ihn, mir sein Lieblingsfutter zu beschreiben. Der Elefant entsprach der Bitte nur zu gern. Er beschrieb etwas Kleines, Rosafarbenes, sehr Süßes, und zeigte mir, wie die zuckrige Substanz an seinen Zähnen klebte. Ich dachte nicht, dass Früchte so süß schmecken können, aber die verschiedenen Tierarten empfinden den Geschmack von Nahrungsmitteln unterschiedlich, und so fragte ich, ob es eine Erdbeere sei.

Nein, sagte er. Der Geschmack von Melasse schien der Sache am nächsten zu kommen. Ich war gänzlich verwirrt. Welche Art von Bonbons fressen Elefanten? „Es ist rosa und sehr süß", sagte ich. „Er kaut gern an etwas Kleinem, Süßem. Er sagt, es ist rosa und lässt sich kauen. Ich bin nicht sicher, was es ist." Der Dresseur steckte seine braunen Finger in die verschmutzte Hemdtasche, schob eine Dose Kautabak beiseite und zog ein Stück Bazooka-Kaugummi heraus. Die kleinen rechteckigen Kaugummistücke waren alle rosa. „Det is mein Gummi! Er kriegt ihn, wenn er mit die Bilder fertig is! Er liebt sein Gummi!", donnerte der Dresseur. Als ich nun so dicht bei ihm stand, war mir klar, das Kaugummi konnte nur für den Elefanten gedacht sein. Inzwischen war mir egal, ob der Dresseur irgendetwas anzweifelte, was ich sagte. Ich hatte mehr als genug.

Ich dankte dem Elefanten dafür, dass er mit mir geredet hatte, und bat um Entschuldigung, dass ihm Menschen ein so mieses Leben beschert hatten. Ich versicherte ihm, es sei immer noch besser als im Zirkus und in den meisten Zoos, und im Busch wäre er schon tot. Zumindest machte niemand ein Klavier aus ihm. Ein paar Polaroid-Fotos und eine gute Stange Kaugummi – mehr konnte ein Elefant in der heutigen Welt eigentlich gar nicht erwarten. Ich sprach ein Gebet für ihn und verschwand, bevor der Dresseur mich weiter ausfragen konnte.

Nun, es war nicht der Elefantendresseur, sondern sein Kaugummi kauender Elefant, der mich so tief berührte. Seit unserem Zusammentreffen habe ich Erscheinungen. Offenbar geht es darum, dass das Menschengeschlecht „bleibt", nicht aber die Elefanten.

Seit letztem Jahr sehe ich jeden Tag kurz vor dem Einschlafen Elefanten durch meinen Geist marschieren, und es ist nicht die fröhliche Prozession der Zirkustiere in meiner Kindheit. Es ist eine ernste, ruhmreiche und ehrfurchtgebietende Parade. Mit königlicher Geste wirbeln sie Staubwolken auf und verschwinden am Horizont. Sie erlauben mir, ihnen zuzusehen, wie sie diese Welt verlassen. Sie kommen, um sich zu verabschieden. Warum werde ich in diesen bittersüßen Segen eingeweiht? Elefanten sind nie eine große Leidenschaft von mir gewesen, aber wie mit den Gorillas, die mich ebenfalls beim Einschlafen besuchen, bin ich seit neuestem besessen von ihnen. Ich kann nur vermuten, dass auch sie mich besuchen, damit ich *ihre Geschichten erzähle,* bevor sie ihren letzten Exodus machen. Ich höre ihr Trompeten bis in die letzten Nischen meines Geistes, und es klingt wie ein Ruf zu den Waffen von einem Camelot aus ferner Vergangenheit. Dieses Mal suchen sie nach einer neuen Welt, in der sie leben und gedeihen können – heil und vollständig und unbehelligt von Menschen.

Als ich das Elend der Elefanten für dich erforschte, stieß ich auf ihre faszinierende Geschichte. Die folgenden Tatsachen legte Ginette Hemley, Vizepräsidentin für die Erhaltung der Arten beim World Wildlife Fund, in ihrem beredten Appell an den US-Senat vor, um die 1997 erlassenen Gesetze zum Schutz des afrikanischen und asiatischen Elefanten zu würdigen.

Mit einem Gesamtbestand von nur 35.000 bis 50.000 freilebenden Tieren beträgt die Zahl asiatischer Elefanten jetzt weniger als ein Zehntel des Bestands an afrikanischen Elefanten. Schutzmaßnahmen müssen dringend getroffen werden, wenn es dem Menschen tatsächlich ernst damit ist, das Überleben des asiatischen Elefanten sicherzustellen.

Vielleicht hatte kein anderes wildes Tier eine so enge Beziehung zum Menschen. In Asien geht die einzigartige Beziehung zwischen Mensch und Elefant sehr tief und reicht 4.000 Jahre in die Vergangenheit zurück. Damals wurden zum ersten Mal Elefanten eingefangen und zu Zugtieren, zur Mitwirkung bei religiösen Zeremonien und für den Krieg abgerichtet. Der kulturelle Beitrag des Elefanten verdient besondere Hervorhebung. In uralten hinduistischen Schriften taucht der Elefant häufig auf; der elefantenköpfige Gott Ganesha wird in ganz Indien verehrt, und der weiße Elefant hat für Buddhisten in ganz Asien eine besondere religiöse Bedeutung.

Über diese einzigartige Beziehung mit dem Menschen hinaus ist der asiatische Elefant ein Flaggschiff für die Erhaltung der Lebensräume im tropischen Regenwald, in denen er zu finden ist. Elefanten legen weite Entfernungen zurück und durchstreifen eine Vielfalt von Lebensräumen, die Heimat zahlreicher anderer wildlebender Arten sind. Da Elefanten sehr große Gebiete zum Überleben brauchen, können sich effektive Schutzmaßnahmen und Regelungen für Elefanten auch auf andere bedrohte Tierarten segensreich auswirken – beispielsweise auf Tiger, Nashorn, Wildrind, den gefleckten Leoparden, den asiatischen Wildhund, Gaur, den malaysischen Nasenbären, Gibbon, und zahllose andere Wildtiere, die ihr Habitat mit dem Elefanten teilen.

Wer wird den schlafenden Ganesha wecken? Oder hat er vielleicht schon beschlossen, sein Volk vom Planeten zu evakuieren? Ist das Menschengeschlecht wirklich so hoffnungslos, dass wir nicht mit diesen heiligen majestätischen Tieren koexistieren können?

Das Wildern zur Elfenbeingewinnung ist beim asiatischen Elefanten zwar weit weniger verbreitet als beim afrikanischen, stellt aber noch immer ein Problem in Teilen von Süd-Indien, Kambodscha, Vietnam, Birma, und Laos dar. In Thailand und China wird seine Haut zu Taschen und Schuhen verarbeitet; Knochen, Zähne und andere Körperteile werden in der traditionellen chinesischen Medizin benutzt, um verschiedene Krankheiten zu heilen. In Vietnam gefährdet die Wilderei sogar die verbleibenden einheimischen Elefanten, die frei in Wäldern umherstreifen dürfen.

Elfenbein. Stell dir das vor. Es gibt noch Teile der Welt, wo nutzloses Zeug aus Elfenbein einen solchen Wert darstellt, dass Elefanten abscheulich abgeschlachtet werden, um an ihre Stoßzähne heranzukommen. Aber warte. Es gibt einen Hoffnungsschimmer, und auch wenn keine Hoffnung bleibt, dürfen wir uns nicht beirren lassen. Viele Gruppen arbeiten unermüdlich, um die Elefanten vor dem Auslöschen zu bewahren und ihre Lebensräume zu erhalten.

Der Asian Elephant Conservation Fund unterstützt den Schutz der verbleibenden Elefantenbevölkerung und ihres Lebensraumes gegen weiteren Verlust und Degradierung. Der World Wildlife Fund (WWF) und andere internationale Naturschutzorganisationen wie die World Conservation Union (IUCN) und die Wildlife Conservation Society (WCS) arbeiten daran, die bevorzugten Lebensräume in den letzten der Spezies verbleibenden Gebieten zu identifizieren und die Einrichtung und Regelung von Korridoren und besonders geschützten Gebieten zu fördern.

Ich hörte Jane Goodall sagen: Naturschutz kann nur dann funktionieren, wenn er der einheimischen Bevölkerung Gewinn bringt. Wie das Elend der Schimpansen hängt auch das Überleben der Elefanten vom allmächtigen Dollar ab. Solange verhungernde Menschen Tiere ermorden können, um sich etwas zu verdienen, werden sie es tun. Sie für das *Aufgeben der Wilderei* zu bezahlen, indem man sie andere Überlebensmethoden lehrt, scheint die einzige praktikable Lösung zu sein.

Wenn du einen Computer besitzt, dann geh ins Internet und wirf einen Blick auf die Fotos von Elefantenhaltern und Elefantenbabys, die auf den Straßen von Bangkok sterben. Schau, ob du dein Herz davon abhalten kannst, in tausend Stücke zu zerspringen. Versuch, dein Herz in einem Stück zu lassen, aber lass dein Portemonnaie nicht in deiner Tasche stecken. Nimm die zweihundert Piepen, die du für eine Kate-Spade-Handtasche ausgeben wolltest und *spende*.

Hier ist meine Herausforderung. Wenn jede wohlgenährte Person in Amerika, Kanada, Europa, Australien und so weiter – sie muss nicht einmal wohlhabend sein, nur Mittelschicht – auf eine Autowäsche, eine wöchentliche Maniküre oder einen Designer-Lippenstift verzichtete und stattdessen die fünfzehn Piepen einer Naturschutzorganisation spenden würde, könnten noch wilde Tiere auf diesem Planeten leben, wenn unsere

87

Kinder aufwachsen. Deine Kate-Spade-Handtasche würde sowieso nicht so lange überleben, aber vielleicht die Elefanten!

Ich hab dich zum Fressen gern

Amerika ist nie über seine Farmermentalität hinausgewachsen. Amerikanische Kinder lernen, sich nicht auf Tiere einzulassen, damit sie nicht untröstlich sind, wenn das Tier auf dem Esstisch endet. In ihrem Buch *What the Animals Tell me* schildert Sonya Fitzpatrick eine Kindheitsgeschichte über ihre Initiation in das Menschengeschlecht. Sie kommunizierte mit den Tieren auf dem Bauernhof in ihrer Heimat England so offen, dass die Tiere sie – sehr zum Ärger ihrer Eltern – über allen Nachbarschaftsklatsch unterrichtet hielten. (Sonya war von Geburt an hellhörig.) Sie freundete sich mit einem Gänsepaar an, das ihr überallhin folgte, bis es an Weihnachten auf einer Servierplatte endete. Sonyas Eltern hatten den herzlosen Versuch unternommen, ihr eine Lehre zu erteilen. Sie war am Boden zerstört von so viel Grausamkeit, verschloss sich vor ihrer Sternenlicht-Vision und gewann ihre psychischen Fähigkeiten erst im Erwachsenenalter zurück. Die meisten Kinder bekommen zu hören: „Spiel nicht mit deinem Essen!" Die Sensitiven schilt man dagegen: „Sprich nicht mit deinem Essen!" Nein, es ist wirklich nicht komisch, aber das Thema ist so herzzerreißend, dass ich ein wenig Humor brauche, um nicht verrückt zu werden. Lachen oder weinen – du hast die Wahl.

Ein mobiles Bewusstsein schaffen

Stell dir vor, du bist ein Spieler auf dem Fußballfeld, wo es unmöglich ist, keine Partei zu ergreifen. Du willst unbedingt, dass deine Mannschaft gewinnt. Nun stell dir vor, du bist ein Zuschauer hoch oben in den Rängen, wo du zwar für die eine Mannschaft bist, das Spiel aber von diesem Aussichtspunkt aus als Ganzes siehst. Es ist diese höhere Perspektive, die wir suchen. Wir kämpfen nicht gegen unser Menschliches, unser Tierisches oder unsere körperlichen Inkarnationen. Wir dringen tiefer und tiefer in sie hinein. Hier finden wir den Zugang zu der Göttlichkeit, die wir in uns haben.

Durch das Herz nehmen wir die Verbindung mit unserem Zuhause auf, aber ich kann dir Gefühle genauso wenig beschreiben wie Gerüche. „Gott ist Liebe" – ein unsinniger Gedanke. „Gott ist Liebe" – eine Offenbarung, wenn wir es fühlen. Hellfühlen reist durch einen Tunnel von Liebe, aber die Empfänger im Herzen lassen sich erst dann aktivieren, wenn der Tunnel fertig gestellt ist. In der folgenden Meditation wirst du deinen Weg in einen tieferen Teil deiner selbst finden. Dort lebt ein Geistführer, der dir helfen wird, mit Tieren zu kommunizieren.

Übung: Kontakt mit dem Geistführer aufnehmen

Finde einen ruhigen Ort, wo du ungestört sein kannst. Schließe deine Augen, atme tief und bringe deinen Geist zum Schweigen. Finde jetzt deinen Weg hinein in die Erde. Es kann ein Loch in einem alten Baum sein, eine Falltür im Boden, eine Höhle in einem Berg oder am Meer, ein alter Aufzug oder Minenschacht oder eine Treppe in die Katakomben einer gotischen Burg. Steig, krieche oder spring durch die Öffnung und sieh zu deinen Füßen eine ausladende Wendeltreppe. Befindest du dich in einem Aufzug, dann beobachte, wie er von der zwanzigsten Etage nach unten fährt. Zähl lautlos mit mir rückwärts von zwanzig bis null, während du tiefer und tiefer in die Erde hinabsteigst: 20, 19, 18, 17 ...

Hör das gedämpfte Geräusch der Kiesel, die den Tunnel hinunterrieseln, oder das weit entfernte Tröpfeln eines Unterwasserstromes. Riech die Gerüche der reichen braunen Erde – kühl und vertraut. Sieh die Treppen vor dir. Sie sind in ein magisches, unterirdisches Licht getaucht. Es leitet dich und winkt dich tiefer und tiefer in die warme, tröstliche Höhle hinein. Du bist hier vollkommen sicher. Die Erde hält dich in ihrer Umarmung geborgen. Spür die Stufen unter deinen Füßen. Es können uralte mit Moos bedeckte Steine sein, sie können aus Holz oder in den Felsen gemeißelt sein. Vielleicht gibt es ein Geländer, an dem du dich festhalten kannst, oder Laternen, die dir den Weg in die Erde leuchten. Wenn du müde wirst und fürchtest, dass du nicht weitergehen kannst, flutet auf einmal Licht herein – Wellen von Sonnenlicht, die durch die Decke der Höhle brechen. Während du dem Licht nachgehst, steigt der Boden unter deinen Füßen an. Eine klare, erfrischende Brise weht durch eine Öffnung, die zur Außenwelt führt. Du atmest tief und genießt die frische Luft. Plötzlich liegt das Dunkel hinter dir. Du findest dich außerhalb der Höhle wieder. Du bist in einen offenen Raum aufgestiegen, einen schönen Raum im Sonnenschein – oder im Sternen- und Mondenschein.

Du hast die Welt zwischen den Welten betreten, einen magischen Ort jenseits von Raum und Zeit. Diese Nische der inneren Welt ist dein eigenes persönliches Heiligtum. Du kannst dich durch einen Zauberhain wandelnd wiederfinden; die Nacht ist gefüllt mit der würzigen Ahnung des kommenden Herbstes. Die gefallenen Blätter rascheln unter deinen Füßen, während du allein im nächtlichen Sternenlicht durch den Wald gehst. Vielleicht bist du aber auch in einer Schneelandschaft, die sich im Mondlicht in ein Märchenreich verwandelt. Der Wind weht kalt, und deine Wangen röten sich. Oder dein Heiligtum ist ein Berghang, ein Blumenteppich unter mittäglicher Sonne, ein tropischer Wasserfall an einem linden Nachmittag, ein Sandstrand, der dir die Füße noch wärmt, während die Sonne über dem Wasser untergeht und den Himmel in die schimmernden Farben des ganzen Regenbogens taucht. Streng dich nicht an, dir ein bestimmtes Bild von deiner Umgebung zu machen. Lass die Vision zu dir kommen. Lass sie das sein, was sie ist. Sie wird dich ganz von selbst umarmen.

Jetzt siehst du einen Weg vor dir. Geh langsam den Weg hinunter, der sich dir öffnet. Er führt dich zu deinem spirituellen Wachstum. Du bist in Sicherheit und gleichzeitig aufgeregt, dich auf dieses Abenteuer einzulassen. Du weißt, dass du jeder Herausforderung gewachsen bist, der du auf diesem Weg begegnen kannst.

Bitte darum, dass dir ein Führer erscheint, der dir helfen kann, dich mit Tieren zu verbinden. Etwas wird dir auf dem Weg entgegenkommen und dich begrüßen. Es kann eilig aus den Büschen trippeln, aus einem Baum fliegen oder sich aus dem Ozean erheben. Akzeptiere es sofort – egal welches Bild erscheint. Es kann ein Hund oder eine Katze sein, die du in deinem äußeren Leben gekannt hast und die auf die Andere Seite hinübergegangen sind. Es kann ein wildes Tier sein – sanft und schön oder auch grimmig und schrecklich. Es kann ein exotisches Tier sein, das du nicht erkennst, ein riesiges Insekt oder ein Tier aus einem Comic in menschlichen Kleidern. Was auch immer zu dir kommt, akzeptiere es unbesehen und stelle ihm diese Frage: „Was kann ich für dich tun, damit du mir hilfst, mit Tieren zu kommunizieren?"

Vertraue deinem ersten Impuls und merke dir genau, was der Führer zu dir sagt, so dass du später darauf zurückkommen kannst. Wenn du die Antwort nicht verstehst, frag wieder. Wenn die Antwort unsinnig oder inakzeptabel für dich ist, bitte um eine praktischere Lösung. Bitte deinen Führer darum, dich diesen Weg hinunter zu führen, den Weg zu deiner eigenen Selbstwahrnehmung. Bitte deinen Führer, dir bei deiner Entdeckung weiterzuhelfen, auch nachdem du zu deinem äußeren Leben erwacht bist. Wie du dem Führer folgst, ermutige ihn, mit dir über deine eigenen psychischen Fähigkeiten zu sprechen. Bitte ihn darum, dir genau zu sagen, was du jetzt wissen musst. Lausche seinen Worten, während ihr nebeneinander hergeht. (Mach eine etwa zweiminütige Pause.)

Jetzt ist es Zeit, dich – zumindest vorläufig – von deinem Führer zu verabschieden, aber bevor du gehst, bitte ihn um ein Geschenk, das dir hilft, mit Tieren telepathisch zu kommunizieren. Es kann eine Kristallkugel sein, ein Smaragd oder eine leuchtende Kugel, die du im Herzen tragen wirst. Es kann eine Kette sein, die an deinem Hals funkeln und glitzern wird. Es kann ein moderiges altes Buch sein, ein Fläschchen mit Flüssigkeit, ein Zaubermantel oder eine glänzende Krone. Nimm das magische Geschenk in jedem Fall mit Freuden an und bedanke dich dafür. Versprich deinem Führer, dass du das Geschenk benutzen wirst und dass du oft zurückkehren und ihn besuchen wirst, um alles zu lernen, was er dich lehren kann.

Aber bevor du gehst, bitte ihn um eine Silberschnur. Er wird dir das eine Ende einer Schnur reichen, die aus seidigem Licht gewebt ist. Binde die Schnur um dein linkes Handgelenk. Er wird das andere Ende halten. Diese Schnur wird dich auch dann noch mit deinem Führer verbinden, wenn du in die äußere Welt zurückgekehrt bist. Die Silberschnur wird dich immer mit deiner inneren Welt und inneren Weisheit verbinden. Bitte den Führer, den mentalen Kontakt mit dir aufrecht zu erhalten. Danke ihm für seine Hilfe und bereite dich darauf vor, in das Tagesbewusstsein zurückzukehren.

Zähl lautlos mit mir von eins bis zwanzig: 1, 2, 3, 4, 5 ... Fühle, was unter deiner Wirbelsäule liegt: 6, 7, 8, 9, 10 ... Werde dir der Umgebung deines Zimmers bewusst: 11, 12, 13, 14, 15 ... Schüttle deine Hände und Füße: 16, 17, 18, 19, 20. Öffne deine Augen und wach auf. Nimm einen tiefen Atemzug und sei ruhig und erfrischt, aber sei dir bewusst, dass jetzt in dir dein Geschenk aktiviert ist und eine unsichtbare Silberschnur um dein linkes Handgelenk gebunden ist. Du hast Kontakt zu der Macht hergestellt, die in dir ist und die dich mit Tieren sprechen lässt. Wenn du heute Schwierigkeiten hast, Informationen von einem Tier zu bekommen, musst du nur an der Silbeschnur ziehen, und dein Führer wird zur Stelle sein, um dir zu helfen.

Die erhaltene Auskunft interpretieren

Die meisten Studenten der psychischen Kommunikation beschweren sich nicht darüber, dass sie keine Informationen empfangen, sondern dass sie manchmal überraschend klare Auskünfte bekommen, aber keine Ahnung haben, was sie bedeuten. Aus diesem Grund ist es unbedingt nötig, dass du jede erhaltene Information in dein Buch schreibst, selbst wenn du es als Einmischung betrachten solltest.

Manchmal ist intuitive Information nicht sofort erkennbar. Tiere sind erfrischend prosaisch. Ich empfange selten Symbolsprache, die eine in die Tiefe gehende Interpretation erfordert, aber die gelenkte Meditation ist ein wenig anders, weil du mit Urbildern in deinem Geist in Verbindung trittst und die Sprache des Unterbewusstseins in Symbolen geschrieben ist. Lass uns einige Beispiele betrachten.

Erinnere dich an den Anfang der Meditation, wo du einem Tier zurufst, es soll dich führen. In einem meiner Workshops wurden zwei Kursteilnehmerinnen von ihren verstorbenen menschlichen Verwandten auf der Anderen Seite begrüßt. Wenn menschliche Geister anstelle von Tieren zu dir kommen, nimm es an. Vielleicht versuchen menschliche Geister seit langem, Kontakt mit dir aufzunehmen, und da du in dieser Meditation aufnahmebereit warst, war es ihre erste Gelegenheit zu erscheinen. Lass jeden helfen, der helfen will. Schrick nicht zurück, wenn du etwas Lächerliches wie Bugs Bunny oder Daffy Duck bekommst. Zeichentrickfilme haben eine ganze Menge archetypischer Energie angesammelt. Ich führte einmal einen Freund durch diese Meditation, der von einem Zeichentrick-Delfin begrüßt wurde, der auf seinen Hinterflossen stand und eine Kapitänsmütze trug. Ich bin von Tieren begrüßt worden, die ich nicht identifizieren konnte, die sich aber wenige Wochen später in meinem äußeren Leben manifestierten. In Afrika und Südamerika leben viele fremde Tierarten, mit denen wir überhaupt keinen Kontakt haben. Sie haben noch Zugang zu unserem höheren Bewusstsein. Manchmal sehe ich ziegenähnliche oder biberähnliche Tiere, die ich nicht identifizieren kann. Als ich vor Jahren mit dieser Meditation begann, wurde ich ständig von einem schwanzlosen, behuften, schweineähnlichen, ziegenähnlichen – gott-weiß-was-ähnlichen – Tier begrüßt. Später fand ich das mysteriöse Tier im Zoo. Es war ein Tapirbaby (niedlich und putzmunter noch dazu). Auch ein Capybara gab mir einmal Rätsel auf. Jetzt begrüßt mich normalerweise ein und dasselbe Stinktier, trotzdem scheine ich gelegentliche Heimsuchungen von einer Vielfalt obskurer Regenwaldtiere anzuziehen.

Wenn dein Führer dir Informationen gibt, die du nicht verstehst, sag ihm oder ihr: „Kannst du es deutlicher sagen?" oder „Könntest du es anders ausdrücken?" Das Geschenk, um das du bittest und das dir hilft, telepathisch zu kommunizieren, kann sehr schön und esoterisch sein; es kann aber genauso gut eine Wassermelone oder ein Universalschraubenschlüssel sein. Eine meiner Kursteilnehmerinnen bekam eine Klaue von einer Bärenpranke. Wir folgerten daraus, dass das Geschenk ihr Bedürfnis für mehr Schutz symbolisieren sollte.

Letztendlich werden dir die folgenden Übungen Gelegenheit geben, dich mit den Gefühlen deines eigenen Tieres zu verbinden. Weil wir schon Dackel und Doggen gewürdigt haben, werde ich diese Übungen an Zimmerkatzen adressieren, an Katzen die draußen und drinnen sind und schließlich an Pferde. Schneide die Fragen auf die jeweilige Spezies deines Freundes und auf deine eigenen Bedürfnisse zu. Setz dich still zu deinem tierischen Freund und richte deine Aufmerksamkeit auf dein Herz. Dein Tier kann wach sein oder schlafen. Deine Verbindung wird genauso klar sein, wenn dein Freund schläft. Mach zuerst die Meditation „Kontakt mit dem Geistführer aufnehmen" und verlass dich dann auf die Silberschnur an deinem linken Handgelenk. Wenn du bei einer deiner Fragen Widerstand spürst, zieh an der Schnur und bitte deinen Führer, dir zu helfen.

Übung: Gestaltpsychologie mit dem eigenen Tier

Wenn dein Freund eine Katze ist

Was siehst du durch deine Augen?

Wie schmeckt dein Futter?

Was frisst du am liebsten? Welche Konsistenz? Welche Temperatur?

Wie fühlt es sich an zu schnurren? Sich anzuschleichen? Zu jagen? Zu spielen? Was ist dein liebstes Spielzeug? Warum?

Was denkst du über die Vögel draußen vor deinem Fenster oder in deinem Garten?

Wie denkst du über deine Streukiste? Geruch? Ist sie sauber genug?

(Falls deine Katze die Streukiste ignoriert:) Warum tust du das?

Wie fühlt es sich an, wenn du deine Krallen an deinem Kratzbaum schärfst? Auf dem Teppich? An der Couch? An einem Baum? An meiner Strumpfhose?

Weißt du, dass ich nicht will, dass du die Couch zerkratzt?

Verstehst du, was ich dir sage?

Gehst du bewusst so behutsam mit meiner zarten, haarlosen Haut um?

Was siehst du im Hinterhof?

Welches Gefühl geben dir Nagetiere?

Was für ein Gefühl gibt dir Katzenminze?

Wie ist es, auf einen Baum zu klettern?

Was denkst du über Menschen?

Was würdest du empfinden, wenn du einen Dackel triffst?

Wie würdest du empfinden, wenn du eine Dogge triffst?

Was denkst du über das Fernsehgeräusch?

Fürchtest du dich vor Autos?

Was sind Autos?

Weißt du, was Bücher sind?

Verstehst du, warum Menschen eine schriftliche Sprache haben?

Welches Gefühl gibt dir Sonnenschein?

Wie ist es, im Dunkeln sehen zu können?

Welche Gefühle verursacht die Abenddämmerung bei dir? Der Mondschein? Die Sterne?

Kannst du in deinen eigenen Körper sehen?

Verstehst du deine eigenen gesundheitlichen Beschwerden?

Funktionieren Impfungen bei dir?

Was empfindest du, wenn das Haus voller menschlicher Kinder ist?

Was fühlst du, wenn dein Herrchen/Frauchen böse ist? Zu spät kommt? Besorgt ist? Krank? Zu laut?

Wie sieht Gott aus?

Was ist der Sinn des Lebens?

Wohin gehst du, wenn du deinen Körper verlässt?

Wovon träumst du?

Wohin gehst du, um Heilung für deinen Körper zu bekommen?

Wie ist es, draußen im hohen Gras zu sein?

Wie riechen Rosen? Kiefern? Sykomoren-Bäume? Rosmarin?

Wie fühlt es sich an, wenn ich dich streichle?

Wo magst du am liebsten gestreichelt werden? Am Kopf? Am Rücken? An den Ohren? Wie stark? Bin ich zu grob? Welche Berührungen gefallen dir nicht?

Welche Veränderungen möchtest du in deinem Haushalt?

Bin ich zu laut? Ist meine Stimme zu hoch, wenn ich mit dir rede?

Erschrecke ich dich? Bewege ich mich zu schnell?

(Wenn es andere Tiere in deinem Haushalt gibt:) Was denkst du über sie?

(Überprüfe dein Herz. Klopft es schneller? Überprüfe deinen Magen. Ist er verspannt oder entspannt?) Liebst du dein Tier? Bist du eifersüchtig? Erschreckt es dich? Wie sieht es aus deiner Perspektive aus? Ist es schön? Ist es größer oder kleiner als du? Fühlst du dich bedroht? Mütterlich? Fürsorglich? Gefällt es dir, mit ihm die Zeit zu verbringen? Worüber redest du? Hast du Freunde, die einer anderen Spezies angehören? Worüber sprichst du mit anderen Tierarten?

Sehen Menschen fremd für dich aus, weil wir nur zwei Beine haben?

Was empfindest du mir gegenüber? Lasse ich dich zu lang allein?

Wie ist es, wenn du bei mir schläfst?

Welche meiner Aktivitäten gefällt dir am besten?

Welche meiner Aktivitäten gefällt dir am wenigsten?

Welche Musik gefällt dir?

Andere Fragen, wenn dein Freund eine Katze ist, die sich drinnen und draußen aufhält

Welches Tier fasziniert dich am meisten?

Wie fühlt es sich an zu töten?

Wie schmeckt ein Sperling? Eine Maus? Eine Grille? Eine Eidechse?

Wen kannst du nicht leiden? Warum?

Woran denkst du beim Sitzen?

Was träumst du, wenn du schläfst?

Hast du Freunde, von denen ich nichts weiß?

Wohin gehst du, wenn du draußen bist?

Besuchst du andere Menschen? Füttern sie dich?

Kennst du andere Katzen in der Nachbarschaft?

Hast du dich mit „Nachttieren" angefreundet? Mit Stinktieren? Beutelratten?

Siehst du Waschbären?

Wie groß ist dein Territorium?

Verstehst du, wie gefährlich Autos sind? Wilde Hunde?

Hast du eine Ausgangssperre?

Hast du einen Freund? Bist du verliebt?

Kannst du tierische Geister auf der Anderen Seite sehen? Menschen?

Wohnen andere Geister in deinem Haus?

Wenn Katzen sterben, wohin gehen sie?

Hast du früher schon einmal in einem anderen Körper gelebt? Wie war dein Leben da?

Wenn dein Freund ein Pferd ist

Magst du geritten werden?

Wie fühlt sich ein Reiter auf deinem Rücken an?

Magst du einen Sattel tragen?

Wie fühlt sich das Mundstück in deinem Maul an?

Wie fühlt es sich an, beschlagen zu werden?

Wie ist es, mit anderen Pferden draußen zu sein?

Welches Gefühl vermittelt dir der Trott?

Galoppierst du gern? Wie oft musst du laufen?

Wie viel Zeit magst du in deinem Stall verbringen?

Wie ist es, wenn du allein in deinem Stall eingesperrt wirst?

Würdest du lieber da schlafen, wo du andere Pferde sehen kannst?

Wirst du gern gepflegt?

Welches Gefühl gibt dir ein Brustgeschirr?

Springst du gern?

Was frisst du am liebsten?

Bekommst du genug zu fressen oder hast du Hunger?

Wie denkst du über Menschen?

Bin ich behutsam genug mit dir?

Verstehst du meine Befehle, oder verwirre ich dich?

Wer ist dein bester Pferdefreund?

Warst du schon einmal verliebt?

Hast du einen Freund?

Bist du einsam?

Hast du Freunde einer anderen Tierart?

Was tust du am liebsten?

Wie denkst du über deinen Pferdewagen?

Magst du auf Pferdeschauen gehen?

Gefällt es dir, mit anderen Pferden zu konkurrieren?

Hast du Schmerzen?

Würde dir die Behandlung bei einem Chiropraktiker gut tun?

Bevorzugst du ebene Flächen und Wege?

In den Tausenden von Lesungen, die ich während der letzten paar Jahre vorgenommen habe, ist eine Frage immer die beliebteste. Tatsächlich erinnere ich mich an kein Reading in meinem Leben, in dem der Betreuer diese Frage nicht gestellt hätte. Beende deshalb dein Reading mit: Weißt du, wie sehr ich dich liebe?

Das Pferd, das nicht springen wollte

Ich wurde zum Stall eines Pferdes gerufen, das sich weigerte, über Wasser zu springen. Jedes Mal wenn Sprünge angesagt waren, wenn Wasserpfützen vor der Hürde lagen, blieb das Pferd in seiner Spur stehen. Es sagte mir, dass es einmal ausgerutscht und im Regen hingefallen war und sich seinen hinteren Knöchel verletzt hatte. Weil eine Regenpfütze den Unfall verursachte, war es von der Gefährlichkeit aller Wasserpfützen überzeugt. Ich erklärte ihm, dass so ein Zwischenfall selten sei, dass es einfach Pech gehabt hatte. Schlammige, nasse Wege könnten zwar gefährlich sein, trotzdem müsse er Wasserpfützen auf seinem Parcour nicht fürchten. Sein Wärter rief mich in der folgenden Woche aufgeregt an und sagte mir, das Pferd habe wieder begonnen, Wasserhürden zu überspringen, nachdem es sich zwei Jahre lang geweigert hatte.

Kapitel 4:
Hellhören – Von Seele zu Seele

Was kann ich tun? Was kann ich tun? Du sagst, dass du mich magst.
Aber es gibt keine Zärtlichkeit unter deiner Ehrlichkeit.

Paul Simon

Der Unterschied zwischen Yin und Yang

Unsere Kultur hat sehr viel Yang. Das ist das Leben im hellen Sonnenlicht: Fokus auf der äußeren Welt, aggressiver sozialer Aufstieg, Sieg
über andere Menschen, Beherrschung der Tiere usw. Der Yin-Zustand
des Bewusstseins – das ist das Leben in Dunkelheit: auf die innere Welt
fokussiert und empfänglich – wird oft als passiv, schwach und sta-
gnierend angesehen. Aber wenn du Angst vor der Dunkelheit hast, wie
wirst du jemals den Mond kennen lernen?

Wenn wir zu meditieren beginnen, sieht die Dunkelheit in uns dunkel
aus. Am Anfang wirst du vielleicht nichts sehen in der Stille der Nacht
und nichts hören außer dem Geräusch deines eigenen Atems. Aber all-
mählich wirst du dich an die Dunkelheit gewöhnen. Du wirst schnell
Klänge in der Stille und flackernde Formen in den Schatten entdecken.
Schließlich werden sich deine inneren Augen und Ohren auf die feineren
Schwingungen einstellen; die Stille wird zur Symphonie werden, die
Dunkelheit zu einer Parade wirbelnder Lichter. Schau weiter hin. Hör
weiter hin. Hab keine Angst. Du wirst Freunde in der Dunkelheit finden.
Dort gibt es Liebe, die darauf wartet, gefunden zu werden.

Die positive Energie, die du aussendest, ist noch immer Yang-Energie,
weil sie sich nach draußen bewegt. Auch wenn du einem Tier Liebe
schickst, bist du in keinem wirklich aufnahmebereiten Zustand. *Nichts* zu
senden ist die einzige Weise, empfangsbereit zu sein. Selbst wenn wir die
beste Absicht haben, bleibt das Chanten, Visualisieren und Affirmieren
unserer Wünsche ein Generator, der Energie aussendet. Wir *hören* nicht
wirklich hin.

Oder vielleicht sind wir wie Batterien. Wenn der Strom nicht in beide Richtungen fließt, ist die Batterie bald leer; wir *benötigen* bilaterale Kommunikation. Allzu wenig Information scheint hereinzufließen, denn nur sehr deutliche Signale entgehen unserer Aufmerksamkeit nicht. Manchmal ist es die Liebe unserer Tiere. Wir strengen uns an, die Tür zu unseren Herzen zu schließen, aber diese verflixten Tiere wieseln immer wieder herein. Ihr weiches Fell, ihre bittenden Augen, ihre nassen Küsse. Nun, manchen Leuten gelingt es, ihnen zu widerstehen.

Wir müssen die Richtung des Stroms umkehren, wenn wir etwas hereinfließen lassen wollen. Alle Kraft, die nach außen fließt – auch positive und wohlmeinende Kraft –, ist immer noch eine Kraft, die erzeugt wird, um die Welt um uns herum zu verändern. Ich spreche hier über die Abwesenheit von Kraft. Ich kann es nicht *Mitgefühl* nennen, denn Mitgefühl riecht etwas nach Herablassung und impliziert, dass wir geduldig mit denen sein müssen, die uns unterlegen sind. Das Wort *Liebe* hat zu viele unterschiedliche Bedeutungen, und das Wort *Fürsorglichkeit* kann ebenfalls in manipulative Handlungen ausgelegt werden, denn wir tun oft denjenigen weh, denen unsere Fürsorglichkeit gilt. Ich werde das Wort *Zärtlichkeit* verwenden und meine damit die innere, stille Wärme. Was fehlt in unserer Interaktion mit den Tieren? Zärtlichkeit.

Tiere erinnern uns daran, dass wir nicht nur Maschinen sind. Wir sind fühlende Menschen. Wir haben nicht nur ein aktives Gehirn, sondern auch ein Herz – und dieses Herz kann brechen.

Außer den Unglücklichen in psychiatrischen Anstalten haben die meisten Menschen keine zerbrechlichen Gehirne. Dies muss der Grund sein, warum wir die Welt zu steuern versuchen, indem wir uns auf das Rechtsempfinden unserer Gehirne verlassen. Aber, oh, das nervtötende Herz! Unsere Herzen sind so zerbrechlich, rätselhaft, unergründlich, unlogisch, verwirrend, frustrierend, verblüffend und aufreizend. Verflixtes Yin. Unsere Gehirne wollen den einen Weg und unsere Herzen den anderen gehen. Es ist peinlich. Und wer gewinnt normalerweise? Das Gehirn. In unserer Kultur werden wir dazu erzogen, alles mit dem Gehirn zu steuern. Doch obwohl das Gehirn es eigentlich besser weiß, tun wir Tieren weh. Wer ist wirklich die weiterentwickelte Spezies? Menschen oder Delfine? Menschen oder Gorillas? Wenn entwickelt bewusst bedeutet – und bewusster liebevoller – dann bekommen die Tiere meine Stimme.

Es ist Zeit, das Herz zu reinigen. Wenn du dein Herz noch nie geöffnet hast, explodiert es womöglich wie eine Bombe. Manchmal gehen die Bollwerke in Rauch auf. Je stärker die Verteidigungsmechanismen, desto größer das Durcheinander; aber wenn sich der Staub gelegt hat, kannst du eine Süße, Einfachheit und Gelassenheit finden, die du niemals für möglich gehalten hast.

In der nächsten Geschichte traf ich einen Kater, der wegen eines Tierhassers so verstimmt war, dass ich lange und konzentriert zuhören musste, bevor er zu sprechen anfing.

„Fred ist ein Arschloch"

Ich wurde zum Haus einer sehr fröhlichen Frau bestellt, um mit ihrem sehr depressiven Kater zu sprechen. Die Frau war beunruhigt darüber, dass Dave aus keinem ersichtlichen Grund lustlos geworden war und sich plötzlich weigerte, nach draußen zu gehen.

Als ich an dem Haus mit versetzten Geschossen in Malibu ankam, wurde ich von Roxanne und Dave begrüßt. Roxanne sprudelte vor Leben und hatte etwas von einer Betriebsnudel an sich; Dave war ein scheußlich hochnäsiger weißer persischer Kater und weigerte sich, mit mir zu sprechen. Schließlich erlaubte er mir, mich neben ihn auf die Couch zu setzen und ihn schweigend zu streicheln. „Was frisst du am liebsten?", fragte ich. Ich wartete auf seine Antwort und bekam eine Abfuhr. „Wo schläfst du gern?", schmeichelte ich. Er schaute weg. Ich versuchte jeden mir bekannten Trick, um den Ball ins Rollen zu bringen. Er wollte nicht sprechen. Er war so böse, dass er nicht nur sein Frauchen anschwieg, sondern auch mir die kalte Schulter zeigte. Ich war dabei aufzugeben.

„Er will einfach nicht mit mir sprechen, Roxanne. Es tut mir schrecklich leid", sagte ich. Aber als ich aufstand und gehen wollte, redete ich ihm ein letztes Mal zu: „Gibt es denn *gar nichts,* was ich deinem Frauchen sagen sollte?"

Fred ist ein Arschloch, sagte er. In meinem Geist klang seine Stimme wie die von Winston Churchill. Ich unterdrückte ein Wiehern und fragte mich, wie ich diese Nachricht weitergeben sollte. Immerhin konnte Fred Roxannes Ehemann sein – oder vielleicht ihr Sohn oder die neue Liebe in ihrem Leben. Ich musste diplomatischer sein als Dave. Behutsam fragte ich Roxanne: „Kennst du jemanden namens Fred?" – „Ja!" Ihre Augen weiteten sich. „Das ist mein neuer Mieter unter uns! Ich vermiete das Erdgeschoss."

Dave bemerkte beiläufig: *Fred ist ein Arschloch. Sag ihr, ich hätte gesagt, dass Fred ein wirklicher Kotzbrocken ist.* Ich tat es. Ich sagte es ihr, ohne ein einziges Wort zu verdrehen, und mit Daves britischem Akzent. „So, *das ist der Grund,* warum Dave nicht mehr hinauswill!", rief Roxanne.

Daraufhin warf Dave ein: *Fred ist ein Arschloch, der keine Katzen mag.* Ich übermittelte es Roxanne, machte diesmal aber nicht ganz so viele Worte.

„Weißt du, das verstehe ich vollkommen. Der Mieter vor Fred liebte Katzen über alles, und Dave ging immer nach unten und kletterte in sein Fenster. Aber Fred lässt Dave nicht in sein Fenster. Deshalb schmollt Dave also." – „Oh", sagte ich, leise in mich hineinlachend. „Kein Wunder, dass er Fred für ein Arschloch hält. Dave ist bei Fred nicht willkommen."

„Fred ist ein netter Mann", sagte Roxanne fröhlich und versuchte, ihn zu verteidigen. „Aber etwas verklemmt, du weißt schon ... steif. Er hat sich über eine Eule vor seinem Fenster beklagt, die ihn nachts wach hält."

„Aber Eulen sind so schön und zauberhaft!", entfuhr es mir. Ich schätzte meine wunderbare sechsköpfige Familie von Scheuneneulen in meinem Hinterhof in Studio City.

„Ich weiß, ich liebe sie auch. Der Ruf einer Eule schläfert mich ein, aber Fred beklagte sich über den Lärm."

Ich lachte. „Vielleicht hat Dave recht." Ich sprach eine Weile mit Dave über seine Niedergeschlagenheit und wie er den Verlust seines Freundes, des vorherigen Mieters, bewältigen könne. Dave erklärte sich schließlich bereit, wieder ein wenig auszugehen und sich vielleicht mit anderen Leuten in der Nachbarschaft anzufreunden.

Aber bevor ich ging, fühlte ich mich gezwungen, Dave zu fragen, wie sein Frauchen ihren Lebensunterhalt verdiente. Ich konnte mir gut vorstellen, dass sie Schauspielerin, Aerobiclehrerin oder eine ganz besonders gute Therapeutin war.

Dave beschwor ein paar Bilder herauf. Er wollte mir zeigen, wie sein Frauchen seiner Meinung nach ihren Lebensunterhalt verdiente. Er übermittelte mir Gesänge, Reime und Getänzel, und das alles vor einer Menschenmenge. Dann zeigte er mir ganze Ballen schöner Stoffe und mehrfarbige Schals und hob dabei besonders die hellen Regenbogenfarben hervor. Ich war völlig verwirrt. War sie eine Innenarchitektin, die herumtanzte und Gedichte rezitierte, während sie Vorhänge aufhängte? Ich beschrieb Roxanne die Halstücher und fragte sie: „Womit um Himmels willen, verdienen Sie sich Ihren Lebensunterhalt?" – „Als Clown", antwortete sie.

Welle versus Partikel

Irgendwo zwischen Dichtung und Wissenschaft, zwischen Himmel und Erde wird Hellhören geboren. Hellhören ist das süßeste Mysterium, das ein Mensch jemals erleben kann. Glücklicherweise ist es auch das anstekendste. Die meisten, wenn nicht alle Teilnehmer meiner Workshops sind etwas hellhörig, wenn sie den Kurs nach drei Stunden verlassen. Es färbt ab, es ist wie Osmose. Das ist unmöglich, ich weiß, so scheint es wenigstens, aber schauen wir uns die Sache etwas näher an.

Eine Stimmgabel erzeugt eine Frequenz, die alles innerhalb ihres Einflusskreises dazu bringt, in der eigenen Frequenz zu schwingen, wodurch jeder Gegenstand innerhalb ihrer Sphäre in einen harmonischen Chor einstimmt.

Wir sollten uns von der dicken fetten Lüge frei machen, die wir alle als Kinder gezwungen waren zu schlucken: Du und ich sind getrennt. Du bist von Tieren, anderen Menschen und der Welt um dich getrennt. Und dann gilt es noch einen anderen Brocken aufzulösen, diesmal mit einer neuen Wendung: Erstens sind wir nicht voneinander getrennt, und zweitens besteht unser Körper nicht aus fester Materie. Einstein bewies dies mit seiner Entdeckung, dass Materie aus Teilchen besteht. Bereits 1803 stellte der Physiker Young die Teilchen/Wellen-Theorie vor, nachdem er ein Phänomen entdeckt hatte, das *Interferenz* genannt wird. Gary Zukav in *Die tanzenden Wu Li Meister:*

Youngs Doppelspaltversuch zeigte, dass Licht wellenähnlich sein muss, weil nur Wellen Interferenzmuster erzeugen können. Die Situation war dann folgendermaßen: Einstein „bewies" anhand des photoelektrischen Effekts, dass Licht teilchenähnlich ist, und Young, der das Phänomen von Interferenz benutzte, „bewies", dass Licht wellenähnlich ist. Aber eine Welle kann kein Teilchen sein und ein Teilchen keine Welle ... Die Wellen-Teilchen-Dualität war (ist) eins der größten Probleme der Quantenmechanik. Physiker wünschen sich saubere Theorien, die alles erklären, und wenn sie das nicht können, dann möchten sie mit sauberen Theorien erklären können, warum sie es nicht können. Die Wellen-Teilchen-Dualität ist keine saubere Situation. Und dies zwang die Physiker, die physische Realität auf eine radikal andere Art wahrzunehmen. Die neue Struktur der Wahrnehmung lässt sich besser mit der persönlichen Erfahrung vereinbaren als die alte. Für die meisten von uns ist das Leben selten schwarz-weiß. Die Wellen-Teilchen-Dualität kennzeichnete das Ende von der „Entweder-Oder"-Weltsicht.

Der grundlegende Unterschied zwischen dem Medium, das du bald sein wirst, und einem Anhänger der Trennungstheorie liegt dann darin, dass das Medium auf der Welle reitet und der Anhänger der Trennungstheorie ein einsames Teilchen ist. Wenn wir uns als Wellen vorstellen, kann sich dieser große Ozean der menschlichen und tierischen Energie an jedem beliebigen Punkt treffen und in Harmonie zusammenfließen. Unser Körper und unser Geist sind voneinander getrennt und gleichzeitig sind sie es nicht. Die Natur der Realität und die Existenz der Materie darin sind nicht dualistisch, sondern holografisch. Aber das ist erst der Anfang.

Youngs nächste Entdeckung deutet darauf hin, dass die Photonen selbst vielleicht ein Bewusstsein haben. Der Doppelspaltversuch erforderte, dass die Photonen sich unterschiedlich verhielten, wenn zwei Spiegel abwechselnd geöffnet oder geschlossen wurden, damit Sonnenlicht hindurchgehen konnte. Anscheinend informierten die Photonen einander nicht nur darüber, ob ein oder zwei Spiegel geöffnet waren, sondern kamen auch darin überein, *welches* Photon *wohin* gehen würde. Dazu Zukav:

Den Neuling in der Physik erwartet die erstaunliche Entdeckung, dass die bei der Entwicklung der Quantenmechanik zusammengetragenen Erkenntnisse darauf hindeuten, dass subatomare „Partikel" ständig Entscheidungen treffen. Darüber hinaus scheinen die gefällten Entscheidungen auf andernorts getroffene Entscheidungen zu beruhen. Subatomare Teilchen wissen offenbar augenblicklich, welche Entscheidungen andernorts getroffen werden, und andernorts kann sogar in einer anderen Galaxie sein ... Die neue Physik klingt sehr nach alter östlicher Mystik.

Ein anderes unbestreitbares Beispiel für die Kommunikation von Photonen ist der Zerfall von Radium, das eine Halbwertszeit von sechzehnhundert Jahren hat, also alle sechzehnhundert Jahre zur Hälfte zerfällt:

Woher wissen wir, welche Radiumatome zerfallen werden und welche nicht? Wir wissen es nicht. Wir können prognostizieren, wie viele Atome in einem Stück Radium in der nächsten Stunde zerfallen werden, aber wir haben keine Möglichkeit zu bestimmen, welche es sind. Es gibt kein bekanntes physikalisches Gesetz, das diese Auswahl trifft. Welche Atome zerfallen, ist ausschließlich eine Frage des Zufalls.

Albert Einstein akzeptierte die Quantenmechanik nie als die grundsätzliche physikalische Theorie. Unter anderem wies er den Aspekt des „reinen Zufalls" zurück. In einem Brief an Max Born schrieb er: „Quantenmechanik ist sehr beeindruckend ... aber ich bin davon überzeugt, dass Gott nicht Würfel spielt."

Weitere Versuche veranlassten Wissenschaftler zu spekulieren, ob Teilchen, die unter dem Mikroskop beobachtet wurden, auf die Wünsche und Erwartungen des Beobachters reagierten, das heißt, ob die Wissenschaftler unbewusst die Materie mit ihrem Geist manipulierten bzw. die Teilchen auf unerklärlich telepathische Weise reagierten.

Verwirrte Wissenschaftler versuchen verzweifelt herauszufinden, wie sich die Teilchen in der Natur benehmen, wenn ihnen nicht „bewusst" ist, dass sie beobachtet werden, aber offenbar tanzen und funktionieren diese Teilchen für die Wissenschaftler, denn sie agieren deren Erwartungen besser aus als jeder Floh in einem Dreiringzirkus.

Heißt das, dass alle Materie überall auf unsere Erwartungen reagiert? Beweisen uns unsere Wissenschaftler nur, dass wir die Illusion der Welt um uns herum erschaffen oder sie zumindest durch unsere psychische Beziehung zu ihr verändern? Sind unser Körper und unsere Welt nur ein riesiges Hologramm, das von dem Gott in uns orchestriert wird? Sind wir im wahrsten Sinne des Wortes Gottes Mitschöpfer?

Und was hat das alles mit Tierkommunikation zu tun? Eine ganze Menge. Bitte folge mir weiter, mein Wahnsinn hat Methode. Um dies im Kontext mit Hellhören verständlich zu machen, ersetzen wir das Wort *Licht* durch *Ton* und tun so, als wären Photonen, die Einstein „Energietropfen" nannte, Tropfen von *Tönen*.

Bitte bedenke, dass wir keine statischen Materieklumpen in menschlicher Gestalt sind. Wir sind Frequenzen – komplizierte organische Wesen aus schwebender Information, die im Raum vibrieren, einer Radiostation nicht unähnlich.

Um die Musik eines anderen zu hören, müssen wir nur unsere eigene Symphonie für einen Moment zum Schweigen bringen und tief in die Stille hinein lauschen. Ich betone noch einmal: Es gibt Informationen in der Stille. Du musst lediglich dein mentales Orchester für eine fünfminütige Kaffeepause unterbrechen. Dein innerer Orchesterdirigent wird verblüfft sein. Er könnte böse werden und die Band anstacheln, weiterzuspielen. Er könnte aber auch – wie in meinem Fall – so erleichtert sein, dass er vor Erschöpfung in sich zusammensackt und im Schlaf nur noch etwas auf Italienisch vor sich hinmurmelt. (Mir macht es Spaß, den Geist abzustellen. Es ermüdet mich, alles wissen zu wollen.) Wenn du den Maestro dazu bringst, die Musik abzustellen – das bedeutet, das Ego zum Schweigen zu bringen, das Es, die linke Gehirnhälfte, den kritischen Elternteil, dann kannst und wirst du die Musik der anderen Lebewesen hören, die nun automatisch in dich hinein und durch dich hindurch fließt. Ich weiß, dass dir dieses Phänomen genauso zugänglich ist wie mir, denn ich beobachte es die ganze Zeit bei meinen Studenten. Denk an die Wellen-Hälfte der Teilchen-Wellen-Theorie. Dein Körper hört nicht an deinen fleischigen Fingerspitzen auf. Deine Gedanken wandern hinaus in den Ozean von Wellen um dich herum, und genauso fließen dir die Gedanken von Tieren und anderen Menschen zu.

Was steckt hinter Vorhang Nummer drei?

Es gibt eine Szene in Eddie Murphys Film *Dr. Doolittle,* wo der ahnungslose Arzt herausfindet, dass er die Gedanken von Tieren hören kann. Als er versehentlich einen Hund anfährt, sieht es einen spannungsgeladenen Moment lang aus, als sei der Hund tot. Doch dann steht der Hund wie durch Zauberhand auf, schüttelt sich und trottet unversehrt von dannen, nicht ohne über seine Schulter zurückzubrüllen: „Pass das nächste Mal auf, wo du hinfährst, BLÖDMANN!" Diese Szene war die wahrhaftigste Darstellung von Hellhören, die ich je in einem Film gesehen habe.

Die von Cheshire-Katzen und sprechenden Raupen bevölkerte halluzinatorische Welt taucht nicht nur dann auf, wenn Menschen bewusstseinsverändernde Drogen nehmen. Dieses Reich ist ein Absolutes, genauso wie die Reiche der Musik und Mathematik auf ewig unumschränkt und unabhängig vom menschlichen Denken existieren, sei es in der vierten oder fünften Dimension oder jenseits von diesen. Beethoven bewies dies, als er noch lange, nachdem er taub geworden war, aus seinen Träumen mit Symphonien zurückkehrte.

Hast du die Musik gehört? Ich habe Beethovens Symphonien geträumt; sie waren so schön, dass sie jeder Beschreibung trotzten. Ich habe auch beim Einschlafen Musik gehört – ein Bach-Menuett, das in Vollendung in meinem Kopf gespielt wurde. Ich wusste, dass nicht ich diese Dimension erzeugte und dass auch Bach selbst sie nicht fabriziert hatte. Ich hörte die gleiche Musik, die er hörte, *bevor er sie hörte*. Ich wurde in die Dimension eingeweiht, in der er *komponierte*. Hier im *„Land der Musik"* gibt es ein Reich des nie endenden Menuetts. Wenn ich schnell genug komponieren könnte, hätte ich vielleicht über mein Klavier herfallen und ein Bach-Menuett komponieren können. Wie er hätte ich nicht bei null begonnen, sondern aus dem Gedächtnis komponiert. Ich hätte nichts selbst erschaffen, sondern lediglich Note für Note aufgezeichnet, wie ich sie in meiner träumerischen Trance gehört hatte. Bach muss so sehr in das Reich der absoluten Musik eingestimmt gewesen sein, dass er es im hellwachen Zustand hören konnte. Das Talent von Beethoven, Mozart und Chopin war nichts anderes als die Fähigkeit, Diktate von Gott aufzunehmen.

Für uns ist der springende Punkt, dass es unter diesen Reichen des Absoluten auch ein Reich gibt, in dem Tiere sprechen. Wir können es das Reich der absoluten Sprache nennen, und meines Wissens könnte es die fünfte oder sechste Dimension sein. Du kannst es, genau wie ich früher, in deinen Träumen entdecken, aber wenn du deinen Geist im Zuhören schulst, werden dir auch im Wachzustand Bruchstücke zugänglich sein. Es ist nicht das Reich, in dem du dich im Hellsehen übst, denn die Bildersprache erfordert keine große Bewusstseinsverschiebung. Du kannst immer im hellwachen Zustand Bilder mit Tieren austauschen. Hellhören, die Fähigkeit, Tiere in jeder beliebigen Sprache zu hören, erfordert dagegen eine deutliche Bewusstseinsverschiebung und enorme Konzentration.

Das Pferd und die Liederschreiberin

Ich reiste nach Santa Barbara zu einer Ranch, um ein Pferd namens Apollo und seine Besitzerin Daphne zu treffen. Als Daphne mich an den Pferchen entlang zu ihrem fantastischen Palomino-Schaupferd führte, kamen die anderen Pferde auf mich zu und lehnten sich über den Zaun. Im Vorübergehen riefen sie mir zu: *Candice! Mary!* „Wer ist Candice?", fragte ich Daphne.

„Ach, die macht immer Ärger; eins der Pferde gehört ihr", antwortete Daphne. Ihr Pferd musste sie jedenfalls lieben, denn es hatte auf sie gewartet.

„Wer ist Mary?", fragte ich.

„Sie war nur ungefähr einen Monat hier, und das ist schon eine Weile her."

Offenbar hatte Mary einen tiefen Eindruck auf eins der Pferde gemacht.

Als ich Apollo traf und seine Nase rieb, eröffnete ich die Unterhaltung nicht mit meiner üblichen Futterfrage, weil Pferdefutter nicht besonders abwechslungsreich ist, obwohl Pferde oft sehr genüsslich über Äpfel, Karotten und Melasse sprechen. Ich hatte einige Karotten als Bestechung in der Hand. „Apollo, was magst du wirklich?", fragte ich.

Sie singt mir ein Lied über einen Vogel, antwortete Apollo. Ich war überrascht, dass meine allgemeine Frage mit einer derart spezifischen Antwort belohnt wurde. Ich gab Daphne die Nachricht weiter und fragte sie, womit sie ihren Lebensunterhalt verdiente.

„Ich schreibe Musik", antwortete sie. „Welches Lied ist es? Wird er es dir sagen, wenn ich es vorsinge?", fragte sie. Apollo bejahte die Frage. Sie begann, ein schönes Lied zu singen. Er unterbrach sie nicht, sondern wartete höflich, bis sie geendet hatte. „Ist es das?", fragte sie.

Nein, antwortete er. Ich sah Bilder aufleuchten: Leute, die durch die Luft flogen, Vögel und schließlich ein Baby. Apollo erzeugte einen schnellen, jagenden Rhythmus. *Sag ihr, es ist das über die Leute im Himmel,* sagte er. Recht zögernd berichtete ich: „Er sagt, es sei ein Lied über einen Vogel oder Menschen im Himmel. Fliegende Leute. Es ist schneller."

Daphne war verblüfft. „Leute im Himmel? Was heißt das?" Doch plötzlich schien ihr ein Licht aufzugehen.

„Oh, mein Gott! Ich weiß schon. Da gibt es nur eine Zeile über einen Vogel. Es handelt von zwei Geliebten, die sterben und sich im Himmel wiedertreffen."

„Leute im Himmel", sagte ich mit einem Seufzer. Ich staunte über diese unglaubliche Pferdelogik. Als Daphne sang, war Apollo völlig hingerissen.

Ja, das ist es, sagte er stolz. *Ich half ihr beim Schreiben! Sie schrieb es auf meinem Rücken!* Daphne bestätigte, dass sie am besten schreibt, wenn sie reitet. Als ich das Baby erwähnte, räumte Daphne ein, dass sie sich vor einer Schwangerschaft fürchte. Ich fragte Apollo, ob sie schwanger sei. Ich meine, wer könnte so etwas besser wissen als ein Pferd?

Nein. Sie hat nur Angst davor. Aber sie wird es sein, sagte er. Apollo sah bereits den Geist eines Babys um Daphne schweben.

Ein Hund begleitet uns auf unseren Ausritten, sagte Apollo. Ich bat ihn, mir den Hund zu beschreiben. Er fertigte ein Bild mit den Worten „kurz, fett, schwarz" an. Als ich Daphne die Beschreibung übermittelte, widersprach sie: „Nein, mein Hund ist hell und keineswegs fett. Ich rettete eine ausgediente Windhündin."

Apollo legte ein Bild vom Pferd und dem Windhund vor, wie sie Seite an Seite nebeneinander hergingen und die Ereignisse des Tages besprachen.

Sie erzählt mir alle lustigen Dinge, die während des Tages im Haus passieren. Sie knabbert die bunten Teppiche an. Wir lachen darüber. Sie ist sehr komisch, sagt Apollo. Als ich es Daphne erzählte, sagte sie: „Oh, mein Gott! Sie knabbert wirklich alle Teppiche an!" Auch während Apollo über die Windhündin redete, schickte er mir das Bild des fetten schwarzen Hundes. Apollo warf ein: *Der schwarze Hund heult zu der Musik, die Daphne zu Hause spielt.* Ich teilte ihr die Nachricht mit.

„Warte!", schrie Daphne. „Mein alter Hund Willy war schwarz und fett – wirklich fett – and er sang, wenn ich Klavier spielte!"

„Bingo! Das ist er", sagte ich. „Wann starb er?" – „Vor etwa einem Jahr", antwortete Daphne. Apollo beschwor den komischen Anblick des schwarzen Hundes, wie er neben ihnen her watschelte.

„Er kommt noch zu deinen Ausritten mit", sagte ich.

„Weißt du, ich habe ihn neuerdings viel um mich herum gespürt", sagte Daphne. Sie fragte mich nach einer Verletzung an Apollos vorderem rechten Knöchel und an einem Huf, die als eine degenerative Knochenkrankheit diagnostiziert worden war.

„Was ließe sich gegen deine Verletzung tun?", fragte ich ihn. Er sandte mir: *Eisen. Kalium. Betacarotin, Chlorophyll.* Ich diktierte Daphne diese Worte. (Später fand ich heraus, dass ihr Tierarzt ihm früher diese Nährstoffe gegeben hatte.) Daphne beklagte sich, dass diese Verletzungen seine brillante Springerkarriere ruiniert hätten. Apollo zeigte mir seinen Knöchel und dann Daphnes Knöchel. Ich bekam das Gefühl, dass eine Verbindung zwischen seinem Unvermögen, vorwärts zu springen, und Daphnes Abwehrhaltung ihren Träumen gegenüber bestand. Wir sprachen eine Weile über die Geist-Körper-Verbindung und die Tatsache, dass Tiere unsere psychischen Dramen widerspiegeln können. Ich erklärte ihr, dass die rechte Körperseite als aggressive Seite gilt und Fuß und Knöchel für das Vorwärtsschreiten in der Welt stehen, für Gleichgewicht, Aus-sich-Herausgehen, Für-sich-Eintreten und für die Fähigkeit, „auf den eigenen Füßen" zu stehen.

Daphne erzählte, dass sie als Sekretärin arbeitete und sich danach sehnte, Lieder zu schreiben. Ihr Haus stand kurz vor der Zwangsvollstreckung, aber sie fürchtete sich vor einem Umzug. Sie wollte mit Apollo einziehen. Apollo sagte ihr noch im gleichen Jahr ein neues Heim voraus und bestand darauf, dass er ihr bei ihrer Musik helfen würde. Sie gab zu, dass er ihre Inspiration war – jedes Mal, wenn sie auf seinen Rücken stieg, setzte der Zauber ein und die Musik begann, durch sie hindurchzufließen. Es war, als sei ihr Pferd ein lebendiger, atmender Schutzengel. Ich glaube, dass dies auf all unsere Tiere zutrifft; sie warten nur, dass wir es erkennen. Ich empfahl Daphne, auf ihre Muse zu hören, sich von ihrem Haus zu trennen und einer Karriere als Sängerin oder Liedermacherin nachzugehen – für ihr eigenes Glück und für die Gesundheit ihres Pferdes.

Schalte den Lärm ab

Wenn du das Hellhören erlernst, musst du als erstes deinen Fernsehapparat abschalten. Ich meine nicht nur für eine Stunde oder zwei. Sondern für immer. Mit Ausnahme einer gelegentlichen Dokumentation und ein paar Filmen, die ich mir sporadisch ausleihe, habe ich in den letzten sechs Jahren kaum ferngesehen. (Obwohl ich zugeben muss, dass ich persönlich zu dem Schlamassel beigetragen habe, indem ich im Fernsehen auftrat und über Tierkommunikation sprach.)

Der Großteil des üblichen Programms attackiert uns mit unmenschlicher Gewalt. Dazu ertränken uns die Werbesendungen in einer Sintflut unbewusster Gehirnwäsche und bringen uns dazu, Sachen zu kaufen, die wir nicht brauchen. Abgesehen davon, dass uns das amerikanische Fernsehen hauptsächlich Müll beschert, stellen allein schon der Lärmpegel und die Frequenzen des Fernsehen eine Form von Gewalt dar. Denk an das Radio. Lässt du es ständig als Hintergrundgeräusch laufen? Schalte es ab und mach dich wieder mit der Stille vertraut.

In den letzten sechs Jahren der Stille hat sich meine Hellhörigkeit ungeheuer entwickelt. Meine Studenten, die an die ständige Geräuschkulisse von Fernsehen und Rundfunk gewöhnt sind, haben die größten Schwierigkeiten, sich auf eine tiefere, ruhigere, süßere Frequenz einzustimmen. Wenn der Medienlärm billige Eiscreme ist – vollgepackt mit künstlichen Füllstoffen, Farbstoffen und Aromen, erstickt in einer hundert Prozent künstlichen heißen Fondantglasur, übersprüht mit künstlicher Schlagsahne aus der Spraydose – dann ist Hellhören wie der Nektar einer Geißblattblüte. Ein Kolibri würde sich niemals deinem künstlichen Eisbecher nähern, und du wirst niemals die winzigen, leisen Stimmchen der Kolibris hören können, wenn du nicht auf das unechte Surrogat verzichtest.

Mach einen Versuch. Ich verstehe, wenn du dir gelegentlich eine Talkshow hineinziehen musst oder deine Lieblingssendung einmal pro Woche. Ich verbringe auch mehr Zeit vor der Kiste, seit ich Martha Stewart entdeckt habe. Aber nimm dir etwas Zeit für Ruhe. Plane ein Medienembargo. Wenn du nicht länger gegen den Stausee des Dramas im unteren

Chakra ankämpfen musst (also Sex ohne Liebe und ungöttliche Ebenen der Gewalt), wird sich deine Schwingung von selbst erhöhen. Die menschliche Psyche ist ein organisches selbstheilendes Wesen, das nach Gleichgewicht strebt. Die Sahne möchte nach oben steigen, was heißen soll, dass die Kundalini (das Qi deines Körpers, Prana, Lebenskraft) ganz natürlich aufsteigt und *Gleichgewicht* schafft, auch wenn die Schwerkraft unsere Füße auf dem Planeten festhält. Die Schwingungen von Gier und Gewalt halten das Qi in den unteren Chakren, was zu körperlichem Unwohlsein und zu Krankheit führt.

In den ersten Wochen der Stille werden deine Gedanken an Volumen zunehmen, bis dein mentales Muster zu einem heiseren Getöse wird. Dies ist eine gute Gelegenheit, den Fokus von den Gedanken nach außen zu verlagern, dich mit deinem inneren Selbst zu identifizieren und in der Stille abseits deines mentalen Gemaules zu sitzen. Mit unglaublicher Willenskraft und spiritueller Disziplin wirst du deinen Denkprozess als unbeteiligter Zuschauer beobachten können. Du könntest üben, in seliger Stille dazusitzen, nachdem du die Meditationen „Kontakt mit dem Geistführer" oder „Den Deckmantel der Negativität abwerfen" erforscht hast. Du kannst auch gleich zum letzten Kapitel dieses Buches springen, wo du die Meditation „Übung der Sternenlicht-Vision: Dein innerer Regenbogen" findest. Wähle die Meditation, die deine Seele am meisten beruhigt und besänftigt, dann genieße und nimm die Stille deines eigenen strahlenden Wesens auf.

Wenn du eine Funkstation auf zwei Beinen bist, kann Funkstille zuerst entmutigend sein, aber wenn du immer nur sendest und nur widerwillig empfängst, wird dir viel entgehen. Die Sendungen, die ich am besten fand, waren nicht die meinen. Ich höre mir lieber ausländische Sender und die himmlischen Symphonien der Jaguare und Elefanten an als mein eigenes langweiliges mentales Geplapper.

Der Jaguar

Eins der faszinierendsten Gespräche, die ich in meinem Leben geführt habe, war mit einem Jaguar im Zoo in San Diego. Wir hatten direkt die großen Katzen angesteuert, und dort stupste mich mein Freund Benjamin an: „Sprich mit den Katzen! Sprich mit den Katzen!"

Ich fand heraus, dass ich sie aus einem todesähnlichen Schlaf aufwecken konnte, wenn ich ihnen den richtigen Gedanken sandte. Wir trafen auf einen schlafenden Löwen, und ich schickte ihm den Gedanken, dass ich in sein Gehege steigen und ihn hinter den Ohren kraulen würde. Abrupt erwachte er und tastete die Zuschauermenge ab. Seine Augen blieben an mir hängen.

Ich schickte ihm erneut den Gedanken mit aller Kraft. Was er als Nächstes tat, war so bemerkenswert, dass es mich erschreckte. Er sprang auf, schlich auf mich zu und blieb erst dicht vor dem Graben stehen, der uns trennte. Er hatte die volle Absicht, gekrault zu werden, aber diese eifrige Antwort gab mir das Gefühl, eine Lügnerin zu sein. Ich hatte etwas versprochen, was ich nicht halten konnte. Ich stand da und schickte ihm zumindest Gedanken der Liebe. Welchen Schaden konnte ein bisschen Fantasie anrichten?

Unser Zwiegespräch zog die Aufmerksamkeit der Menschenmenge auf sich. Die Leute fragten sich, was der Löwe von mir wollte. Niemand wusste genau, was eigentlich los war, aber sie spürten wohl, dass etwas Seltsames vor sich ging. Immerhin war der Löwe auf mich zugesprungen, als ob er mich fressen wollte. So sagte ich dem Löwen sehnsüchtig auf Wiedersehen und ging weiter zum Jaguar.

Er hing rittlings in einem Baum, wie Jaguare es gerne tun. Auch er döste, richtete aber seine Augen auf mich, sobald ich mich ihm näherte – und was für Augen: scharf wie Sternenlicht, uralt wie der Mond. Dieses Paar leuchtender Smaragde durchdrang mich förmlich. Auch wenn diese Katze in einen Käfig gesperrt war, entging ihr kaum etwas.

Ich formulierte die Frage: „Glücklich?" Er erzeugte das Gefühl: *gelangweilt*. Ich fragte ihn nach dem Ausmaß seiner Beschränkung, und er produzierte das Bild eines wild wuchernden Dschungels mit einem meilenweiten Territorium, das er für sich beanspruchte. Das war ein ferner Schrei aus dieser Gefängniszelle. Ich entwarf ein Bild von ihm, wie er fraß und fragte: „Nahrung?" Er antwortete, *Tot ... und kalt*. Ich sah Stücke toten Fleisches in seinen Käfig fallen. Er war so gelangweilt, weil er nicht jagen konnte, dass er sich nur mit Mühe am Leben hielt. Er teilte mir mit, dass Jaguare leben, um zu jagen. Alles andere ist sinnlos für einen Jaguar.

Dann wurden Worte zwischen uns gewechselt, die ich niemals vergessen werde: Ich sandte ein Bild vom Dschungel, soweit mir das möglich war, und sagte: „Es tut mir so leid, dass du nicht in deinem natürlichen Lebensraum bist." Seine Antwort brachte mich fast um den Verstand. *Du auch nicht,* sagte er. Er schickte ein Bild von mir, barfuß im Wald, unbekümmert, tanzend wie eine Waldnymphe. Gleichzeitig beschwor er das Bild des Zementdschungels herauf, in dem ich lebte, völlig isoliert von der unberührten Natur, in einem Gefängnis, das mich von meinem ursprünglichen Zustand isolierte.

Zum ersten Mal hatte ich nun einen Hinweis erhalten, dass sich Tiere Meinungen über andere Wesen machen – starke, gut begründete Meinungen – und dass sie sowohl Menschen als Individuen erfassen können als auch die Menschheit als Ganzes und den Schaden, den die Menschheit *als Ganzes* dem Planeten zugefügt hat.

Die Übermittlung erfolgte wie immer blitzschnell. Dies hatte ich erwartet. Aber die tiefe Bedeutung von dem, was diese Katze mir sagte, ließ mich aus den Latschen kippen. Ich komme aus den Südstaaten und bin auf dem Lande aufgewachsen. Ich wünsche mir, irgendwann einmal in einem Gebiet zu wohnen, wo es Berge und Wälder gibt. Ich hatte oft das Gefühl, dass ich in der Stadt ersticke, aber nie habe ich einen anderen Menschen gefunden, der das erkannte. Offenbar war es nur einer Katze möglich, das klar und deutlich auszusprechen.

Mit dem Bild des Betons sandte er das Gefühl der Trauer, ganz als wäre ich die bedrohte Tierart, nicht er. Er wusste, dass mein Körper und mein Geist nicht das taten, wofür sie bestimmt waren. Ich sandte das Gefühl: „Du bist traurig."

Ja, sagte er, *wie du.*

Die Menschheit hat Käfige für uns beide gebaut; und sogar in seiner Gefangenschaft hatte dieser Jaguar eine klare Vorstellung des Schadens, der seinem natürlichen Lebensraum angetan worden war.

Geh dahin, wo du hin gehörst. Ich kann es nicht, aber du kannst es wenigstens. Rette dich, sagte er.

Während des ganzen Gesprächs hielt er den Augenkontakt zu mir aufrecht. Es war die längste Kommunikation, die ich jemals mit einem wilden Tier hatte. Unser stummer Austausch hatte mehrere Minuten gedauert und zog nun langsam die Aufmerksamkeit auf sich. Benjamin sagte etwas wie: „Großer Gott, Liebling, er nimmt seine Augen nicht von dir. Er muss viel zu sagen haben."

„Das stimmt", antwortete ich. Sie haben alle viel zu sagen. Tiere reden viel über den Wirbel menschlicher Aktivität um sie herum. Hunde sprechen vorwiegend über Bälle und Hamburger und Fahrten an den Strand, Hauskatzen neigen zu Gesprächen über Religion und Politik, und Jaguaren liegt es, über die Zerstörung der natürlichen Umwelt zu reden. Ich war von Ehrfurcht überwältigt. Bis an mein Lebensende werde ich mich immer an den Tag erinnern, an dem ich einen gesunden Ratschlag von einem Jaguar bekam.

Vergiss dein Programm

Nur wenn wir unseren eigenen Denkprozess aufgeben, können wir hören, was außerhalb unseres eigenen Geistes ist. Und je weniger wir urteilen, desto mehr hören wir. Übe das Hellhören mit deinen Tieren, wenn keine Probleme anstehen. Denk an meine Devise: Bessere das Dach aus, während die Sonne noch scheint. Zuerst muss man lernen, aus einer völlig losgelösten Perspektive zuzuhören, ohne Veränderungen oder Erklärungen zu verlangen. Wenn es dann einmal notwenig ist, eine klare Antwort auf eine emotional beladene Frage zu bekommen, z. B. im Zusammenhang mit der Gesundheit deines Tieres, dann bist du bereit.

Manipulation ist eine Form von mentaler Gewalt, und jedes Lebewesen wird sich dafür revanchieren. Wir haben kein Recht, anderen unseren Willen aufzuzwingen. Erst nachdem eine gleichwertige Partnerschaft aufgebaut wurde, kannst du an Bitten arbeiten wie: „Bitte geh ohne Widerstand in deinen Korb" und „Lass mich dir dein Medikament verabreichen."

Wenn du versuchst, ein Problem zu beseitigen, dann mach dich bereit. Was du beim Hellhören hörst, könnte dich erschrecken oder schockieren. Auch wenn du den Schleier nur für wenige Momente lüftest, um deinem Tier freien Ausdruck zu ermöglichen, bereite dich darauf vor, gedemütigt zu werden. Deine Tiere können sich tiefgründiger artikulieren, als du es dir jemals vorgestellt hast. Du wirst unvermeidlich feststellen, dass ihre Probleme mit deinen Problemen zusammenhängen. Sie beschmutzen den

Teppich, wenn du mit deinem Partner streitest, übergeben sich wegen deiner Essgewohnheiten. Ihr Bellen wird durch dein Chaos verursacht, ihre Hautallergie verschlimmert sich durch deine Nervosität, ihre Aggression ist die Antwort auf deine hitzige Laune, sie kauen sich wund, weil du chronisch zu spät kommst, und ruinieren Teppiche, Schuhe oder Möbel, weil du sie zu lange allein lässt.

Wenn du ihre Beschwerden zum ersten Mal hörst, findest du ihre Antworten vielleicht beschämend. Fast immer wird das Verhalten, das du zu „korrigieren" versuchst, von *deinem eigenen Verhalten* verursacht. (Tom Robbins nennt es *anthropomorphische Neurose*.) Diese Arbeit mit Tieren verlangt von uns, dass wir uns viel Zeit dafür nehmen, unserer eigenen Seele auf den Grund zu gehen. Tiere spiegeln unsere Schwachseiten wider. In unseren Beziehungen zu verwundbaren Geschöpfen, die vollkommen lieben, oft hilfsbedürftig und ausgesprochen abhängig von uns sind, müssen wir uns mit der psychischen Widerspiegelung abfinden, die in unserer Persönlichkeit und unserem physischen Körper stattfindet. Menschen sind wie Tassen, Tiere wie Schwämme. Sie absorbieren jedes körperliche und emotionale Problem, das wir loszuwerden versuchen.

Gib deine Überlegenheit auf

Es spielt keine Rolle, ob du deinem Hund beibringst, Platz zu nehmen oder Pfötchen zu geben. Wichtig ist, dass du von ihm lernst. Was kannst du von einem Hund lernen?

Das Leben genießen. Spontaneität. Unendlichen Überschwang. Abenteuerlust. Großzügig verschenkte Zuneigung. Mitgefühl. Versöhnlichkeit. Das Herz befreien. Leidenschaft. Mut. Vertrauen. Treue. Hingabe. Das Überwinden von Sorgen, Ängsten und der Furcht vor dem Tod. Abwesenheit von Selbstverurteilung. Abwesenheit von Selbstzweifel.

Sie sind da, um unsere Aufmerksamkeit wieder auf das Hier und Jetzt zu lenken. Sie öffnen unsere Herzen und lehren uns, bedingungslos zu lieben. Du kannst eine Bibel auf dem Schoß haben, eine Kopie der Bhagavad Gita oder einen Hund. Du wirst die gleichen Ergebnisse erzielen (außer, dass dir die Bücher nicht das Gesicht ablecken).

Was kannst du von deiner Katze lernen? Anmut. Kraft. Furchtlosigkeit. Geduld. Das Element der Überraschung. Sorglosigkeit. Gesunde Grenzen. Selbstschutz. Würde. Risikobereitschaft. Deinen Impulsen zu vertrauen. Aggressivität. Instinktiv handeln. Tadelloses Timing. Geschwindigkeit. Gleichgewicht. Gesundung. Sorgenfreien Schlaf. Astrale Projektion und das Wandeln zwischen den Welten. Wie man heilt. Wie man vom Tod zurückkehrt. Eleganz. Kultiviertheit. Inneren Frieden. Hohe Komödie.

Die Tiere sind alle hier, um uns lieben zu lehren. In unserer Gesellschaft ist unser Denken rückständig. Die Karre fährt so weit vor dem Pferd, dass das Pferd vom Staub verdunkelt wird. Wenn du lernst, mit den Tieren zu sprechen, berücksichtige dies: *Warum* sollten sie mit dir sprechen? Warum sollten sie dir zuhören? Kommuniziere in Demut mit ihnen. Trotzdem brauchen sie manchmal Zeit, bis sie sich für die Idee erwärmen, mit dir zu reden. Erkläre den Tieren immer, warum du ein Mensch bist, der mit ihnen reden kann. (Weil du sie liebst.) Während du Vertrauen aufbaust, könntest du es mit einigen beruhigenden Ideen versuchen:

Vertrauen aufbauende Gedankenbilder

Ich liebe dich.

Ich werde dich nicht anlügen.

Ich werde dich nicht hintergehen.

Ich werde dein Mitwisser, dein Komplize und dein Freund sein.

Ich bin für dich da, um dir zu helfen, dich glücklich zu machen, dir zu geben, was du auch brauchst. Wenn du mir sagst, was du brauchst, werde ich alles tun, was mir möglich ist, um dir dabei zu helfen, es zu erlangen.

Glaub mir, wenn ich dir sage, dass deine Tiere dich hören werden. Sie werden verstehen. Deine Tiere werden jedes Wort verstehen, das du sagst, aber sie werden nicht daran gewöhnt sein, dass du ihnen zuhörst.

Hier ein paar Tipps für das Zuhören:

Bitte sie um Hilfe.

Bitte sie um Geduld.

Nimm sie ernst. Sei nicht herablassend.

Lerne, sie mit aufrichtiger Teilnahme anzunehmen. Deine Sitzung sollte euch gleichermaßen einbeziehen. Ihr werdet zusammen ein Brainstorming machen, um gemeinsam eure Probleme zu lösen. Kooperiert und verhandelt, um euch in der Mitte zu treffen. Bring Opfer, damit beide Seiten zufriedengestellt werden können. Halte deine Versprechen und mach keine Versprechen, die du nicht halten kannst. Wenn sie eine Antwort fordern, dann respektiere das. Hier ist die Geschichte, wie ich meinem Kater Mr. Jones bewies, dass ich wirklich für ihn da bin.

Mr. Jones und die Räuber

Ein Vorteil bei der Kommunikation mit deinen Tieren ist, dass sie gute Hausbewacher sein können. Als ich allein mit Mr. Jones in meiner Wohnung in Venice Beach wohnte, musste ich viel Zeit bei meiner Arbeit im San Fernando Valley verbringen. Das Tal liegt ungefähr dreißig Minuten vom Strand entfernt, aber im Berufsverkehr braucht man mindestens eineinhalb Stunden, und in dieser Zeit musste ich jeden zweiten Tag über den Hügel fahren.

Während meiner Abwesenheit hielt ich engen psychischen Kontakt mit Mr. Jones und verband mich täglich mehrmals mental mit ihm. Er hatte eine Katzentür, die es ihm ermöglichte, die Nachbarschaft zu erforschen, und so kamen wir überein, dass er mich jeden Abend im Haus erwarten würde. Auch wenn meine Ankunftszeiten von Tag zu Tag variierten, kam er niemals mehr als fünf Minuten nach mir zu Hause an. Unsere Kommunikation war tadellos. Er ließ mich nie im Stich. Als ich dann eines Nachmittags eine dringende Nachricht von ihm erhielt, wusste ich, dass sie ernst zu nehmen war.

Ich blieb auf der Autobahn 405 Richtung Norden im Fünf-Uhr-Verkehr stecken, als mir urplötzlich Mr. Jones in den Kopf schoss. Schon das allein war etwas Unerhörtes. Normalerweise muss ich selbst die Kommunikation mit abwesenden Tieren beginnen – auch mit meinen eigenen Katzen –, denn Tiere sprechen selten zuerst, aber diese Nachricht unterbrach meine Gedanken wie ein Notruf im Rundfunk.

Amelia, KOMM NACH HAUSE. Panik stieg in mir auf. „Was ist los? Was ist los?", fragte ich.

Etwas Schreckliches ist im Haus! KOMM JETZT NACH HAUSE!
„Was ist im Haus? Sag mir, wer es ist!", bettelte ich.
EINDRINGLINGE! KOMM NACH HAUSE! KOMM SCHNURSTRACKS NACH HAUSE! Mr. Jones flehte mich an. Ich wartete nicht erst, bis ich herausfand, wer im Haus war, sondern bog an der nächsten Autobahnabfahrt ab. Nach einer U-Wende raste ich zur Wohnung zurück.

Räuber! Ich war in heller Aufregung.

„Flüchte durch deine Katzentür", lautete mein Befehl an Mr. Jones. „Lass dich durch nichts aufhalten! Renn sofort raus und warte dann auf mich!"

Als ich ankam, stand das Gebäude nicht in Flammen. Die Fenster waren nicht eingeworfen, die Türen nicht aufgebrochen. Alles sah ausgesprochen friedlich aus. Mit einer Dose Pfefferspray in der Hand kroch ich die Brüstung hinauf. Dort fand ich Mr. Jones; er wartete auf mich auf der Eingangsstufe und schnurrte zufrieden, schien aber nicht ganz sicher auf den Beinen zu sein und schaute ein bisschen durcheinander gebracht aus. „Was ist los?", flüsterte ich. „Du hast mich zu Tode erschreckt!"

Als ich sicher war, dass ich niemanden in der Wohnung hören konnte, schloss ich die Tür auf und ließ uns beide hinein. Nachdem sich meine Augen an die trübe Zimmerbeleuchtung gewöhnt hatten, sah ich die heimtückischen Eindringlinge.

Eine Reihe von Ameisen marschierte in gerader Linie von der Glasschiebetür in die Küche, wo sie sich an Mr. Jones Futterschüssel gütlich taten. Auf dem Futter wimmelte es von schwarzen Ameisen. Das Trockenfutter wurde nach dem Prinzip der Fließbandarbeit von Kiefer zu Kiefer gereicht und verschwand schließlich durch eine Ritze in der Glasschiebetür. Was könnte für eine Katze tragischer sein, als dass ihre Nahrung noch vor der Essenszeit beschlagnahmt wird? Ich lachte vor Erleichterung, bedankte mich bei Mr. Jones, dass er mich gerufen hatte, und gab ihm dann eine frische Schüssel mit Futter. „Warum um Himmels willen hast du sie nicht aufgefressen, Jones?", fragte ich. (Er frisst ab und zu Ameisen.)

Zu viele, war die Antwort.

Urteilsfrei zuhören

Tiere sind uns von Natur aus keineswegs untergeordnet. Wir haben kein Recht, ihren Willen zu brechen, sie zu „dressieren" oder zu „zähmen", ohne ihr 100-prozentiges Mitwirken. Unsere Haltung ihnen gegenüber sollte voller Ehrfurcht, Dankbarkeit und Verehrung sein. Verehrung und Respekt sind der Schlüssel, der die erste Tür öffnet. In den ersten Gesprächen mit deinem eigenen Tier könntest du folgendermaßen beginnen:

Du brauchst mir gar nichts sagen.

Du kannst mir so viel oder so wenig mitteilen, wie du möchtest.

Ich werde alles, was du mir gibst, wohlwollend aufnehmen, auch noch das Geringste. Du hörst den ganzen Tag mein Geschnatter; jetzt bist du mit dem Sprechen an der Reihe.

Wir werden nur über das reden, worüber du sprechen willst. Erzähl mir, was ich wissen soll.

Ich kann alles hören

Sende Liebe und sag ihnen, dass du bereit bist, absolut alles zu hören, zu sehen und zu fühlen, solange es die Wahrheit ist; du wirst nicht vor dem Leben zurückzucken. Dies ist ein kumulativer Lernprozess. Nimm das erste Prinzip: „Ich kann vorurteilsfrei zuhören." Füg dann das zweite Prinzip hinzu: „Ich kann alles hören." Versichere ihnen: „Deine Wahrheit ist deine Wahrheit. Ich muss nicht damit übereinstimmen oder es irgendwie beurteilen. Meine Meinung spielt überhaupt keine Rolle." Vergiss nicht: Du willst, dass sie sich dir öffnen, dein Vertrauen erwerben.

Ich werde mich dir nicht verschließen

Versuch, deinen Tieren das Folgende zu sagen:

Ich werde dich nicht verraten. Du kannst mir vertrauen.

Ich werde dich nicht verlassen. Ich werde immer für dich da sein.

Ich werde nicht versuchen, dich zu ändern. Ich akzeptiere dich, wie du bist.

Ich werde jede mögliche Methode nutzen, um dich zu verstehen.

Ich werde mich in deine Lage versetzen.

Ich werde dir nicht meine Maßstäbe aufzwingen. Ich werde deine Meinung würdigen.

Ich werde dich nicht herabsetzen oder versuchen, dich zu beherrschen. Du hast Willensfreiheit.

Ich werde dir nicht Angst machen oder mit Strafe drohen. Ich werde gerecht sein.

Ich werde dir nicht den Rücken kehren, auch wenn du mir nicht nach dem Munde redest. Ich werde verständnisvoll sein.

Wenn ihr nicht derselben Meinung seid

Wenn die Verhaltensprobleme deiner Tiere dich vor Rätsel stellen, dann sieh deine Tiere als missbrauchte Kinder an, deren Leben in deinen Händen liegt. Sie fürchten sich entsetzlich vor Strafe, dennoch müssen sie darum kämpfen, dass ihre Bedürfnisse befriedigt und ihre Gefühle wahrgenommen werden. Wenn du keine Möglichkeit hättest, mit deinen Betreuern zu sprechen, und deine Unzufriedenheit nur ausdrücken könntest, indem du auf den Teppich pinkelst, wäre das nicht auch schon ohne die unvermeidlich darauf folgende Strafe erniedrigend genug? Wäre dein Bedürfnis nicht furchtbar genug, um solche Strafe und Blamage zu riskieren? Und wenn du deinem Betreuer die Natur deines Problems nicht beschreiben könntest? Du könntest eine Infektion haben und unter schrecklichen Schmerzen leiden, doch du könntest es niemandem mitteilen und würdest deshalb wegen Fehlverhaltens bestraft werden. Auch wenn du stundenlang in ein Zimmer ohne Zugang zu einer Toilette eingesperrt werden würdest, wären die Handlung und die Strafe die gleichen. Du könntest versuchen, die tief empfundene Frustration oder Wut über die Art, wie du behandelt wirst, auszudrücken, aber die Strafe wäre die gleiche.

Stephen Covey bietet einen Weg daraus in seinem Buch *Die 7 Wege zur Effektivität*. Die Frage ist so einfach und dennoch so tiefgründig: „Ist die Art und Weise, wie ich dich sehe, Teil des Problems?" Wenn du manipulieren, zwingen oder kontrollieren willst, werden die Tiere defensiv werden. Dein Bedürfnis, sie zu kontrollieren, wird eine wirksame Kommunikation beeinträchtigen. Sie werden nicht darauf eingehen. Tiere müssen zuerst so akzeptiert werden, wie sie sind. Lerne die natürlichen Eigenarten deines Tieres aus Büchern über Zucht oder ihre Spezies kennen. Erledige deine Hausarbeit. Lies so viel du kannst über ihre natürlichen Lebensräume, ihre natürlichen Wünsche und Verhaltensmuster.

Wenn Tiere dich prüfen, geh den ganzen Weg

Akzeptiere anmutig und ohne Beurteilung, was du erhältst. Je bereiter du bist, zu hören, um so mehr werden deine Tiere bereit sein, sich dir mitzuteilen. Sie können dich prüfen, um sich zu vergewissern, ob du „in" ihre Erfahrung passt. Wenn du nicht schockiert bist oder beleidigt, wenn du sie nicht verdammst oder beschämst, können sie dich weiter bringen. Sie müssen wissen, dass du ihre unmittelbare Erfahrung akzeptieren kannst, bevor sie dich an ihren Denkprozessen teilhaben lassen. Du musst ihr Vertrauen verdienen. Wenn du den ganzen Weg, nämlich „das, was ist" gehen kannst, kannst du zu dem gelangen „was sie über das denken, was ist" und „was sie fühlen, über das, was ist".

Übung: Nachdrücklich deiner Katze zuhören

Katze: *Du lässt mich zu lange allein.*

Du: Ja, lasse ich dich zu lange allein.

KATZE: *Ich jage gern.*

DU: Ja, jagen macht Spaß.

KATZE: *Vögel schmecken gut.*

DU: Ja, Vögel schmecken gut.

KATZE: *Es gefällt mir, ihre Knochen knirschend zwischen meinen Zähnen zu zermalmen.*

DU: Ja, knusprige Knochen schmecken gut.

KATZE: *Ich mag warmes Blut in meiner Schnauze.*

DU: Ja, warmes Blut fühlt sich gut an.

Wenn du sie überzeugt hast und sie dir zu vertrauen beginnen, dass du nicht vor ihrer Erfahrung zusammenzucken wirst, werden sie dir mehr Auskunft geben. Aber zuerst werden sie beobachten, um zu sehen, was *du* mit den von ihnen gelieferten Informationen *tust*. Wenn du beweist, dass du alles hören und sie bedingungslos lieben kannst, werden sie beobachten, ob du dies weiterhin mit deinen Handlungen *beweist*. Beim Lösen eines Problems biete immer Optionen an. „Ich verstehe, dass du gerne Vögel fängst. Ich werde dich nicht davon abhalten, aber könntest du sie bitte draußen lassen?" Wenn es keine andere Wahl gibt, schaffe eine. Finde eine Lösung, und drück dich niemals vor deinen Versprechen. Sobald du deine Vertrauensbasis gefestigt hast, kannst du deine Tiere bitten, dir Gefallen zu tun. Die folgende Erzählung belegt, wie Rodney bewies, dass er wirklich für mich da war.

Der Party Hütte

Ich benutzte Rodney einmal unabsichtlich als Spion. Mein damaliger Freund und ich wollten zu einem einwöchigen Urlaub nach Kauai, der Garteninsel von Hawaii. Sie ist mein Favorit unter den hawaiischen Inseln, so naturbelassen und weitläufig von wilden Katzen bevölkert. Ich füttere dort die wilden Katzen wo auch immer ich hingehe. Aber die Katzen, die wir für eine Woche zu Hause zurückließen, Rodney, Betty und Mr. Jones waren weniger begeistert.

Glücklicherweise hatte mein Nachbar nebenan eine Teenager-Tochter, Christin, eine getreue Katzen-Liebhaberin, aber trotzdem noch ein Backfisch. Als Christin sich bereit erklärte, auf unsere drei Katzen aufzupassen, verboten wir ihr ausdrücklich, Partys in unserem Haus in den Hügeln zu feiern. Christin, ein neunzehn Jahre altes Mädchen, liebte Partys, und so wussten wir, dass unser leeres Haus eine große Versuchung darstellte. Weil Christin jedoch eine sehr verantwortungsvolle und rücksichtsvolle junge Dame war, waren wir ziemlich davon überzeugt, dass sie unser Haus in keine Szene aus Risky Business verwandeln würde. Sie schwor auf ihr Leben, dass sie keine Partys in unserer Abwesenheit im Haus veranstalten würde.

Am Tag der Rückkehr fragte ich Rodney, wie die Dinge während unserer Abwesenheit gelaufen waren.

Prächtig, antwortete Rodney. *Christin veranstaltete eine hübsche Party. Einfach hübsch!*

„Oh wirklich?", fragte ich ziemlich amüsiert. „Wer kam auf diese Party?"

Zwei schöne brünette Jungen und ein sehr nettes blondes Mädchen. Mir gefiel ihr langes blondes Haar, aber der Rotschopf gefiel mir besonders. Er sandte mir das Bild eines helläugigen Backfisches mit schulterlangem rotem Haar zwischen mehreren anderen im Haus hantierenden Leuten.

Sag Christin, dass sie jederzeit wiederkommen kann, um mich zu besuchen, sagte Rodney.

„Darauf kannst du wetten", antwortete ich.

Ich trieb Christin in die Enge und sagte süßlich: „Rodney sagte, dass deine Party hübsch war."

Ihre Augen wurden zu Untertassen. Ihr Haar sträubte sich hochkant. „Party? Welche Party?"

„Die Party mit dem blonden Mädchen, aber Rodney sagte, dass ihm der Rotschopf besonders gefiel." Christin konnte die Fassade nicht länger aufrechterhalten. Sie war niemals eine gute Lügnerin gewesen, und ich konnte ihr Gesicht wie eine Karte von Pittsburgh lesen. Sie hustete.

„Himmel noch mal, Amelia! Ich habe früher nie wirklich an dieses Zeug über dich und die Tiere geglaubt."

„Rodney sagte, das Mädchen, das ihm am meisten gefiel, hatte schulterlanges rotes Haar. Sie klingt ziemlich nett. Wer ist sie?", rieb ich ihr unter die Nase.

Völlig gekränkt gab sie nach und gestand mir die Wahrheit. „Hmm, eines der Mädchen hat wirklich rotes schulterlanges Haar. Sie streichelte Rodney, hob ihn hoch und streichelte ihn, – aber es war nicht wirklich *eine Party!*"

„Oh, nein? Wie würdest du es nennen?"

„Es waren nur vier Leute, und wir blieben nicht hier. Zwei Typen und zwei Mädchen kamen her, bevor wir ausgingen, weiter nichts. Ich ließ sie sich herausreden, gab ihr aber noch einen letzten Seitenhieb. „Rodney sagte, er würde den Rotschopf gern wiedersehen, aber ich zöge es vor, wenn sie ihre Affäre nicht weiter unter meinem Dach verfolgten, o. k.?"

Du kannst Instinkt nicht bekämpfen

Eine Frau rief mich einmal an, weil ihre Katze auf ihre Zimmerbäume kletterte. Eine andere Frau rief einmal an, um sich zu beklagen, dass ihr Chow-Chow beim Wiedersehen immer aufgeregt an ihr hochspringt, nachdem sie ihn lange allein gelassen hat. Wenn deine Katze auf Bäume klettert oder dein Hund aufgeregt ist, dich wiederzusehen, dann ruf kein Tiermedium an. Katzen klettern, Katzen kratzen, Kater markieren und Katzen kämpfen. Hunde lecken dein Gesicht, Hunde bellen, Hunde laufen und Hunde kennzeichnen ihr Territorium. Wenn du irgendwelche Probleme mit einem dieser instinktiven Verhaltensweisen hast, lerne, sie an Ersatz zu gewöhnen. Sieh, was den Tieren gefällt und fertige davon eine Kopie an für ihren eigenen Gebrauch.

Das offensichtliche Problem: Katzen, die die Couch zerkratzen und auf Möbel, große Pflanzen und Vorhänge klettern.
Der Instinkt: Sich die Klauen für die Verteidigung zu schärfen und zur Sicherheit auf Baumwipfel zu fliehen.
Das eigentliche Problem: Es wachsen keine Bäume im Haus.
Die Lösung: Beschaff dir einen richtigen Ersatz.

Schaffe die natürlichen Lebensräume deiner Katze so gut du kannst. Gib deiner Katze einen Kratzbaum und baue eine Sitzstange oder richte den Kühlschrank oben so her, dass sie den besten Aussichtspunkt hat. Katzen müssen alle Vorgänge im Haus aus der Vogelperspektive beobachten können. Vielleicht musst du, um langfristige Ergebnisse zu erzielen, die Art, wie du denkst, wie du die Welt siehst und sogar deine Lebensweise verändern.

Gib deinen Tieren Alternativen

Nimm niemals etwas weg, wonach dein Tier sich sehnt, ohne einen Ersatz zu geben. Sei kreativ:

Wenn deine Katze deine Zimmerbäume zerfetzt, gib ihr ihre eigenen Bäume.

Wenn deine Katze deine Couch zerkratzt, gib ihr eine senkrechte Kratzstelle.

Wenn deine Katze deine Teppiche zerkratzt, gib ihr eine horizontale Kratzstelle.

Wenn deine Katze markiert, versuch, sie vor dem bedrohlichen Tier zu schützen.

Wenn dein Hund bellt, gib ihm mehr Aufmerksamkeit.

Wenn dein Hund deine Schuhe stiehlt, gib ihm seine eigenen Kau-Spielzeuge.

Wenn dein Hund nicht von deinem Bett gehen will, gib ihm sein eigenes warmes Bett, oder, besser noch, lass ihn bei dir schlafen.

Wenn dein Hund am Tisch bettelt, bereite ihm seine eigene Mahlzeit aus frischem Fleisch und Gemüse zu.

Wenn deine Katze nicht vom Bücherregal wegbleiben will, räume es aus und überlass es ihr.

Wenn deine Katze nicht vom Küchentisch wegbleiben will, bau ihr eine Sitzstange oder iss anderswo.

Wenn deine Katze auf deiner Stelle im Bett eingeschlafen ist, geh und schlaf auf der Couch. Erinnere dich, es ist auch ihr Haus.

Übung: Das Halschakra –
Eine Meditation fürs Hellhören

Um die Gedanken deines Tieres zu hören, wirst du einen anderen Teil *von dir* betreten müssen. Sitze zusammen mit deinem Tier und konzentriere dich auf deine Atmung. Atme in jede angespannte, steife Körperstelle hinein. Atme jeglichen Widerstand aus, jeden Einwand. Lasse deine Aufmerksamkeit nach unten in dein Herz fallen. Sobald du bereit bist, bau die Brücke aus Licht zwischen deinem Herzen und dem Herzen deines Tieres. Sende deinen Liebesbrief demjenigen zu, den du erreichen willst. Fühl die Liebe, die aus dir fließt. Sende jetzt eine Wolke voller Dankbarkeit aus. Schicke diese Gedanken zu deinem Freund oder denke sie:

Dank dafür, dass du in diesem Augenblick mit mir lebst.
Dank dafür, dass du in mein Leben gekommen bist.
Dank dafür, dass du bei mir wohnst.

Dank dafür, dass du dich von mir lieben lässt.

Zieh dich jetzt zurück und sitze in Stille – offen und aufnahmebereit in diesem frei fließenden Zustand. Und überdenke einfach alles: wer wir als Menschen sind, nicht in einer dominierenden Lage, sondern nur ein Zahnrädchen in diesem großartigen, immerwährenden Kosmos. Die Natur pulsiert mit Leben auch ohne unsere Teilnahme; die atemberaubende Aufführung begann lange vor unserer Geburt und wird weitergehen, lange nachdem wir uns verabschiedet haben. Wir bleiben nur einen Moment auf der Lebensbühne – hörend, handelnd, sehend, schmeckend, fühlend –, bevor wir in die Arme der Göttlichen Mutter zurückkehren, aus der wir kamen. Es ist so völlig ehrfurchtgebietend, so demütigend, so herzzerreißend zart. Wir sind so zerbrechlich. Wir haben so viel Glück, hier zu sein. Atme den Lebensatem ein und danke Mutter Erde, dass sie uns eingeladen hat.

Wenn wir unsere eigene zerbrechliche Existenz anerkennen können, dass wir nur wenige Jahre auf dem Seil des Lebens tanzen, können wir uns leichter und bereiter mit den anderen Tieren unter dem großen Himmelszelt verbinden.

Richte sanft deine Aufmerksamkeit auf deinen Hals. Hier kannst du gesichert dahinschmelzen. Die Vorderseite deines Halses wirbelt in einem köstlichen blauen Licht, das wie flüssiger Himmel aussieht. Fühle seine Wärme, die beruhigende Wirkung dieses Chakras, wie es sich wie ein Bukett aus blauen Himmelsblumen öffnet. Sag dir, dass du es ganz beruhigt öffnen kannst – vielleicht das erste Mal in deinem Leben – völlig sicher. Fühle, wie die Blütenblätter sich sanft entfalten. Es prickelt mit dem himmlischsten blauen Licht. Dieses Licht reicht hinauf bis an deine Ohren und umschließt sie wie Ohrschützer, die du als Kind im Schnee getragen hast. Du wartest seit langem auf seine Liebkosung und heißt sie willkommen. Siehe jetzt, wie ein Strahl dieses blauen Lichtes hinausgreift, um den Hals deines Tieres zu berühren. Bitte deinen geliebten Freund: Wirst du mit mir reden? Wirst du mich dich hören lassen?

Bitte deine Höhere Macht: Bitte, Gott/Göttin, lass mich ihn hören. Ich bin bereit. Als Nächstes sitze still und lausche, lausche wirklich. Sei dir lediglich des blauen Lichtes unter deinem Kinn bewusst, nimm deinen Stift auf und schreibe. Geh deine Reihe von Fragen durch, diesmal mit deinem auf deinen leuchtenden blauen Hals gerichteten Bewusstsein. Nähere dich dem allem, als seiest du ein Kind. Wenn dein Tier Deutsch sprechen könnte, wie würde seine Stimme klingen? Gib vor, dass dies ein lustiges Spiel ist.

Du könntest nur Konsonanten hören, Bruchstücke von Klängen oder Wörtern. Ein besonderes Lied kann dir in den Sinn kommen. Denke über die Wörter und Bedeutung jenes Liedes nach. Könnte dein Tier eine Erinnerung benutzen, um zu versuchen, dir etwas zu sagen? Wenn du um einen Namen bittest, magst du nichts hören, aber Buchstaben oder Wörter in deinem Geist sehen. Du könntest Konsonanten in der Mitte von Wörtern sehen oder hören. „Doppel L" ist eine völlig gute Beschreibung des Namens „Billy". Sei großzügig mit dir. Ich bekam kürzlich „Margaret" für einen Hund, der „Montgomery" hieß und „Sharon" für ein „Cher" genanntes Pferd. Du kannst den Anfangsbuchstaben, die markanten Töne, rhythmische Vokale, eine bestimmte Anzahl von Silben oder sogar den Rhythmus des Wortes hören.

Du brauchst gar nichts hören, sondern Emotionen in Antwort auf deine Fragen fühlen. Nimm anmutig an, was auch immer du bekommst. Wenn du dich blockiert fühlst, gehe zurück und wiederhole das Korinthische Gebet, die Meditation „Das Abwerfen des Deckmantels der Negativität" oder „Sich mit deinem Geistführer in Verbindung setzen" und fange von vorne an.

Wenn du mit deinen Ergebnissen unzufrieden bist, übe Steptanzen. Lerne, wie du „Misty" auf dem Kazoo spielen kannst. Komm darauf zurück, wenn dein Herz leicht ist. Dies ist keine Zeit, um deine Hände in den Schoß zu legen und zu erklären: „Ich habe es einmal versucht, und ich kann es nicht!" Weder würdest du lernen, Japanisch in einer Lektion zu sprechen, noch würdest du es von dir fordern. Sei gerecht. Du könntest nicht in einer einzelnen Stunde lernen, wie du Musiknoten lesen solltest. Dies ist eine neue Sprache, die du lernst, und deine Intuition ist ein Muskel, den du vielleicht früher nie benutzt hast. Wenn du überhaupt irgendetwas bekamst, gib dir riesigen Applaus und tue etwas, das dich laut lachen lässt, wie die folgende idiotische Erzählung über Eichhörnchen zu lesen.

Verrückt?

Ich werde niemals das erste Gespräch mit einem Eichhörnchen vergessen, das ich kurz nach meiner anfänglichen Einführung in die Tierkommunikation führte. Ich war auf meinem Weg zu einer Verabredung in Beverly Hills. Ich parkte auf einer Nebenstraße und lief einen Weg auf einem Gehsteig hinunter, der mit Bäumen überdacht war. Ich hörte ein Eichhörnchen in einem der Bäume zwitschern und beschloss zu versuchen, mit ihm zu sprechen. Ich blieb stehen, entspannte meinen Körper und nahm einen tiefen Atemzug, um meinen Geist zu klären. Ich trat in die Stille ein, aber nicht für lange, denn ich hörte folgende Worte in meinem Kopf:

Hallo, meine Dame! Hast du Nüsse?

Meine Augen öffnend, erblickte ich den kleinen Kerl, wie er den Baumstamm hinunterwieselte. Seine Augen waren auf mich gerichtet, und sein Blick war aufmerksam.

„Nein, ich habe keine", antwortete ich ihm.

Warum nicht?, fragte er ungeduldig. Ich war sprachlos.

Aus der Fassung gebracht, antwortete ich: „Nun gut, ich habe einfach keine."

Warum gehst du keine holen?, fragte er, als ob ich ein totaler Narr wäre. Ich stieß hervor: „Ich habe keine in meinem Auto", weil ich tatsächlich oft Nüsse mit mir herumtrug, um sie bei Blutzuckernotfällen zu kauen und sie mit Eichhörnchen zu teilen, denen ich begegnen könnte. Er war beharrlich und versuchte, seine Irritation zu verbergen:

Warum holst du keine für mich? Gleichzeitig begann er mir ein Bild zu schicken: Es war ein Lebensmittelgeschäft aus der Sicht eines Eichhörnchens, ein riesiges Nusslagerhaus. Die anderen dort verkauften Artikel waren nebensächlich – Menschennahrung bedeutete weniger als nichts – aber dieser kleine Kerl wusste, dass es riesige Lagerhäuser gibt, wo Menschen ihre Nüsse lagerten! Er übermittelte den Eindruck, dass Menschen ihre Nüsse nur aus diesen Lagerhäusern holten, um Eichhörnchen zu füttern und er wusste ohne jeden Zweifel, dass ich Zugang zu einem unendlichen Vorrat an Nüssen hatte.

Geld war ihm kein Begriff, so sollte ich ihn mit einer unbegrenzten Fülle von Nüssen versorgen können; und er hatte kein Konzept davon, was ich, außer ihn zu füttern, sonst noch tun könnte, so dass er keinen Grund sah, warum ich nicht sofort zum Geschäft rasen und seine Nüsse hervorholen sollte. Er sandte dann das Bild einer Plastiktüte gefüllt mit geschälten Nüssen. Er zeigte mir das Bild so vergrößert, so dass ich genau erkennen konnte, welche Art von Nuss er wünschte. Die Nachfrage war nach Mandeln.

Der Bruchteil einer Sekunde enthielt eine ungeheure Menge von Information, und seitdem weiß ich, dass das immer so ist. Die Information kommt schnell wie der Blitz, und es gibt oft vielfache Bilder, die entschlüsselt werden müssen. Zu jener Zeit jedoch war ich wie betäubt und kam ins Schleudern.

„Du weißt etwas von Lebensmittelgeschäften?", fragte ich.

Natürlich! Warum gehst du nicht und holst mir einige Nüsse? Ich werde geradewegs hier warten, antwortete er.

Seine Argumentation war tadellos. Mir fiel es schwer zu debattieren. „Ich kann nicht. Ich habe etwas anderes zu tun." Er begann, die Geduld mit mir zu verlieren.

Beeil dich und bringe es zu Ende, dann hole meine Nüsse. Ich werde genau hier warten. Er hing kopfüber am Baumstamm in Augenhöhe und starrte auf mich hinunter.

„Aber ... aber ... meine Besprechung wird über eine Stunde dauern. Wirst du noch hier sein, wenn ich zurückkomme?", plärrte ich.

Ich kann nicht den ganzen Tag warten, weißt du, bellte er. Ich denke, er konnte es nicht mehr ertragen, weil ich ihn spotten hörte *Idiot!,* als er eilig hoch hinauf in den Baum trippelte.

Auf dem Weg zurück von meiner Besprechung überprüfte ich den Baum, um zu sehen, ob er noch dort war, aber er war fort. Er hatte mich als hoffnungslos aufgegeben. Er musste beschlossen haben, dass ich, auch wenn ich ein Telepath war, kein sehr heller Telepath sein musste. Intelligent wäre gewesen, alles fallen zu lassen und ihm Nüsse holen zu gehen. Alles andere war eine lächerliche Zeitverschwendung.

Seit jenem erniedrigenden Gespräch habe ich mit Hunderten von Eichhörnchen gesprochen, sogar mit Eichhörnchen in Manhattans Central Park, die sich mit Stimmen der New Yorker Taxifahrer erregen; aber ich habe selten ein anderes Gespräch gehabt. Ich frage sie nach ihren Familien, Heimen und ihrer Gesundheit, aber alles, worüber sie sprechen wollen, sind Nüsse. Eichhörnchen kümmern sich verdammt wenig um Tiermedien. Sie sehen keinen Bedarf, mit dem Menschengeschlecht zu sprechen.

Die meisten Katzen und Hunde teilen die Menschen in zwei Kategorien ein: Menschen, die mit Tieren sprechen können und Menschen, die nicht mit Tieren sprechen können. Den Eichhörnchen ist es egal, ob du ihre Sprache sprechen kannst, oder nicht. Sie teilen die Menschen nur in diese Kategorien ein:

Leute, die Nüsse haben, und Leute, die keine Nüsse haben.

Leser gib Acht! Ich weiß, was du denkst! Und Leute, die verrückt *sind,* sind keine Option.

Kapitel 5:
Fehlersuche – Film-Clips
von Sequenzen und komplexen
Nachrichten senden

Ich enttäusche einige Menschen, wenn ich über Intuition spreche, weil ich fest glaube, dass intuitive oder symbolische Sicht kein Geschenk ist, sondern eine Fähigkeit – eine Fähigkeit, die auf Selbstachtung beruht.

Caroline Myss, Anatomy of the Spirit

Wie sage ich es? Komplexe Nachrichten senden

Gib Tieren Informationen! Tiere verstehen jedes Wort, das du sagst! Du wirst dies vielleicht nicht glauben, weil deine Tiere nicht bereitwillig auf Befehle reagieren. Es gibt zwei Gründe, warum Tiere Befehle ignorieren. Entweder sendest du gemischte Botschaften, oder sie wollen einfach nicht tun, was du von ihnen verlangst. Vielleicht geben sie dir eine Antwort, die du nicht hörst und deswegen nicht verstehst.

Erinnere dich, deine Gedanken müssen immer mit deinen Worten übereinstimmen. Denke nur in bejahender Form. Sende nur Gedanken von dem, was du willst, nicht Gedanken von dem, was du nicht willst. Dies erfordert viel Konzentration und Überlegung, aber auch jahrelange Praxis. Wenn du den Gedanken sendest: „Bell nicht!", wird dein Hund hören: „Bell!" Er wird das „nicht" nicht registrieren. Wahrscheinlich sendest du Bilder von dem, was du nicht willst, und das verschlimmert alles nur. Dies ist nun mal die natürliche Neigung von uns Menschen. Wir projizieren unsere Ängste in die Welt und lassen sie durch unsere Tiere und menschlichen Freunde ausagieren. Dann kommt es uns vielleicht vor, als hätten wir ein schlimmes Vorgefühl gehabt: „Ich *wusste,* dass dieser Hund mich beißen wollte!" Aber in Wirklichkeit wurde der von dir ausgesandte Gedanke von dem Hund empfangen und *ermutigte* ihn, genau das zu tun, was du nicht wolltest. Wenn wir immer bejahend denken wollen, müssen wir unser Denken radikal umstellen. Sei geduldig und ehrlich mit dir. Es ist ungerecht, deinen Tieren den mentalen Befehl zu senden, etwas *nicht* zu tun, und sie dann zu bestrafen, wenn sie darauf reagieren. Von daher rührt die Vorstellung, dass Hunde auf Angst ansprechen. Vergiss nicht, dass das Tier auf alles genau reagiert, was immer du an Positivem und Negativem sendest. Gib ihnen immer Alternativen und Gegenstände, die nur für sie bestimmt sind, so dass sie an ihre eigenen Sachen verwiesen werden können.

Einige positive Befehle bei negativem Verhalten

„Zerkratz nicht die Couch!", wird zu: „Kratz nur an deinem Kratzbaum!" (Sieh zu, dass deine Katzen einen bekommen.)

„Beiß nicht!", wird zu: „Behalte deine Zähne im Maul!" Oder: „Schließ deinen Kiefer!"

„Pinkle nicht auf den Teppich!", wird zu: „Benutze nur dein Katzenklo!" (Oder: Geh nur nach draußen.)

„Spring nicht!", wird zu: „Lass alle vier Pfoten auf dem Boden!" (Übermittle dabei das Gefühl, alle vier Pfoten am Boden zu haben.)

„Bell nicht!", wird zu: „Sei still."

„Kau nicht an meinen Pantoffeln!", wird zu: „Kau nur an deinen Spielsachen!" (Sieh zu, dass sie eigenes Spielzeug haben.)

„Leg dich nicht auf die Theke!", wird zu: „Schlaf in deinem eigenen Bett!"

Du verstehst schon. Benutze deine Fantasie, um negative Befehle umzukehren, und sende die der negativen Handlung entgegengesetzten Bilder. Obwohl die meisten Tiere das Wort „nein" verstehen, wenn es ein isolierter Befehl ist, verstehen sie es innerhalb eines Satzes nicht. „Nicht beißen!" heißt „beißen".

Stell dir vor, dass du deiner Katze einen Befehl gibst wie: „Zerkratz nicht die Couch!" Gleichzeitig sendest du das Bild der an der Couch kratzenden Katze. Die Katze empfängt den Befehl: „Zerkratze die Couch!" Es liegt Zorn in deiner Stimme, also weiß sie, dass du es wirklich ernst meinst. Sie wartet, bis sie deine volle Aufmerksamkeit hat, dann greift sie die Couch an und kratzt mit Elan, um dir den Gefallen zu tun, und wundert sich dabei, warum es dir so verteufelt wichtig ist, dass sie die Couch zerkratzt.

Wenn sie es stolz vor deinen Augen tut, um zu beweisen, dass sie deinen Befehl verstanden hat und bereit ist, sich zu fügen, brüllst du sie an und jagst sie klatschend und „nein!" schreiend durch das Haus. Dann treibst du sie in die Enge und wirfst sie hinaus. Sie landet mit einem Plumps. *Na,* denkt sie verwirrt, *das war ein feiner Rausschmiss.*

Natürlich glaubt die Katze, dass du verrückt bist. Sie folgert, dass Menschen eine Ausgeburt an Dummheit sind. Sie muss kratzen, und du hast ihr gerade gesagt, sie soll es an der Couch tun. Wenn du diese gemischten Befehle jeden Tag in verschiedenen Angelegenheiten sendest, wird die Katze zu der Überzeugung gelangen, dass dir nicht zu trauen ist. Sie gelobt, dich völlig auszublenden und alles zu ignorieren, was du sagst. Warum auch nicht? Wenn sie tut, was du willst, explodierst du, brüllst sie an und jagst sie durchs Haus.

Kürzlich ließ ich die Katze meines Nachbarn Gidget sterilisieren und formulierte meinen Befehl folgendermaßen: „Ignoriere deine Wundnaht!" Ich sandte ihr auch ein psychisches Sandwich, das ein äußerst wirksamer Drei-Schritte-Prozess ist. Schick das Negative zwischen zwei positiven Dingen verpackt.

Sequenzen senden: Das psychische Sandwich

Zuerst sandte ich das Bild des gewünschten Verhaltens: eine friedlich schlafende Katze und eine umherlaufende Katze, deren Schnauze möglichst weit vom Bauch entfernt ist.

Als nächstes sandte ich ein Bild des nicht gewünschten Verhaltens: die Naht mit den Zähnen aufzureißen und noch eine aufreibende Fahrt zum Tierarzt, um die Naht erneut zu vernähen. Gleichzeitig schickte ich das Wort „Nein!".

Zum Schluss sandte ich eine Verstärkung des gewünschten Verhaltens: die Katze, die die Naht ignorierte, und die ohne Störung verheilende Narbe.

Gidget nahm die Vorschläge auf und biss nicht an der Naht herum, und die Wunde heilte wunderschön.

Ich war auf dem Weg zu einem wilden, angriffslustigen Schäferhund. Noch bevor ich ankam, sandte ich dem Hund die Bitte, sich sanftmütig zu meinen Füßen zusammenzurollen, die Zähne im Maul zu lassen und das

Maul geschlossen zu halten. Als wir einander begegneten, tat er mir den Gefallen. Er hielt seine Kiefer geschlossen, rollte sich auf den Rücken und zeigte mir seinen Bauch. Dies ist keineswegs üblich bei bellenden Hunden. Oft haben sie Anweisungen und hören nicht auf, einen Unbekannten anzukläffen, so sehr man sie zu beruhigen versucht. Deshalb beurteile deine Fortschritte bitte nicht in der Kommunikation mit unbekannten Hunden. Einen Hund zum Schweigen zu bringen, ist eine der schwierigsten Aufgaben.

Beobachte deine Ängste. Wenn du glaubst, dass du große Mühe haben wirst, deine Katze in ihren Tragekorb zu bekommen, wird es wahrscheinlich so sein. Wenn du sicher bist, dass dein Hund den Hundepfleger beißen wird, wenn der ihn baden will, wird er es wahrscheinlich tun. Wenn du sicher bist, dass dein Pferd auf einem besonderen Pfad scheuen wird, wird es das wahrscheinlich tun.

Wenn du eine Situation mit deinem Tier fürchtest, gehe mental das Szenarium durch, das du geschehen lassen möchtest – nur das, was du willst. Deine positiven Bilder werden das erwünschte Ergebnis erzielen. Ich wiederhole: Sei geduldig! Dieses Training kostet Zeit. Unsere Tiere haben sich so daran gewöhnt, widersprüchliche Botschaften von uns zu empfangen, dass sie etwas Zeit benötigen, um positive Umstellungen bei uns zu registrieren.

Fortgeschrittene Kommunikation

Wir haben darüber gesprochen, wie und warum es funktioniert. Lass uns jetzt darüber reden, wie es für dich funktionieren kann.

Ich machte die Bekanntschaft einer schönen Tierliebhaberin namens Grace auf einer Party, die sie eigens gab, damit ich die Fotos von ihrer Afrika-Safari bewundern konnte. Sie befragte mich über Methoden, wie man Insekten retten könne. Ich sagte ihr, dass viele Insekten empfänglich für telepathische Kommunikation seien. Ich habe großen Erfolg bei den meisten Arten mit Ausnahme von Flöhen, Ameisen und Hornissen (Flöhe sagen: „Ich bin hungrig." Ameisen sagen: „Hau ab, meine Dame, ich habe meine Befehle", und Hornissen geben dir nicht die Tageszeit an, bevor sie dich wie die Wilden stechen.) Sie beklagte sich, dass sie kein Glück mit Ameisen in ihrem Haus hatte, und ich hatte Verständnis mit ihr. Mir gelang es nie, mich mit mehr als jeweils nur einer Ameise zu verbinden, und das, wenn die Kundschafter allein draußen sind. Eine einzelne Ameise kann sich auf deine mentale Suggestion hin umdrehen, aber sobald die Armee marschiert, ist es nach meinen Erfahrungen unmöglich, den Zug aufzuhalten. Ich schlug Weinstein für die Eingangstüren und die Eingangslöcher vor.

Grace wollte wissen, wie man Spinnen an schwer zugänglichen Stellen fangen kann, um sie nach draußen zu befördern. Ich ehre alle, die Spinnen retten, aber selbst einige meiner besten Freunde sind keine Spinnenretter. Seltsamerweise lassen viele Beine die meisten Menschen erschaudern. Ich frage mich, woher dieses Vorurteil stammt. Die meisten Menschen akzeptieren Vierbeiner, aber mehr als vier Beine scheinen einfach zu viel zu sein. Ich erinnere meine Freunde dann, dass Spinnen magische und komplizierte Wesen sind und die meisten von ihnen völlig harmlos. Was um Himmels willen ist überwältigender und ehrfurchtgebietender als ein mit Tau beladenes Spinnennetz, das in einer einzigen Nacht gesponnen wurde? Ich kann schon in meinen Armen nicht genügend Baumaterial für ein eigenes Haus tragen, noch viel weniger in meinem Unterleib, und außerdem wäre ich niemals fähig, so etwas Kompliziertes zuwege zu bringen. Spinnen werden in der Mythologie von der mächtigen griechischen Göttin Arachne dargestellt, und ich verehre die Tiere besonders, die Götter nach ihrem Abbild schufen. Ich erinnere auch meine Freunde daran, dass jede Kreatur – egal wie klein oder vielbeinig – nur ein Tierchen ist, das in der Welt zu leben versucht.

Stell dir vor, du bist eine Spinne. Du hast gerade das großartigste Haus deines Lebens gebaut. (Wärst du ein Mensch, dann könntest du es als Architekt mit Frank Lloyd Wright aufnehmen.) Du hast ein Grundstück gewählt, in einer windgeschützten, aber offenen Ecke, wo du ein paar Mücken gesehen hast, die in deine Nachbarschaft gezogen sind. Die ganze Nacht hast du wie verrückt an deinem Traumhaus gebaut. Am nächsten Morgen wartest du still auf dein Frühstück in deinem herrlichen neuen Haus, hängst deinen Spinnengedanken nach, vielleicht summst du vor dich hin, kümmerst dich um deine Angelegenheiten – da fällt plötzlich ein großer Schatten auf dich. Das Monster macht Anstalten, giftige Chemikalien in deine Richtung zu sprühen und dein perfektes neues Heim mit einem großen borstigen Stock zu zerstören. Glücklicherweise bist du noch jung und hurtig. Es gelingt dir, dem

Monster zu entkommen, und du versteckst dich – zitternd und ver-
schreckt – in einer Spalte an der Decke. Als du dich später wieder
heraustraust und Bestandsaufnahme von der Tragödie machst, findest du
eine Wüste vor, wo einmal dein Heim stand. Es geht dir wie Scarlett, die
nach Tara zurückkommt, nachdem die Yankees das Gutshaus geplündert
und es bis auf die Grundmauern abgebrannt haben. Du machst dir
Gedanken über die scheußliche Bestie, die dich zu töten versuchte. Kann
es tatsächlich sein, dass du, als du weit genug hochgeklettert warst und es
im Blickfeld hattest, ganze zwei Beine wahrgenommen hast? Zwei
Beine! Uuuuh! Wie ekelhaft!

Ich erzähle Grace, dass ich nahezu jeden Tag Spinnen in meinem Haus
rette und sie unglaublich aufnahmebereit finde. Wenn ich sie erreichen
kann, stülpe ich eine Schüssel oder ein Wasserglas über sie, schiebe eine
Zeitschrift darunter und drehe den Behälter behutsam um, um sie hin-
auszutragen. Wenn sie an der Decke oder an der Wand über meinem
Kopf sind, halte ich einen Krug unter sie und sage ihnen: „Fall runter!"
Normalerweise fallen sie in den Behälter und erlauben mir, sie nach
draußen zu tragen. Sie war erstaunt, dass dies so leicht funktionieren
könnte, versprach aber, es auszuprobieren.

Als ich sie per Zufall wieder traf, erzählte sie mir atemlos, dass sie Telepathie mit einer Spinne versucht habe. Sie hielt einen Behälter unter die
Spinne und bat sie eindringlich darum, hineinzufallen. Sie sandte den Gedanken aus, dass die Spinne im Plastikkrug und später draußen im grünen
Gras sitzt. Nichts geschah.

Sie wartete bis sie mit ihrer Geduld am Ende war, aber als sie gerade aufgeben und fortgehen wollte, drehte sie sich um, um einen Blick auf die
Spinne zu werfen. Die baumelte halbwegs in der Luft an einem Faden!
Sie war heruntergefallen! Begeistert, fing sie sie ein und brachte sie in Sicherheit.

Ich versicherte ihr, dass auch bei mir Tiere oft erst reagieren, wenn ich
schon aufgegeben habe und fortgehen will. (Die meisten Männer machen
das ähnlich.) Manchmal benötigen sie etwas Zeit, bevor sie verstehen. Ich
erwähnte Grace gegenüber, dass der Gedanke an Gras die Spinne
vielleicht verwirrt hatte. Vielleicht hatte sie sich den Plastikkrug angesehen und sich gefragt, warum ein Mensch den Befehl sandte, ins Gras zu

fallen, wo es doch kein Gras gab. Hier kommt der knifflige Teil: Sequenzen senden, um zu erklären, was du willst und warum du es willst. Dein Befehl ist eigentlich ein zweistufiger Prozess. Zuerst siehst du das Tier von außen das tun, was du willst. Stell dir vor, dass die Spinne in den Behälter fällt. Geh dann in das Geschöpf hinein und versuche dir vorzustellen, was es sieht. Sei die Spinne und sieh dich in dem Plastikkrug. Fühle den kühlen Behälter unter deinen Füßen.

Der Befehl „warum du es willst" ist ein Drei-Schritte-Prozess. Benutze dazu das psychische Sandwich.

Das Spinnen rettende Sandwich

1. Stell dir vor, dass die Spinne in den Behälter fällt. Sende diesen Gedanken zuerst.

2. Stell dir vor, dass die Spinne heil und glücklich draußen im Gras lebt.

3. Verstärke den Gedanken, dass sie in den Behälter als Transportmittel in die Freiheit fällt.

Es klingt kompliziert, ich weiß, aber glaube mir, wenn ich dir sage, alle lebendigen Geschöpfe sind intelligent genug, um diesen Gedankenketten zu folgen.

Fünfzehn Minuten bevor ich mich hinsetzte, um dies zu schreiben, fing ich eine Grille in meiner Spüle. Ich erklärte ihr die Situation: Sie sollte sich ruhig verhalten, während ich sie in ein Wasserglas beförderte, um sie nach draußen zu bringen. Ich muss zugeben, dass ich ein wenig Angst vor Insekten habe, sogar vor harmlosen Grillen, also bat ich sie, sich nicht zu bewegen. Sie tat nicht, was ich verlangte. Sie hatte einen besseren Plan. Sobald ich das Glas in den Ausguss senkte, hüpfte sie direkt hinein, obgleich ich es einige Zentimeter von ihr entfernt hielt. Tiere sind erstaunlich. Du wirst nie wissen, wie erstaunlich sie sind, bis du diese Fähigkeiten täglich übst.

Die meisten Stubenfliegen werden direkt zur Tür hinausfliegen, wenn du die Tür aufmachst und sagst: „Geh!" Sie reagieren besser, wenn du sie nicht als aufdringliche Widerlinge betrachtest, sondern als freundliche, neugierige Kreaturen. Ich gestatte ihnen ein paar Augenblicke lang, mich zu umschwirren und zu untersuchen, wozu sie hereinkamen, bevor ich sie bitte zu gehen. Sie gehorchen nicht immer, aber es ist bemerkenswert, wie oft sie reagieren.

Denk dran, nur das zu senden, was du willst. Sieh das Insekt, sende das Gefühl vom Hof unter seinen Füßen und von der Sonne auf seinem Rücken. Droh nicht, es zu töten. Wenn du das Bild einer Spraydose mit giftigen Chemikalien sendest, wirst du nichts ausrichten, und wenn du das Bild von Hof und Spraydose sendest, wirst du es erst recht verwirren. Es wird sich nicht um deinen Wunsch kümmern und allen seinen Freunden erzählen, wie dumm die Menschen sind.

Ich hörte kürzlich eine Geschichte über Termiten, bei der ich mich vor Lachen ausschüttete. Ich traf Phineus, einen herrlichen Geschichtenerzähler in den Bergen von Topanga, wo er bei Wildworks volontiert, einer Rehabilitationseinrichtung für Berglöwen und andere wilde Tiere. Als Phineus hörte, dass ich ein Tiermedium bin, fragte er, ob ich mit Insekten spreche; er wollte wissen, ob ich den *Findhorn Garden* gelesen hatte, eine erstaunliche Sammlung von Geheimnissen über mentale Gärtnerei, wo man sich mit dem „König" jedes Insektenstammes zu Verhandlungen in Verbindung setzte. Diese Lilliputversionen von UN-Verträgen brachten erstaunlicherweise gute Ergebnisse. Die Menschen boten immer Alternativen an und brachten Opfer für die Kleinen. Zum Beispiel wurde ein Kohlkopf am Ende jeder Reihe dem Raupenkönig überlassen, der natürlich mit einer klitzekleinen Krone auf dem Kopf erschien. (Es liegt mir fern, mich darüber lustig zu machen. Ich traf einmal in der Meditation mit der Raupe von Alice zusammen, die sich wirklich genauso wie im Buch verhielt – sogar die Opiumpfeife fehlte nicht.) Die Findhorn Gärtner bestätigen, dass die Abkommen eingehalten werden. Die „Schädlinge" halten sich an das eingerichtete Territorium! Ich habe es noch nicht ausprobiert, aber das bedeutet nicht, dass es nicht funktioniert. Ich habe sicherlich öfters in diesem Buch gesagt, dass alle Verhaltensänderungen, die ich bei Tieren bewirken konnte, auf das Anbieten *wünschenswerter Alternativen* zurückgingen. Wenn du die Kleinen mit etwas fortlockst, was ihnen noch lieber ist als Kohl, brauchst du dich wahrscheinlich nicht einmal um ihren viel beschäftigten und wahrscheinlich unwirschen König zu kümmern.

Aber hier ist die Erzählung, bei der ich mich vor Lachen auf dem Boden wälzte, bis ich rot wie eine Tomate war. Phineus erzählte mir, dass er eine sensitive Freundin hatte, eine Leserin des *Findhorn Gardens,* die einmal entdeckte, dass es in ihrem Haus von Termiten wimmelte. Sie wollte die Insekten und ihr Haus nicht vergiften. In geheiligter Meditation rief sie den König der Termiten herbei, der mit seiner kleinen goldenen Krone auf dem Haupt erschien. Sie bat ihn inständig, mit seinen Leuten abzuziehen. Um sich einen besseren Stand zu verschaffen, bot sie ihm einen köstlichen verfaulenden Baumstamm draußen vor dem Fenster an. Zwei Jahre sind seitdem vergangen, ohne dass es irgendwelche Anzeichen von Termiten gegeben hätte. Offenbar haben sie ihre sieben Sachen gepackt und die Frau in Ruhe gelassen. Ein Medium besichtigte kürzlich das Haus, und aus einer Laune heraus fragte die Termitenexorzistin das Medium, ob sie herausfinden könnte, ob noch Termiten im Haus lebten und daran herumnagten. Das Medium sagte in Trance: „Alle sind ausgezogen bis auf zwei. Ja, es sind nur zwei übrig geblieben. Es ist ein ältliches Ehepaar, das – so sagen sie – nicht mehr umziehen wollte. Aber sie versprechen, das Haus nicht anzufressen."

Weniger komisch, aber genau so wichtig: Ich bekam gestern Abend einen Anruf von einer Freundin, deren zwei Katzen eine ansteckende Bauchfellentzündung haben. Obwohl es in Erins Gegend keine Kojoten gibt, lässt sie die Katzen nicht hinaus, damit sie keine anderen Katzen infizieren können. Auf die Bitten der beiden hin führte sie sie an einer Leine im Hinterhof spazieren. Als sich der Kater aus seinem Geschirr losriss und von ihr fortsprang, kam Erin in Panik. Es war nicht leicht, ihn wieder einzufangen. Als die Katzen wieder im Haus waren, sagte Erin ihnen, dass sie im Hinterhof bleiben müssten. Beide Katzen blieben stehen und hörten ihr zu. Erin sagte, sie hätten wie angewurzelt dagestanden und die Augen weit aufgerissen, als ob sie sie verstanden hätten. Aber sie wusste nicht, was sie geantwortet hatten. Ich sagte ihr, ihre Frage sei „Warum?" gewesen. Erin hatte erfolgreich die Bilder der Katzen im Hinterhof gesendet, aber das war nicht genug. Sie gab zu, dass sie Angst hat, die Katzen würden sich draußen aus dem Staub machen. Deshalb sendet sie Bilder von dem, was die beiden nicht tun sollen, und damit die falsche Botschaft. Ich wies sie an, nur Worte und Bilder von dem zu senden, was die Katzen tun sollen – also von zwei zufriedenen Katzen, die neben ihr an der Leine laufen.

Einen Befehl zu geben oder um etwas zu bitten, ist nicht genug. Du musst es begründen. „Weil ich es gesagt habe!" ist auch in den Augen menschlicher Kinder eine recht lahme Ausrede. Wenn du keine hinreichende Auskunft gibst, verführst du dein Tier dazu, genau das zu tun, was du nicht willst. Auch hier sind menschliche Kinder ein ausgezeichnetes Beispiel. Wenn du einem Tier den Befehl gibst: „Bleib weg von der Straße", fragt sich dein Hund womöglich, was es so Interessantes auf der Straße gibt und will der Sache selbst nachgehen. Hier kommen wir zu den weiter fortgeschrittenen Kommunikations-Sequenzen.

Manchmal kommst du nicht umhin, Bilder von Gefahren zu senden, die auf deine Tiere lauern. Ich sende meinen Katzen, was ihnen passieren wird, wenn sie nach Einbruch der Dunkelheit noch draußen sind und von einem Kojoten gefangen werden. Es ist schaurig, aber es funktioniert. Erin musste Bilder senden, dass ihre Katzen von einem Auto angefahren oder von einem großen Hund getötet werden, weil so etwas in ihrer Wohngegend passieren kann. Tiere können auf diesem Wege hören und sehen, was sie *nicht* tun sollen, ohne auf den Gedanken zu kommen, dass du dir wünschst, dass sie auf die Straße laufen und von einem Auto überfahren werden. Pack die negative Information zwischen zwei positive Informationen. Seit ich vier Kätzchen im Garten hinter dem Haus habe, ist die Liebe meines Lebens, Mr. Jones, in den Vorgarten gezogen. Nun muss ich ihm die Nachricht senden: „Wenn du dich hinaus auf die Straße wagst, wirst du von einem Auto überfahren." Dabei nutze ich folgende Technik:

Das Auto vermeidende Sandwich

1. Sende ein Bild von dem, was du willst. Ich sehe meine Katze von meinem Standpunkt aus. Sie sitzt friedlich in der Nähe des Hauses und hält sich von der Strasse fern. Innerhalb der gleichen Botschaft sehe ich die Straße von ihrem Standpunkt aus. Da *ich sie bin,* sehe ich die Autos aus einiger Entfernung vorbeirasen und fühle das weiche Gras unter meinem Körper.

2. Sende, was du *nicht* willst. Ich sende ihr das Bild, wo sie von einem Auto angefahren und getötet wird, sowohl von meinem Standpunkt aus als auch von ihrem. Wie gesagt, ist es schaurig aber es funktioniert. Es ist notwendig.

3. Sende das Ergebnis von dem, was du willst. Ich sehe sie wieder geschützt im Gras liegen und verstärke damit den Gedanken:

„Das sollst du tun. Ich habe dir gezeigt, was geschehen wird, wenn du nicht tust, was ich will. Bleib bitte nahe am Haus." Anschließend frage ich, ob sie verstanden oder noch Fragen hat. Denk dran: Tiere brauchen nichts dringender in der Welt als Informationen. Sie brauchen Erklärungen, denn sie sind darauf angewiesen, dass du sie an deinen Einsichten teilhaben lässt.

Interpretation

Bilder von Tieren zu empfangen, ist der leichteste Teil der Kommunikation. Die Auskunft richtig zu interpretieren ist dagegen schwer. Erinnere dich bitte, dass psychische Kommunikation eine Art Scharade ist. Die Tiere versuchen, ihren Standpunkt auf ihre Art und Weise herüberzubringen und nutzen dabei ihre eigene Erfahrung, die sehr unterschiedlich von deiner sein kann. So bezeichnet ein Hamster vielleicht einen kleinen Erdhaufen im Garten als *Berg*. Eine Pfütze kann zum *See* werden, wenn du mit einer Schlange sprichst. Denk dran, die Dinge aus ihrer Perspektive wahrzunehmen und nicht aus deiner.

Die meisten Interpretationsprobleme entstehen jedoch dadurch, dass die Information so erstaunlich wortgetreu ist. Sobald die rechte Gehirnhälfte ein Bild empfängt, versucht die kritische linke Seite, es irgendwie zu interpretieren. Daher ist es notwendig, dass du das Empfangene sofort direkt zum Ausdruck bringst, bevor die Interpretation einsetzt. Zumindest solltest du es aufschreiben, auch wenn es dir absurd erscheint. Unklare Bilder ergeben oft erst später einen Sinn. Natürlich kann dir dabei ein Irrtum unterlaufen, und dann wirst du dir ziemlich dumm vorkommen. Aber wenn du dieses Risiko nicht eingehst, kannst du dir die richtige Information nie erschließen. Informationen erhalten, ohne sie zu entschlüsseln, stellt eine Herausforderung dar. Um das zu zeigen, folgen einige Beispiele, wie meine Studenten lernten, ihre Informationen zu interpretieren.

Mr. Jones' Gegenspieler und Rodneys Katzensitter: die Workshops

„Silber!", schrie eine Frau. Sie hatte keine Ahnung, worüber sie redete. Ihr Mut war erstaunlich.

„Silber! Das habe auch ich bekommen!", schrie eine andere tapfere Studentin.

Es war im April letzten Jahres, eine Woche nach Ostern. Wir saßen um eine Decke auf einer lauschigen Pferderanch in Coronado. Siebzehn Leute lernten zum ersten Mal in ihrem Leben Telepathie mit Tieren. Das Objekt war Patricia, ein scheckiger Pudel mit Hängeohren, der sich in einem Weidenkorb in der Mitte unseres Kreises aalte. Ich hatte den Studenten vorgeschlagen, den Hund nach seinem Lieblingsfutter zu fragen. Die meisten einigten sich auf Rindfleisch oder Leber, als die zwei Kursteilnehmerinnen plötzlich „Silber" riefen. Patricias Frauchen konnte ein Lächeln kaum unterdrücken.

„Es muss Fisch sein, weil es wie silbrige Schuppen aussieht", überlegte eine der Frauen. Ihre linke Gehirnhälfte hatte sich eingeklinkt und versuchte zu analysieren, was das rechte Gehirn tat.

„Nein, nein, Silber war schon richtig!" Patricias Frauchen brach ihr Schweigen und erklärte: „Patricia hat einen Schokoladenhasen aus dem Osterkorb meiner Tochter gestohlen und ihn aufgefressen. Er war in Silberfolie verpackt." Wir waren baff. Die Information war richtig gewesen.

Ich erzählte meinen Kursteilnehmern eine Geschichte von einer Klientin, die kürzlich gestorben war. Ich wollte ihre Anonymität wahren und sie nicht beim Namen nennen. Instinktiv gab ich ihr den Namen *Loretta*. Als ich dann mit einem Hund namens Amber sprach, erzählte ich Ambers Herrchen, dass Amber mir aufgeregt Bilder von einer Party zeigte, die an Weihnachten stattgefunden hatte, aber keine Weihnachtsfeier gewesen war. Amber schickte mir Bilder von einer Menge Leute, die im Haus herumliefen, von Bergen von Nahrung, Blumen und vielen Papptellern. Amber sagte: *Sag Herrchen, ich sagte, dass die Party wunderschön gewesen ist*. Als ich die Nachricht an Ambers Herrchen weitergab, trübten sich seine Augen. „Ja, es gab viele Blumen und Pappteller. Es war das Begräbnis meiner Frau. Sie starb letzte Weihnachten. Ihr Name war Loretta." Die Frau muss im Geiste bei uns gewesen sein und hatte mir ihren Namen geliehen.

Die Gruppe erhielt weiterhin Gedanken und Emotionen, verschaffte sich Zugang zu verschütteten Geschichten, untersuchte Verletzungen und entdeckte die Ernährungsbedürfnisse von fünfzehn Pferden. Die Erfolgsrate betrug an diesem Tag hundert Prozent. Alle Kursteilnehmer kamen in Kontakt mit ihrer von Gott gegebenen Fähigkeit, mit Tieren zu kommunizieren. Eine Frau, Felice, identifizierte richtig einen rosarot geblümten Stuhl als Patricias bevorzugten Sitzplatz. Sie sah im Geiste eine ganze Szene, wie der Hund in der vergangenen Woche ein Eichhörnchen im Park gejagt hatte. Patricias Frauchen bestätigte die Genauigkeit der Information. Felice sagte mir atemlos nach dem Workshop: „Ich sehe keine statischen Momentaufnahmen. Ich sehe *Bilder in Bewegung* – wie Ausschnitte aus einem Film! Es ist erstaunlich, nicht wahr?" Ja, das ist es.

In einem früheren Workshop, der im Haus eines Tierarztes stattfand, nahmen neun Leute Kontakt zu mehreren Hunden, einem Iguana und meinem Kater Rodney auf. Ich hatte die Antworten auf Rodneys Fragen auf Kärtchen geschrieben und diese mit der Schrift nach unten in meinen Schoß gelegt. Ich bat die Gruppe, Rodney nach den Namen seiner Katzensitter zu fragen. (Die Namen waren Suzanne und Suki. Suki war ziemlich knifflig, und ich erwartete nicht, dass jemand das fehlerlos bekommen würde.) Als wir die Antworten überprüften, hatten fünf Kursteilnehmer Sue oder Suzie aufgeschrieben. Die anderen vier hatten Susan oder Sue Ann geschrieben, und eine hatte es tatsächlich geschafft: Suki!

Ich bat sie, Rodney zu fragen, wer der Gegenspieler meines anderen Katers, Mr. Jones, war. Rodney kannte den Gegenspieler, denn sie besuchten einander im Hof. Ich hatte den Namen und die Farbe des Katers auf der Karte in meinem Schoß notiert. Er war tiefschwarz, und alle fanden es heraus – zumindest wussten sie, dass er „dunkel" war.

Sein Name war schwieriger: „Mishka." Eine der Frauen sagte „Whiskers", eine andere „Scratchy". Fast alle bekamen irgendeine Variation der Silbe „shka", was mich faszinierte, denn beim Aussprechen des Namen Mishka erhält nicht das „m" die Hauptbetonung, sondern der „shka"-Klang. Er ist sehr markant, weshalb die Studenten ihn sofort wahrnahmen.

Schnorchelgerät für Hunde

In einem der Workshops, die ich auf einer Pferderanch gab, brachte eine Frau namens Yolanda ihre zwei Schäferhunde mit. Ich bitte immer einige

Kursteilnehmer, ihre Tiere von zu Hause mitzubringen und die Antworten auf ein paar Testfragen zu notieren. Auf diesem Weg lassen sich die richtigen Antworten eindeutig bestätigen. (Die folgende Geschichte wird in meinem Kapitel in *100 Top Psychics in America* angeführt.)

Yolanda ließ die Hunde jedes Jahr in verschiedenen Kostümen fotografieren und benutzte die Fotos als Weihnachtskarten. Sie hatte die Karten der vergangenen Jahre bei sich und hatte somit noch bessere Beweise, als die Kärtchen es waren. Wir baten die Hunde, der Klasse von ihren Lieblingskostümen zu erzählen.

Die Antworten der Kursteilnehmer waren erstaunlich genau, und wir hatten die Karten von früheren Weihnachtsfesten als Beweise. Eine Frau sah geblümten Stoff, und die entsprechende Postkarte zeigte die Hunde in geblümten Hawaiihemden. Eine andere Kursteilnehmerin sah rote Halsücher, und Yolanda zeigte uns eine Postkarte mit den Hunden in Radfahrerausrüstung und rotem Halstuch. Es war die Lehrerin, deren linkes Gehirn den Vogel abschoss.

Ich sah die Hunde mit einer Art Schläuchen, die am Kopf befestigt und unter dem Kinn festgebunden waren. Ich konnte mir nicht vorstellen, welchen Sinn diese steifen Schläuche haben konnten.

„Ich sehe Plastikschläuche um ihre Köpfe gewunden. Was war es? Schnorchel?", fragte ich.

Yolanda lachte, als sie mir das entsprechende Bild vorlegte. Die Hunde trugen Geweihe von Spielzeug-Rentieren auf dem Kopf.

Barney und die Bierdosen

Mein interessantestes Zusammentreffen mit einem Skeptiker fand bei einem meiner Vorträge auf einer Pferderanch statt. Barney, der Skeptiker, war der Manager der Pferderanch. Viele Frauen, die ihre Pferde auf seiner Ranch hielten, hatten ihn überredet, mich dort unterrichten zu lassen. Er machte diesen albernen Frauen klar, dass sie nur ihre Zeit verschwendeten. Er würde mir zwar erlauben, mein Seminar auf der Ranch abzuhalten, aber auf keinen Fall wollte er sich selbst diesen hanebüchenen Unsinn anhören.

Als wir dann im Workshop von Pferd zu Pferd gingen, um unsere Telepathie zu üben, erschien seltsamerweise ein kleiner Mann mit rotem

Gesicht in der Scheune und lungerte in unserer Hörweite herum. Er gab sich zwar den Anschein, beschäftigt zu sein, schien aber irgendwie auf der Lauer zu liegen. Als ich bei einem der Pferde gestalttherapeutische Methoden anwendete, um seine Verletzungen zu diagnostizieren, und Barney hörte, wie die Besitzerin meine Erkenntnisse bestätigte, hielt er es nicht länger aus. Er tauchte aus seiner Versenkung auf, stellte sich geschwind vor und platzte mit der Frage heraus: „Wollen Sie mit meinem Pferd sprechen?"

Ich stellte ein paar vorbereitende Fragen, bevor ich sein Pferd Jupiter bat: „Wirst du mir ein Geheimnis erzählen?" (Wenn du ein Tier bittest, dir ein Geheimnis anzuvertrauen, fängt der Spaß erst richtig an, aber du musst immer die Erlaubnis des Tieres einholen, wenn du das Geheimnis seinem Besitzer mitteilen möchtest. Ich verrate niemals die geheimen Verstecke von Katzen.) Jupiter lachte und erzählte mir diese Geschichte:

Im vergangenen Frühjahr hatte Barney ihn eines Tages bei Sonnenuntergang geritten. Barney folgte einer blonden Frau auf einem hellfarbigen Pferd. In Jupiters Erinnerung war es April. Nach einem langen Ritt näherten sie sich der Steinbrücke kurz vor den Scheunentoren. Jupiter war ärgerlich, weil Barney getrunken hatte, und bevor sie die Brücke erreichten, warf er seinen Reiter ab. Der Sturz tat Barney nicht weh, versetzte ihn aber in Panik. Ich sah den Anflug eines Cocktails – es war eine eisgekühlte Margarita – und hörte das herzliche Lachen des Pferdes. Plötzlich sprang mir ein sehr klares dreidimensionales Bild einer Bierdose ins geistige Auge.

Als ich Barney die Geschichte vor den versammelten Kursteilnehmern erzählte, glaubte ich, er würde sich in die Hose machen. Gott sei Dank hatte er Humor. Er war ziemlich betreten, bestätigte aber aufgeregt alles, was sein Pferd gesagt hatte.

Er war rot wie eine Tomate angelaufen: „Ja, ich gebe zu, ich hatte zu viel Bier getrunken. Cheryl, die blonde Frau, trank Margaritas, ich Bier." Er drehte sich zu seinem Pferd um und lachte leise vor sich hin: „So, das hast du also absichtlich getan?"

„Jupiter wollte dir eine Lektion erteilen!", neckte ich ihn. Als sein Pferd ihn abgeworfen hatte, hatte Barney die Lehre wohl kaum verstanden, aber an dem Tag, als ich dort war, begriff er sie. Ich brauchte gar nicht erst zu versuchen, aus dem Skeptiker einen Narren zu machen. Das Pferd nahm mir die Arbeit ab.

Wenn Tiere deine Bitte ablehnen

Wenn ich meinen Maine-Coon-Kater füttere, frisst er oft nur ein paar Happen und lässt dann die Schüssel stehen. Mir ist klar, warum Katzen in dem Ruf stehen, heikel zu sein. Wenn ich nicht mit ihm reden könnte, wäre ich wirklich ziemlich frustriert. Es gibt einige Gründe, warum Katzen nicht fressen, aber die meisten Leute wollen nichts davon wissen. Die erste Beschwerde ist die Temperatur. Katzen können keine gekühlte Nahrung fressen. Wenn sie Beute machen, ist ihre Nahrung ja warm. Für eine Katze ist warm gleichbedeutend mit frisch, und kalt bedeutet alt. Ich erwärme etwas Wasser auf dem Herd und gieße ein paar Teelöffel über Mr. Jones' Futter, um es ein bisschen anzuwärmen.

Die zweite Beschwerde ist Eintönigkeit. Tiere brauchen abwechslungsreiche Kost, die sie auch in Freiheit haben. Die Idee, dass vermischte Nahrungsaromen ein Tier nur noch wählerischer machen, ist Blödsinn. Einem Tier Tag für Tag in seinem Leben das gleiche Futter vorzusetzen, ist sehr grausam. Es ist etwa so, wie wenn man einem Menschen nichts als kalte Haferflocken auftischt.

Wenn du mit deinen Tieren kommunizierst, wirst du sie fragen, was sie sich an einem bestimmten Tag wünschen, und ihre Mahlzeiten im Voraus planen. Dann haben sie etwas, worauf sie sich freuen können, wie das bei Menschen nicht anders ist. Ich frage Mr. Jones immer: „Rindfleisch oder Lachs? Thunfisch oder Huhn morgen?" Dies hilft ihm, weniger wählerisch zu sein.

Die Leute denken, dass eine Katze ihr Futter nicht mag, wenn sie es nicht sofort auffrisst. Das ist normalerweise aber nicht der Fall. Wenn Mr. Jones seine Futterschüssel stehen lässt, sagt er gewöhnlich: *Ich fresse es später auf.* Wenn ich ihn frage, ob es ihm schmeckt, sagt er: *Es ist in Ordnung, aber ich werde es später fressen.* Da er die meiste Zeit seines Lebens als ausgehungerter Gassenkater zubrachte, hat er es gern, dass das Futter für ihn bereitsteht. Er kommt dann nach einem Ausgang oder einem Schläfchen im Garten ins Haus zurück, um sein Frühstück zu beenden. Wenn ich es wegnähme, wäre er sehr verärgert.

147

Katzen möchten zu ihrer Mahlzeit zurückkommen können und selbst entscheiden, wann sie sie auffressen. Wenn du frisches Fleisch oder Fisch fütterst, teile kleine Mengen aus und bewahre die Reste im Kühlschrank auf, damit sich keine Salmonellen entwickeln können. Wärme das Futter auf, wenn es gebraucht wird, und halte hochwertiges Trockenfutter für zwischendurch bereit. Ich bin auch nicht dafür, dass nur einmal oder zweimal pro Tag gefüttert werden soll und man ihnen die Nahrung wegzunehmen hat, wenn sie nicht augenblicklich fressen. Sie haben genau wie wir das Recht zu fressen, wann immer sie wollen.

Setze deine Tiere nicht auf Diät

Das Rationieren von Futter funktioniert selten, und du wirst damit nur erreichen, dass dein Freund dich hasst. Wenn du dein Tier auf Diät setzt, erreichst du nur, dass eure Kommunikation zusammenbricht. „Aber mein Hund hat Übergewicht!", wird mir oft gesagt. „Es gibt einen Grund dafür, dass dein Hund übergewichtig ist", antworte ich oft. „Dein Hund wird acht Stunden täglich in einer Wohnung eingesperrt."

Es gibt einen Grund, wenn Tiere zu viel fressen. Wenn, wie in der Billignahrung aus dem Supermarkt, keine Nährstoffe im Futter sind, wird dein Tier niemals gesättigt sein, auch wenn es riesige Mengen davon verschlingt. Vielleicht hat dein Tier aber auch Langeweile. Mache mit deinen Hunden keine Diäten. Ernähre sie mit frischem Fleisch und Gemüse und gib ihnen Auslauf. Lass sie jeden Tag laufen. Lass sie laufen, bis sie nicht mehr können. Lass sie laufen, bis du nicht mehr kannst. Es wird dich ebenfalls davon abhalten, Diäten machen zu müssen. Das Gleiche gilt für Pferde. Rationiere ihr Alfalfa nicht zu voreilig. Lass sie laufen.

Füttere deine Hunde und Katzen täglich mit Frischfleisch und Gemüse und mit der besten Tiernahrung, die du bekommen kannst. Was du jetzt in das Futter steckst, sparst du später beim Tierarzt ein.

Wer frisst wen?

Katzen und Hunde beschweren sich nicht nur über Impfungen, sondern auch über das Tierfutter aus dem Supermarkt, das ihrer Gesundheit und ihrem Glück schwer zusetzen kann. Manches Dosen- und Trockenfutter hat so wenig Nährwert, dass Tiere riesige Mengen davon hinunterschlingen können und fett werden, während sie gleichzeitig an Unterernährung leiden. Diese kommerziellen Futtermittel können zu einer ganzen Menge Krankheiten und emotionalen Problemen beitragen, wobei aggressives, aufsässiges, und/oder lethargisches Verhalten noch das geringste Übel ist. Die meisten medizinischen und psychischen Probleme bei Hunden und Katzen können gelöst werden, wenn das Dosen- und Trockenfutter durch frisches Fleisch und Gemüse ersetzt wird. Lies nicht weiter, wenn du gerade eine große Mahlzeit eingenommen hast, denn was ich dir sagen werde, wird dich krank machen.

Rate mal, was wirklich im Futter deines Haustieres steckt: andere Katzen und Hunde. In ihrem ausgezeichneten Buch *Beyond Obedience: Training with Awareness for You and Your Dog* zitiert April Frost mehrere Fälle ernster Erkrankungen (u. a. Schilddrüsenkrankheiten) bei Hunden, die völlig genasen, nachdem sie auf frische hausgemachte Nahrung umgestellt wurden. April lässt uns wissen, was kommerzielles Tierfutter wirklich ist. Sie zitiert Helen L. McKinnon, die Verfasserin von *Its for the Animals!* McKinnon führt aus:

Ich wurde zu einer eingehenderen Untersuchung von kommerziellem Tierfutter angeregt, nachdem ich den erschütternden Artikel „Bellt dein Hundefutter?" gelesen hatte. Es handelt sich um eine Studie über Tiernahrung von Ann Martin, die 1995 in der Märzausgabe von *Natural Pet* erschien. Ich las mit Entsetzen von kranken euthanasierten Katzen und Hunden und den Barbituraten, die unverändert im Endprodukt in meinem Hundefutter gefunden wurden – im Futter meiner Hunde. (Eine kleine Tierfutterfabrik liefert pro Woche elf Tonnen euthanasierter Hunde und Katzen, die an eine Tierfutterfirma verkauft werden!) In kommerziellem Tierfutter sind chemische Zusätze, große Mengen Zucker und Natrium (Salz) erlaubt.

Andere Tiere – auch Kadaver von der Straße – können im kommerziellen Tierfutter enden. (Viele Tierärzte haben sogar den Verdacht, dass in manchen billigeren Tierfuttermarken auch Geflügelfedern und Kot landen.) Das tierische Eiweiß wird dann mit Holzkohle und Farbstoff denaturiert. *Denaturiert.* Für mich ist das die perfekte Beschreibung für die Wirkweise von kommerziellem Tierfutter. Es denaturiert unsere Tiere.

Natürlich werden geschmolzene Tierprodukte vielfältig genutzt: für Keramiken, Cellophan, Bonbons, Kosmetik, Wachsstifte, Reinigungsmittel, Insektenmittel, Bohnerwachs, Viehfutter, Seifen, Textilien und mehr. Gelatine, die aus Hufen, Horn, Fell und Knochen gewonnen wird, begegnet uns praktisch überall – in Vitaminkapseln, in der Gelatine, die in der Küche verwendet wird, in Marshmallows und in Eiscreme. Das Collagen wird für Verbandmaterial, Leim und mehr benutzt. Ich protestiere nachdrücklichst gegen die Verwendung von Tierkörpern in dieser Form. (Ich habe Firmen, die auf Tierversuche verzichten, im Anhang aufgelistet.) Mein schärfster Protest gilt dem Verfüttern von Tieren an die gleiche Spezies.

Wenn wir an unsere Katzen und Hunde andere Katzen und Hunde verfüttern, dürfen wir nicht erwarten, dass sich unsere Tiere tadellos benehmen und bei strahlender Gesundheit bleiben. Natrium und Zucker würden Tiere normalerweise nicht mit ihrer Nahrung zu sich nehmen. Wie können Unmengen davon gut für sie sein? Obwohl ich persönlich die denkbar schlechteste Meinung von kommerziellem Tierfutter habe, ist die Wirkung der Zutaten nicht nachgewiesen. Betrachten wir die Sache also vom Standpunkt der Herstellung.

Die Bewegung für eine gesunde Ernährung empfiehlt uns Menschen, unsere Nahrung so naturbelassen wie möglich zu uns zu nehmen. Wir wissen nicht genau, wie viel Nährwert bei der Verarbeitung von Lebensmitteln verloren geht. Die meisten Ernährungswissenschaftler sagen, dass schon allein das Kochen von Früchten, Gemüse und Fleisch Vitamine zerstört. Warum sollten dann unsere tierischen Begleiter nicht auch möglichst naturbelassenes Futter fressen?

Es gibt eine bequeme Alternative zur kommerziellen Tiernahrung: Gib deinen Tieren das, was du selbst isst. Füttere deinen Hund mit gesunder Vollwertkost direkt von deinem Tisch – auch die (zerdrückten) Kartoffeln und grünen Bohnen gehören dazu. Am besten ist es natürlich, wenn du seine Mahlzeit eigens für ihn zubereitest. In Kochbüchern für Hunde- und Katzenkost kann man lernen, das Eiweiß/Kohlenhydrat-Verhältnis auszugleichen. Wertvolle Informationen enthält Helen McKinnons Buch *It's for the Animals Natural Care and Resources*. Mit Hilfe von „Helens Big Batch Recipes" lässt sich Tierfutter in großen Mengen herstellen. Empfehlenswert ist auch das spektakuläre Buch *Love, Miracles, and Animal*

Healing von Allen M. Schoen, D. V. M, und Pam Proctor (Fireside Books). Der brillante und beredte Dr. Schoen erklärt nicht nur, wie der Nahrungsbedarf am besten zu decken ist, sondern liefert zusätzlich wertvolle Hinweise auf Heilkräuter und alternative Behandlungsformen. Wenn du Katzen hast, gib ihnen möglichst frisches rohes Fleisch (nur auf der Außenseite kurz angebraten, um Bakterien abzutöten), Fisch und Gemüse. Ich wiederhole: Was du jetzt für Futter ausgibst, sparst du später bei deinen Tierarztrechnungen ein. Wenn du deinen Tieren Trocken- und Dosenfutter gibst, solltest du die Liste der Zutaten lesen. Geh in ein Reformhaus oder Fachgeschäft, wo du Futter findest, das keine „Zusatzstoffe" (Schnäbel, Krallen, Federn, Hufe und Hühnerscheiße) enthält und das mit Vitamin E haltbar gemacht ist. In Lebensmittelgeschäften und in den meisten Tierfutterhandlungen ist so etwas kaum zu finden. Das Trockenfutter, an dem meine Katzen knabbern, ist im Anhang aufgelistet: Natures Recipe, Flint River Ranch und Katzenflocken (ja, aus Deutschland).

Wenn Nein Nein bedeutet

Wenn du das Vertrauen deines Tieres erwerben und die Kommunikationskanäle öffnen willst, musst du sein Recht respektieren, *nein* zu sagen. Natürlich heißt das nicht, dass du es auf eine viel befahrene Straße rennen lassen sollst, aber oft müssen wir unseren Stolz überwinden und aus Achtung unseren Tieren ihren Willen lassen.

Ich gebe meinen eigenen Tieren oft Befehle, die sie nicht immer sofort ausführen. Wenn Mr. Jones gefragt wird: „Willst du bei mir schlafen?", antwortet er manchmal: *Ich liege bequem, wo ich bin. Ich werde dich später besuchen.* In diesem Fall bedeutet ‚nein' nicht ‚nein'. Zwinge dein Tier nicht dazu, das zu machen, was es nicht will, nur weil du glaubst, dass deine Bitte nicht gehört wurde. Es hat dich wahrscheinlich gehört. Respektiere seine Wünsche und lass es machen, was es will. Dadurch wird es ermutigt, später zu tun, was du willst.

Nirgendwo scheint es mehr um Kontrolle zu gehen als bei Pferden und ihren Reitern. Endlich zeichnet sich in der Pferdewelt der Trend zu mitfühlenderen Methoden der Dressur ab. Das verdanken wir der Arbeit von Pferdeflüsterern wie Monty Roberts, dem Verfasser von *Der Pferdeflüsterer,* und seinem revolutionären System, wilde Pferde durch

Körpersprache zu dressieren. Diese Methode der „Besänftigung" kommt ohne Grausamkeiten aus. Sie ist unglaublich mitfühlend und so wirksam, dass das alte sadistische Brechen des Willens bald überholt sein sollte. Leider wissen die meisten Reiter nicht, wann ihre Tiere Schmerzen haben und verwechseln Schmerz mit Faulheit oder Ungehorsam und brechen weiter das Vertrauen ihrer Pferde.

Blue Monday, eine wundervolle Stute aus irischem Stall, ist meine beste Pferdefreundin; unsere gemeinsame Geschichte ist wirklich außergewöhnlich. Ihre Reiterin, Denise, kam vor vielen Jahren an einem Dezembertag zu einer Tarotlesung zu mir und erzählte mir tränenüberströmt ihre Geschichte: Obwohl sie Monday für drei Jahre gepachtet hatte, beschloss die Eigentümerin nun, das Pferd zurückzunehmen, wenn Denise es nicht für die ungeheure Summe von 25.000 $ erstand und noch dazu drei Fohlen von Monday kaufte. Denise hatte nicht so viel Geld. Sie war untröstlich über den Verlust ihres Pferdes, und dieses Gefühl beruhte offensichtlich auf Gegenseitigkeit, denn Monday verweigerte die Nahrung und hatte bereits 250 Pfund verloren.

Als ich mich auf Monday einstimmte, sagte sie mir, dass sie ohne Denise nicht leben wolle. Sie sagte auch, dass die Eigentümerin mit ihrem Preis heruntergehen und Denise auf wunderbare Weise zu Geld kommen würde und dass sie ab Ende März Denise gehören würde. Drei Monate später beschloss die Eigentümerin, dass sie keine Verwendung für ein abgemagertes Pferd hatte und bot Monday für 6.000 $ zum Verkauf an. Anfang April kaufte Denise Monday. Es war die glücklichste Wiedervereinigung, die ich jemals gesehen habe. Monday hat wieder ihr altes Gewicht, und die zwei sind seitdem unzertrennlich. Wie hatte dieses Pferd die Zukunft voraussagen können? Wir werden es niemals erfahren, sind aber mächtig froh, dass es so war.

Ich bekam meine erste englische Reitstunde letzten Sommer auf dem Rücken von Monday in einem Parcours in Palos Verdes. Als mir Denise vorschlug, Monday in die entfernteste Ecke des Parcours zu reiten, blieb Monday wie angewurzelt in ihrer Spur stehen.

Als ich Monday fragte, warum sie sich nicht von der Stelle rührte, sagte sie: *Bienen. Es gibt Bienen dort drüben.* Sie sandte das Bild von einer blühenden Sukkulente und von Bienen, die über Fuchsienblüten summten.

Ich konnte keine Blumen aus der Entfernung entdecken, sah aber Sukkulenten an dem gegenüberliegenden Hang wachsen. Als ich Denise erzählte, dass Monday Angst vor den Bienen hatte, war sie wie vom Blitz getroffen. Ja, dort unten gab es Bienen, und Monday hatte tatsächlich Angst vor ihnen. Sie quälten sie auch in den Waschgestellen, aber Denise hatte niemals einen Zusammenhang gesehen. Monday war immer vor dem weit entfernten Ende des Parcours zurückgeschreckt, und Denise hatte niemals verstanden warum.

Anstatt das Pferd anzutreiben und ihm zu sagen, es sei faul oder stur, saß ich still auf seinem Rücken und sprach mental mit ihm über seine Angst: „Sie sind dir lästig, hm? Wenn du mich zum Rand des Parcours bringst, werden wir uns von den Sukkulenten fernhalten. Wir werden einen großen Kreis um die Blumen machen. Die Bienen können dir dann nicht nahe kommen." Ich gab keinerlei körperlichen Befehl, aber Monday begann, sich auf die Sukkulenten und die gefürchteten Bienen zuzubewegen. Sie musste nur angehört werden. Ich hielt mein Wort, und wir machten einen großen Bogen um die Bienen.

Probleme mit Pferden können oft leicht gelöst werden, wenn man ihre Ängste beobachtet und respektiert, was viele Reiter nur widerwillig tun. Ich muss noch ein Pferd finden, das sich nicht beklagt: *Wenn sie mir nur zeigen würden, was sie wollen, könnte ich es tun. Ich verstehe nicht immer, was sie wollen.* Die meisten Pferde verlangen sogar, dass ich ihren Reitern beibringe, ein Gespräch in Bildern zu führen, damit sie die Befehle verstehen können. Wenn du das Bild sendest, wohin das Pferd gehen und was es machen soll, wird es das Bild fast immer in deinem Geist sehen und augenblicklich reagieren.

Henry Blake, Verfasser der Trilogie *Horse Sense,* schrieb, dass sein telepathischer Kontakt zu einem bestimmten Pferd so stark war, dass er überhaupt keine körperlichen Befehle mehr zu geben brauchte. Oft höre ich Pferde klagen: *Sie lässt mich niemals das tun, was ich will.* Ich empfehle allen Reitern, ab und zu dem Pferd die Zügel zu überlassen. Lass dein Pferd zur Abwechslung tun, was es will. Lass es dich dahin tragen, wo es hingehen möchte. Vertraue seinen Entscheidungen. Sie sind oft besser als deine.

Leider ist es manchmal notwendig, gegen den Willen des Tieres zu handeln. Wenn es um eine wichtige Angelegenheit geht und du auf die

Kooperation des Tieres angewiesen bist, gibt es Wege, um ein Nein herumzukommen. Sehen wir uns ein paar schwierige Situationen sowie einige Möglichkeiten an, wie man Tieren eine Reihe von Befehlen gibt.

Übung:
Die Botschaft senden: „Komm nach Hause"

Nimm dir einen Moment, entspanne und zentriere dich. Wenn dir dein Tier abhanden gekommen ist, musst du dich wahrscheinlich erst beruhigen. Sag ein stilles Gebet, eine Affirmation, dass deine Höhere Macht dein Tier nach Hause zurückführen wird. Das Korinthische Gebet eignet sich gut in dieser Situation. Stell dir vor, dass du dein Tier bist. Lokalisiere mental dein Tier und sieh mit seinen Augen. (Wir werden dieses Verfahren eingehend in dem Kapitel über die Suche nach der Gestalt-Methode behandeln.) Überlege dir, wo du dich jetzt aufhalten würdest, wenn du dein Tier wärst. Betrachte dein Haus von außen vom Standpunkt deines Tieres aus. *Werde* das Tier und renn so schnell du kannst auf das Haus zu.

Wenn es Nacht ist, mach Licht vor deiner Haustür. Stell dir dein Haus als Leuchtturm vor, der deinem Tier den Weg nach Hause weist. Nimm die Zweistufenmethode zu Hilfe, die ich perspektivisches Ping-Pong nenne: Sieh zuerst aus der Perspektive deines menschlichen Körpers, wie dein Tier auftaucht. Sieh dann aus der Perspektive deines Tieres, wie das Haus, der Balkon, der Eingangsbereich, die Tür, und dein Mensch sichtbar werden. Renn auf die Lichter zu und spring als Tier in die Arme deines Menschen.

Diese Übung erfordert enorme Konzentration, besonders die Verlagerung des Bewusstseins in das Tier, aber die Technik funktioniert. Ich habe festgestellt, dass es nicht genügt, meine Katzen von außen zu sehen, wenn sie nach der Sperrstunde noch draußen sind. Ich muss in sie hineingehen, mich von den wilden Katzen trennen, mit denen ich flirte, die kalte Steinmauer hinunterspringen und mit halsbrecherischer Geschwindigkeit auf die Lichter zulaufen. Ich höre sie zu ihren wilden Katzenfreunden sagen: „Ich muss nach Hause! Ich muss sofort nach Hause gehen! Mein Frauchen ruft!"

Ich habe auch herausgefunden, dass ich mich manchmal in Geduld üben muss. Ich stehe dann an meiner Glasschiebetür und schicke dem Missetäter, der sich nicht an die Sperrstunde hält folgenden Gedanken: „Ich werde die ganze Nacht aufbleiben, wenn ich muss. Ich werde hier *ewig* warten, bis du auftauchst." Normalerweise erscheint die Katze sofort. Manchmal fühlt es sich an, als würde ich eine Ewigkeit warten, aber die Katze kommt bestimmt. Ganz selten gehe ich ins Bett und lese, nur um später aufzustehen und den Herumtreiber mit plattgedrückter Nase an der Glasscheibe vorzufinden. Strafe niemals deine Tiere, wenn sie auf deinen psychischen Ruf kommen, auch wenn sie nicht so spät hätten wegbleiben sollen. Eine Strafe wird sie das nächste Mal davon abhalten, auf deine telepathischen Bitten zu reagieren. Belohne sie statt dessen. Gott allein weiß, was sie draußen erlebt haben.

Eine Botschaft senden: „Eine Fahrt zum Tierarzt"

Sieh das Tier friedlich und bereitwillig – oder zumindest widerstandslos – in seinen Tragekorb gehen. Stell dir nicht vor, wie es sich mit Zähnen und Krallen zur Wehr setzt, auch wenn es das letzte Mal so war. Rede die ganze Zeit mit ihm und erkläre ihm, was es zu erwarten hat. Du möchtest auch nicht in eine Arztpraxis gezerrt werden, wenn du nicht weißt, was dort geschieht, welche Behandlung ansteht und wie lange das Ganze dauert – besonders, wenn du nicht einmal wusstest, dass du an diesem Tag einen Termin hattest!

Erkläre die Situation durch mentale Bilder: Das Tier sitzt zufrieden im Korb, hat eine ruhige Fahrt im Auto, wartet ohne Zwischenfälle im Wartezimmer, verhält sich beim Arzt sanftmütig und kooperativ, lässt sich geduldig untersuchen und behandeln, fährt fröhlich nach Hause zurück, freut sich, andere Leute und Tiere im Haus wieder zu sehen, bekommt eine herrliche Belohnung, wenn alles vorüber ist. Rede ständig mit dem Tier im Auto, und zwar nicht in gekünstelt hoher, kreischender Babysprache, sondern in leisem, ruhigem Ton. Sei behutsam. Sprich leise. Klassische Musik und weicher Jazz aus dem Radio wirken sehr beruhigend auf Tiere. Wenn du selbst nervös und ängstlich bist, schöpfe ein paar Mal tief Atem, sage dein Gebet und beruhige dich. Zeig deinen

Tieren nicht, wenn du ins Schwitzen kommst! Sie werden sich von deiner Angst und Nervosität anstecken lassen. Hör auch in der Praxis des Tierarztes nicht auf, sie zu trösten.

Denk während der Konsultation daran, dass du bestimmst. Dein Tierarzt hat ohne deine Erlaubnis keine freie Hand, teure Tests durchzuführen oder Medikamente zu verordnen. Du hast ein Recht darauf, im Voraus jeden Schritt zu erfahren, den der Tierarzt in deiner Anwesenheit und hinter geschlossenen Türen zu unternehmen gedenkt. Ohne vorherige Warnung kannst du deinem Tier keine Auskünfte geben. Du hast das Recht, dir für eine Entscheidung Zeit zu nehmen, und brauchst dich nicht drängen zu lassen. Behalte das Steuer in der Hand, selbst wenn das bedeutet, dass du dich fünf Minuten in den Waschraum oder auf den Parkplatz zurückziehen musst, um mit deiner inneren göttlichen Führung in Kontakt zu kommen. Lass dich nicht von weißen Mänteln und beeindruckenden Schildern an der Wand einschüchtern. Ja, das Wissen und die Erfahrung deines Tierarztes sind wertvoll, aber das Gleiche gilt für deine Intuition.

Wenn du dich mit dem Tierarzt auf eine Behandlung einigst, die nicht vorgesehen war, erklär deinem Tier genau, was geschehen wird. Wenn dein Tier beispielsweise eine Spritze in den Rücken bekommt: „Du wirst gleich einen Stich zwischen deinen Schulterblättern fühlen. Es ist ein Medikament, dass dir helfen wird, gesund zu werden. Entspanne deinen Körper. Sei geduldig und still, dann wird der Schmerz nur ein paar Sekunden dauern. Wenn dich dein Tierarzt nicht über jeden einzelnen Schritt unterrichtet (und normalerweise tun Tierärzte das nicht), frage ihn, damit du die Information an dein Tier weitergeben kannst. Löchere ihn mit Fragen, wenn es sein muss, auch wenn ihm das offensichtlich auf die Nerven geht. Wenn Tierärzte mich wie Luft behandeln, frage ich sie schamlos aus: „Was machen Sie jetzt gerade? Was machen Sie? Was machen Sie?" Glaub mir, es ist gerechtfertigt, wenn ich dadurch mein Tier rechtzeitig informieren kann und es auf diese Weise geistig vorbereite und tröste.

Lob deine Tiere während der Tortur immer wieder, sag ihnen, wie tapfer sie sind, wie sehr du ihre Geduld zu schätzen weißt, wie stolz du auf sie bist und welche Leckerbissen zu Hause auf sie warten. Wenn du sie über Nacht allein lassen musst, hol möglichst viele Informationen aus dem Arzt heraus, damit du deinen Tieren sagen kannst, was auf sie zukommt. Quetsch den Tierarzt aus, wann du sie abholen kannst, und gib die Informationen nach bestem Wissen und Gewissen weiter, auch wenn sie noch nicht endgültig sind. Deine Tiere geraten nicht so schnell in Panik, wenn sie wissen, was sie erwartet.

Du wirst erstaunt sein, wie Tiere ihr Verhalten ändern, wenn sie in die menschliche Planung einbezogen werden. Wenn du sie informiert hältst, wird alles zehnmal leichter sein.

Auszeit

Ein besonders verbreiteter Irrtum ist, dass Tiere kein Zeitgefühl haben. Dieses Gerücht bereitet den Tieren mehr Schmerz und Kummer als alles andere, denn es bedeutet letztlich, dass sie nicht fühlen, nicht denken und nicht verstehen können, was wir sagen. Dass selbst Tiermedien an diesem Quatsch festhalten, schlägt dem Fass den Boden aus. In Amerika glaubt man nur allzu gern daran, dass ein Hund nicht den Unterschied zwischen fünf Minuten und fünf Stunden kennt. Ja, richtig. Machen es sich die Leute nicht verdächtig bequem, wenn sie sich einreden, dass ihr Hund das gar nicht mitbekommt, wenn sie ihn lange Zeit allein lassen? Die Tatsache, dass sich dein Hund über deine Rückkehr freut, egal ob du zwanzig Minuten oder zwei Tage weg warst, beweist noch lange nicht, dass er den Unterschied zwischen zwanzig Minuten und zwei Tagen nicht kennt.

Dass der Mensch im Gegensatz zum Tier in „linearer Zeit" lebt, ist ein Irrtum. Albert Einstein räumte mit dieser Vorstellung auf, als er bewies, dass es keine lineare Zeit gibt, die für *alle* gilt. Hier das gern angeführte Paradebeispiel: Was geht schneller vorbei – eine Wurzelbehandlung beim Zahnarzt oder eine Woche am Strand von Kauai? *Es gibt keine lineare Zeit!*

Denk an meine Worte. Du wirst sie nirgendwo sonst geschrieben sehen: Tiere kennen die Zeit! Mir ist dieses Phänomen in den letzten zehn Jahren kontinuierlich begegnet. Meine teure Pferdefreundin Blue Monday hilft mir, diesen Punkt zu veranschaulichen. Nach unserer Reitstunde und der Offenbarung über die Bienen brachte Denise Monday in den Stall. Denise küsste sie und sagte: „Bis morgen." Ich dolmetschte das für Monday, die darauf antwortete: *Bis morgen um zehn.* Denise fiel aus allen Wolken. Normalerweise kam sie immer nachmittags, aber am nächsten Tag wollte sie Monday zu unüblicher Stunde gegen halb zehn am Vormittag besuchen. Warum sagte Monday nicht: *Bis um halb zehn?* Denise verspätete sich, und Monday wusste das im Voraus. Monday ist ein außerordentlich kluges Pferd.

Erzähl deinen Tieren immer, immer, immer genau, wann du zurückkommst! Wenn du sie über dein Kommen und Gehen im Dunkeln lässt, werden sie neurotisch, ängstlich, phobisch, eigensinnig, depressiv und böse. Sie ziehen sich zurück und werden anfällig für Krankheit und Verletzung.

Ich bat meine Katzen, pünktlich um fünf nach Hause zu kommen, und stelle fest, dass sie um 4:57 Uhr ihre Nasen an der Glasschiebetür platt drücken. Mr. Jones las mir sogar einmal die Leviten: *Du kommst zu spät!* Frag mich nicht, woher sie es wissen. Sie wissen es eben.

Ein ehemaliger Nachbar von mir hatte einen Hund namens Max. Max sagte mir, dass er in der Woche noch zum Tierarzt müsste. Als ich ihn nach dem Tag fragte, antwortete er: *Mittwoch.* Sein Frauchen fiel beinahe in Ohnmacht, als sie das hörte, und bestätigte die Richtigkeit. Ich höre Tiere oft über Termine sprechen: *Im März wird ein Baby kommen. Wir ziehen Anfang nächsten Jahres um, Herrchen fährt im Juli in Urlaub.* Das ist nichts Ungewöhnliches. Ich gebe selten ein Reading, in dem keine Zeitangaben vorkommen.

Letzten September bat mich ein Hund, seinem Frauchen Charity zu sagen, dass sie nicht wieder ohne ihn nach *Osten* gehen solle und auch nicht *über das große Wasser.* (Ich nahm an, mit dem großen Wasser war ein Flug nach Europa gemeint.) Ich fragte ihn, wann sie diese Reisen unternommen hätte, und er antwortete mir: *April* und *August.* Charity bestätigte, dass sie im April wieder „ostwärts" und im August nach Italien geflogen sei.

Sag deinen Tieren jedes Mal, wenn du das Haus verlässt, wohin du gehst und wann du zurückkommst – auch wenn du nur für fünfzehn Minuten ins Lebensmittelgeschäft gehst. *Sag deinen Tieren, wann sie dich zurückerwarten können.* Wenn du deinen Hund mitnimmst und ihn im Auto warten lässt, während du im Geschäft bist, sag ihm, wie lange er ungefähr auf dich warten muss. Besser noch, lass ihn nicht im Auto. Ganz besonders wichtig sind genaue Informationen für angekettete Hunde und Pferde in Boxen. Sie haben ein Recht darauf zu wissen, wann sie freigelassen werden. Wenn du dich um Pferde kümmerst, sag ihnen *immer,* wann du zurückkommst und sie ins Freie lässt. Am besten ist ein Stall, wo sie immer andere Pferde sehen können. Diese eine Änderung kann eine Vielzahl von Verhaltensproblemen heilen.

Übung: Die Botschaft senden: „Ich verlasse die Stadt."

Ich werde oft gefragt, wie man Bilder einer räumlichen Trennung senden kann. Tiere werden häufig lustlos oder krank, wenn ihr Besitzer fort ist, weil sie nicht wissen, wo er ist, warum er sie verlassen hat und ob er jemals wiederkommt. Sie nehmen an, dass sie bestraft und für immer verlassen werden. Tiere mit Verlustängsten neigen besonders zu Allergien, Verdauungsproblemen und Zwangsvorstellungen im Hinblick auf ihre Pflege. Ich arbeitete kürzlich in Los Angeles mit dem Pferd einer Schauspielerin, Katerina, die viele Monate im Jahr an der anderen Küste mit Filmaufnahmen beschäftigt ist. Ihr Pferd hatte chronische Hautschäden entwickelt. Katerina hatte keine Ahnung, dass die Allergien ihres Pferdes eine emotionale Ursache hatten, bis es uns sagte, dass es nie wusste, warum sie es verließ, wie lange sie fort blieb, und wer es in ihrer Abwesenheit betreute.

Wie würdest du dich fühlen, wenn dein Ehepartner plötzlich wie vom Erdboden verschluckt wäre, ohne dir eine Erklärung gegeben zu haben, wo er/sie ist, ob er/sie jemals zurückkehren wird und wie du eine so harte Strafe verdient hast? Das Ganze wird dadurch noch schlimmer gemacht, dass wir nach Hause zurückkommen, ohne uns groß etwas dabei zu denken und erwarten, dass uns unsere Tiere auf der Stelle verzeihen, ohne ihre Gefühle ausdrücken zu können.

Wie erklärst du, dass du ohne sie die Stadt verlässt? Gib ihnen Auskunft! Steck besonders viel Energie in das Bild einer *glücklichen Heimkehr.* Schicke weitere Bilder von deiner Rückkehr an dein Tier, damit es weiß, dass du *ganz gewiss* nach Hause kommst, auch wenn du längere Zeit verreist bist. Gib ihm *eine Aufgabe,* während du weg bist. Vervollständige dies mit einem Bild der dunklen Nächte, die du abwesend sein wirst. Letztes Jahr machte ich in Paris Urlaub (wo ich von vielen hochmütigen Pudeln vor den Kopf gestoßen wurde). Mr. Jones erklärte ich mein Verschwinden folgendermaßen:

„Ende Mai (das ist in sechs Wochen) werde ich für zehn dunkle Nächte fort sein. Ich gebe dir Urlaub von mir, damit du dich um deine Katzensitter Suzanne und Suki kümmern kannst. Sie brauchen dich. Sie werden dich jeden Tag um acht Uhr früh und um fünf Uhr nachmittags füttern. Die anderen Nachbarn, Brandt und Tammy, werden dich jeden Abend besuchen. Ich werde in einem Flugzeug über den Ozean fliegen, um neues Territorium zu sehen. Ich werde jeden Tag von Suzanne Nachrichten übers Telefon einholen, um mich zu vergewissern, dass du in Ordnung bist. Wenn du Hilfe brauchst, wird Suzanne es mir sagen. Jemand wird sich sofort darum kümmern. Es wird deine Aufgabe sein, zu Hause zu bleiben und das Haus zu bewachen, während ich fort bin."

Ich traf auch Vorsichtsmaßnahmen: „Wenn du Rauch riechst, geh nicht unters Bett, sondern renn zur Katzentür hinaus!" Dann gab ich Mr. Jones noch weitere Aufgaben: „Bitte unterhalte Suzanne. Ich versprach ihr, dass du ihr zeigst, was für ein unübertrefflicher Fußballspieler du bist." Erzähl deinen Tieren, *wohin* du gehst und *warum*. (Ob du es glaubst oder nicht: Sie haben eine Vorstellung davon, was ein Flugzeug ist. Tiere, die schon einmal geflogen sind, haben mir ihren Flug ausführlich geschildert.)

Bring ein besonders schönes Geschenk von der Reise mit. Nach einer langen Reise lässt sich ein Tier im Grunde nur dadurch versöhnlich stimmen, wenn du ihm glaubhaft machst, dass du auf der *Jagd* warst. Zeig ihm stolz deine „Beute". (Ich brachte Mr. Jones etwas französische Butter aus Paris in meiner Manteltasche mit. Er glaubte mir natürlich nicht wirklich, dass ich für zehn Tage nach Paris fliegen musste, um ihm eine Portion Butter zu besorgen, aber er fand es lustig. Kürzlich musste ich drei Nächte in der herrlichen Bergstadt Idyllwild verbringen, nur um ihm eine feine Zigarre aus Katzenminze zu kaufen. Das war mehr nach seinem Geschmack.)

Während meiner ganzen Abwesenheit stellte ich mich mehrere Male pro Tag geistig auf Mr. Jones ein und zählte mit ihm die Nächte bis zu meiner Rückkehr. Am empfänglichsten bist du vor dem Einschlafen. Stimme dich immer wieder auf dein Tier ein und beobachte, was du wahrnimmst und fühlst. Feuere Bilder ab, wie du deinen Freund streichelst oder bei ihm schläfst. Schicke Wellen des Friedens und der Behaglichkeit, schicke freudige Bilder einer glücklichen Heimkehr. Überflute deinen Freund mit Gedanken der Liebe. Ich habe herausgefunden, dass ich oft von meinen Tieren träume, wenn ich vor dem Einschlafen mit ihnen kommuniziert habe. Vielleicht träumst du, dass du bei ihnen zu Hause bist oder sie dich auf deiner Reise begleiten. Vielleicht spürst du sogar ihre Wärme und ihr Gewicht in deinem Bett, solange du noch wach bist.

Ich kann es nicht genug betonen: Zähle die Tage rückwärts und konzentriere dich auf die Heimkehr. Schicke immer wieder Bilder von dir, wie du durch die Haustür (oder die Stalltür) trittst, sie in deine Arme schließt und mit Geschenken überhäufst. Du wirst staunen, wie anders sie sich verhalten werden.

Doppelbilder deuten

Wenn du Doppel- oder Echobilder von deinem Tier bekommst – und das geschieht oft –, kann die Interpretation ziemlich knifflig werden. Wenn du bei einem Gestalt-Check deines Tieres selbst Rückenschmerzen hast und das Tier dir das Gefühl von Rückenschmerzen zurückschickt, heißt das, dass es auch Rückenschmerzen hat? Ja. Vertrau den Doppelbildern, auch wenn sich die Simultaninformationen allzu sehr ähneln. Es ist erstaunlich, wie oft unsere Gefühle und Krankheiten einander entsprechen, und deshalb bin ich der Meinung, dass oft beide Parteien – Tier und Person – der Behandlung bedürfen. Hätte Rodney an Magenproblemen gelitten, wenn ich sie nicht auch gehabt hätte? Kann ich sie körperlich oder psychisch auf ihn übertragen haben? Ja.

Du wirst Informationen erhalten, die von deiner Umwelt verstärkt werden. Als ich mich auf mein jüngstes Reading vorbereitete, ging ich durch meine Küche und dachte daran, dass ich meinen Agenten Jo und meine Freundin Joan anrufen musste. Es blitzte auch der Name Clara auf. Als ich zu meiner Couch ging und den Umschlag mit den Bildern für mein Reading öffnete, stellte sich heraus, dass ich mich auf eine Katze namens Cleo (Clara) einstellen musste. Ihre Besitzer fragten mich, ob Cleo ihren Katzensitter John leiden mochte (Jo oder Joan!). Beim Reading erzählte mir Cleo später, Carolyn sei eine sehr kluge Frau. Ich bemerkte, dass Caroline Myss die Verfasserin des Buches war, das auf meinem Couchtisch lag. Da ich *Mut zur Heilung* gelesen hatte, war ich mir nicht sicher, ob die Nachricht der Katze für mich (ja, Caroline Myss ist eine sehr kluge Frau) oder für Cleos Besitzer bestimmt war. Ich ging das Risiko ein und erzählte es Cleos Herrchen Bob, der mir versicherte, dass er mit einer Carolyn gearbeitet hatte – einer sehr klugen Frau! Cleo zeigte mir ein Bild von sich unter der weißen Couch in meinem Wohnzimmer. Ich wusste, sie wollte mir nicht sagen, dass sie gern unter *meiner* weißen Couch sitzen würde, aber ich notierte es dennoch. Die weiße Couch ihrer Besitzer, so stellte sich heraus, war ein Bett mit einer weißen, gerüschten Tagesdecke. Cleos Katzenfreund Butch erzählte mir, sein Lieblingsbaum habe fünf gezackte Blätter. Er zeigte mir den Maulbeerbaum in meinem Hinterhof. Nun gut, da ich wusste, dass Butch nicht im Schatten unter meinem Maulbeerbaum schlief, musste er einen Baum mit fünf gezackten Blättern in seinem Hinterhof haben. Verstehst du, was ich meine? Tiere können dir *deine* Badewanne zeigen, wenn sie ihre Badewanne meinen, *deinen* rosa Bademantel, wenn sie ihr rosafarbenes Bett meinen, und vielleicht sogar *deine* Großmutter, wenn sie ihre menschliche Großmutter meinen. Beginne deine Kommunikation mit einer Meditation, öffne dann deine Augen und lass sie im Zimmer umherwandern. Deine Tiere können deine persönliche mentale Zeichensprache nutzen, um ihre eigenen Bilder einzuflechten.

Um durch Gedanken zu einem logisch zusammenhängenden System zu kommen, bedarf es der Intuition.

Albert Einstein

Übung: Brücken bauen

Übe mit den Tieren in deiner Nachbarschaft. Eine Katze kann auf dich zukommen, wenn du an ihrem Haus vorübergehst. Anstatt die Katze als einen unbelebten Gegenstand anzusehen, baue eine Brücke.

1. Lass dich in dein Herz fallen. Schalte deinen Verstand aus. Atme. Fokussiere dich innerlich.
2. Schicke Liebe. Sieh, wie sich ein Lichtstrahl aus deinem Herzen mit dem Herzen der Katze verbindet.
3. Zieh dich zurück. Vertiefe das Erwachen. Warte in Stille.

Vielleicht hörst du die Katze sagen: *Hallo. Mein Name ist Bernice. Ich verlor kürzlich meinen Freund durch Krebs.* (Ich weiß nicht, wie Tiere die Namen ihrer Krankheiten kennen, sie tun es aber.)

Vielleicht empfängst du auch nichts durch Hellhören. Dann werden alle eingehenden Daten wie bei einer Web-Suche oder einem Flipperautomaten deine Fragen durch Labyrinthe (Chakren) befördern und dich herausfordern, die Antworten auf andere subtile Weise zu bekommen.

Du könntest nach dem Namen fragen und hörst vielleicht den „B"-Klang oder das „R" (Barry, Bernard, Barney). Vielleicht hörst du den Namen auch gar nicht. Vielleicht blitzt das Bild einer schwarzen Katze auf, die größer als dein Gesprächspartner ist. Ein stechender Schmerz im Magen oder das Gefühl von Einsamkeit könnten diesem Bild folgen (Verlust, Trennung). Denk dran, es geschieht unmittelbar.

Die normale, rationale Reaktion wäre nun, dich zu distanzieren, dir zu sagen, dass du dir alles nur einbildest, und dir eine Kopfnuss zu geben. Solltest du stattdessen aber beschließen, gut zuzuhören und die verschiedenen Bilder und Empfindungen in Blitzesschnelle zusammenzusetzen, wirst du herausfinden, dass dir diese Katze eine nichtverbale Geschichte erzählt: Die schwarze Katze (schwer und großknochig, also muss sie männlich sein), ein warmes Gefühl der Zuneigung ihm gegenüber, (er lebte nahe bei ihr, und sie liebte ihn), die Tiefe der Bindung (sie verbrachten Jahre zusammen), der Verlust (sein Tod; sie kommt ohne ihn nicht gut zurecht). Vielleicht kommt das Wort Krebs, vielleicht spürst du den „K"-Klang, das „S" wie einen Stich im Körper, vielleicht siehst du den Tumor, vielleicht blitzt plötzlich die Erinnerung an einen Menschen auf, den du kanntest und der den Kampf gegen den Krebs verloren hat.

Du könntest bei der Frage nachhaken: „Zusammen gelebt?" Sende den Gedanken von zwei auf einer Couch oder einem Bett schlafenden Katzen. Es wird unmittelbar darauf ein Bild folgen. Wenn dein Bild von einem Bild der zwei Katzen überlagert wird, die in Form eines Yin-Yang-Zeichens nebeneinander liegen, wäre das eine Bestätigung. Vielleicht korrigiert die Katze aber auch dein Bild ein wenig und sendet das Bild oder das Gefühl von zwei Katzen, die beispielsweise zusammen auf einem Bücherbrett schlafen, sich aber nicht berühren. Eine Nein-Antwort könnte ein Bild der zwei Katzen sein, die sich draußen auf einer Mauer treffen. Wenn du eher hellfühlig als hellsichtig bist, kannst du die kalte Mauer unter den Pfoten und den Wind im Gesicht fühlen, was bedeutet, dass die Katzen nicht unter einem Dach lebten; sie waren Nachbarn.

Es ist aber auch in Ordnung, wenn du nicht so viel Information bekommst. Vielleicht spürst du nur das große Leid, das diese Katze ausstrahlt. Vielleicht ahnst du, dass ihrem Partner etwas zugestoßen ist.

Wenn du den Mut hast, dir und deinen Wahrnehmungen zu vertrauen, wirst du diese Katze in ihrer Trauer trösten können – anstatt sie zu ignorieren, wie das die anderen Menschen tun. Das ist eine Ehre, die nur wenige Menschen um dich herum annehmen und akzeptieren werden. Vielleicht bist du das einzige Lebewesen in der Welt dieser Katze, das ihr Trost anbieten kann. (Dafür kannst du dich ruhig mal von deinen Freunden „verrückt" nennen lassen.)

Auch die Katze kann dir Fragen stellen: *Wo lebst du? Hast du etwas zum Fressen dabei? Kann ich dir nach Hause folgen? Führst du mich in dein Haus?*

Das kann dich in Schwierigkeiten bringen, denn wie sollst du ihrem Besitzer gegenüber rechtfertigen, warum du dir seine Katze ausgeliehen hast? Und wenn die Katze dir sagt, dass sie lieber bei dir wohnen würde? Das geschieht häufig, denn Katzen bevorzugen natürlich Menschen, die nicht nur ihre Sprache sprechen, sondern die auch stehen bleiben und sich Zeit für ein Gespräch nehmen. Ich habe immer ein paar Dosen Katzenfutter in meinem Auto für hungrige Katzen, die ich in der Stadt treffe. Gib deinen Freunden etwas Wasser. Wenn es eine streunende Katze ist, wenn sie unterernährt oder ungepflegt ist, nimm sie mit nach Hause. Gott/Göttin wird deine Güte belohnen.

Diese Übung ist nichts Neues. Jedes Tier, das du triffst, beschießt dich mit komplexen Informationen. Immer! Wir sind dermaßen beschäftigt und egozentrisch und senden selbst andauernd mentale Signale aus, so dass wir keine Daten von außen empfangen können. Achte auf das, was du bereits fühlst, spürst und siehst, wenn du ein neues Tier triffst. Welche Eindrücke gehen dir durch den Kopf, wenn du daran denkst, wie sich dieses Tier fühlen könnte? Wie würde sich seine Stimme anhören, wenn sie menschlich wäre? Welche Erinnerungen strömen auf dich ein? An welche anderen Menschen oder Tiere erinnert dich dieses Tier? Warum?

Wenn du gar nichts erhältst, zieh deine Energie zurück. Konzentriere dich auf deine Atmung. Beruhige deinen Geist und versuch es von Neuem.

164

Wirf den geistigen Ball (die Frage) und warte dann in Stille auf Antwort. Wenn ich nichts bekomme, sage ich zu dem Tier: „Ich kann ewig warten. Ich werde so lange warten, bis du mir antwortest." Das öffnet normalerweise eine Tür. Vielleicht ist es die Schwingung der Geduld selbst, die das Tier antworten lässt. Vielleicht benötigt es einfach etwas Zeit. Vielleicht geht es ihm nicht anders als uns, und es muss sich auch erst daran erinnern, wie es mit uns reden soll.

Harter Brocken in Hollywood

Einer meiner liebsten Katzenklienten war Ralph, ein neun Kilo schwerer, schwarzweißer Flauschball. Sein Frauchen, Myra, rief mich in Panik an, weil Ralph nicht mehr fressen wollte. Ralph war die Liebe ihres Lebens, und das konnte ich verstehen. Sie gab recht gern – und lautstark – zu, dass sie Ralph mehr liebte als ihren eigenen Mann. Myra war eine Frau, so recht nach meinem Herzen. Sie arbeitete in der Filmbranche in Hollywood und war für die Besetzung zuständig, und Ralph war die Powerkatze einer Powerfrau vom Film – zwei Berufe mit hohem Prestigewert! Myra sandte mir ein Foto von Ralph, damit ich mich auf ihn einstimmen konnte.

Der Fall Ralph gab mir große Rätsel auf. Als Myra mich das erste Mal anrief, war Ralph schrecklich krank. Er verweigerte die Nahrung und bewegte sich kaum, wollte aber unter keinen Umständen zum Tierarzt gehen. Er konnte mir nicht sagen, was ihn krank gemacht hatte, glaubte aber, dass er etwas Falsches gefressen hatte. Ich kommunizierte drei Tage lang mit Ralph über das Foto und versuchte gemeinsam mit ihm, der Ursache seiner Magenbeschwerden auf die Schliche zu kommen. Weil er sich nicht erbrach, schlossen wir eine Nahrungsvergiftung aus, trotzdem benutzte Ralph weiterhin das Wort *Gift*.

Ich fragte, ob er verdorbenes Futter gefressen habe. Nein. Ich prüfte, ob er ein giftiges Insekt – eine Spinne oder Wespe – gefressen oder irgendetwas Ungewöhnliches gefangen und zu sich genommen hatte. Nichts. Aber auch gar nichts. Endlich gab er mir dann doch noch den entscheidenden Hinweis. Während eines Körperscreenings bei ihm fühlte ich einen durchdringenden Schmerz zwischen meinen Schulterblättern.

Etwas stieß mir in den Rücken, sagte er. Ich sah einen Stachel eindringen, konnte aber den Körper des Insekts nicht ausmachen. Ralph konnte mir nicht weiterhelfen, weil er das Insekt nicht hatte kommen sehen. Als ich Myra diese rätselhafte Auskunft gab, rief sie aus:

„Jesus! Warum hat er das nicht gleich gesagt? Ich habe ihn gerade impfen lassen. Der Tierarzt stach die Nadel zwischen seine Schulterblätter!" Sehr schnell war uns klar, dass Ralph krank wurde, als er vom Tierarzt nach Hause kam. Der arme Kater wusste tatsächlich nicht, was ihm geschehen war. Der Tierarzt hatte ihm eine dieser Vielzweckimpfungen verabreicht, die Ralph trotz seines enormen Stehvermögens und seines Umfangs (von seiner Wahnsinnspersönlichkeit ganz zu schweigen) nicht verkraften konnte. Wir sprachen über die Giftigkeit einiger Impfstoffe. Ja! Sie *können* deinen Tieren ernste Gesundheitsprobleme bereiten.

Nachdem ich mit Ralph über seine Bedürfnisse gesprochen hatte – er wollte in Ruhe gelassen werden und sich gesund schlafen –, brachte ihn Myra zum Tierarzt zurück, um diesem tüchtig den Marsch zu blasen: „Ihr verdammten Idioten hättet fast meinen Kater umgebracht!"

Der Schulmediziner, der hohe Honorare für seine Dienste einstrich, versuchte Myra mit einer läppischen Geschichte zu beruhigen und wollte ihr einreden, der Impfstoff habe das Problem nicht verursacht. Die meisten Tierärzte behaupten, Impfstoffe seien völlig unbedenklich, und empfehlen lebenslänglich Wiederholungsimpfungen.

Viele Tierärzte, die nach der ganzheitlichen Methode arbeiten, bestreiten das und glauben, dass manche Impfungen nicht jedes Jahr erneuert werden müssen, sondern – je nach Tier und Erkrankungsrisiko – nur alle drei Jahre oder noch seltener. Ich fragte meinen Dr. Craige, ob es möglich ist, die Dosis des Impfstoffes auf das Gewicht meiner Katzen abzustimmen. Er sagte mir, dass die meisten Tierärzte das nicht tun. So bekommt beispielsweise jeder Hund die gleiche Dosis, ob er nun ein halbes Kilo oder dreißig Kilo wiegt. Dein Tier kann durch die Impfung krank werden oder sogar daran sterben. Manche ganzheitlich arbeitende Tierärzte sind der Meinung, dass viel niedrigere Dosen ebenso wirksam sind. Andere empfehlen die üblichen Impfungen für junge Tiere und gelegentliche Wiederholungsimpfungen, glauben jedoch, dass jährliche Impfungen bei älteren Katzen nur Schaden anrichten. Einige Tierärzte denken, dass Impfstoffe weniger Komplikationen verursachen, wenn sie aufgespalten werden. Ich lege immer großen Wert darauf, dass Tiere während eines chirurgischen Eingriffs nicht geimpft werden, weil das den Heilungsprozess nur erschweren würde. Eine Impfung kann Leben retten, aber es lässt sich nicht leugnen, dass sie auch unangenehme Nebenwirkungen und selbst ernste Gesundheitsprobleme hervorrufen kann. Leider konnten sich alternative ganzheitliche Mittel bisher nicht durchsetzen, weil sie noch nicht genügend getestet wurden. Die Kontroverse um das Impfen ist ein heißes Eisen.

Ralph hielt Wort. Sobald sein Frauchen ihn in Ruhe ließ, ging es mit ihm bergauf. Dass sie vor ihm den Tierarzt heruntergeputzt hatte, war wahrscheinlich die beste Medizin.

Ich dachte, ich hörte eine Mücke husten

Du wirst lernen, fließend telepathisch zu kommunizieren, wenn du nicht nur Befehle gibst, sondern auch instinktiv auf die Bitten von Tieren reagierst. Manchmal wirst du reagieren, ohne zu wissen, worauf du eigentlich reagierst. Vielleicht tust du es schon. Dann bist du nicht mehr nur Sender, sondern auch Empfänger und praktizierst das, was ich bilaterale telepathische Kommunikation nenne. In ihrem Buch *Spoken in Whispers: The Autobiography of a Horse Whisperer,* beschreibt das britische Tiermedium Nicci MacKay, die außerdem noch fantastisch schreiben kann, ihre Initiation ins Hellfühlen. Es scheint nicht besonders lustig gewesen zu sein. Sie wachte mitten in der Nacht auf, weil sie einen glühenden Schmerz wie bei einer Nebenhöhleninfektion spürte. Gleichzeitig hatte sie ein starkes Verlangen, ihr Pferd zu sehen. Anstatt dieses Gefühl als dummen Einfall abzutun, lief sie zu ihrem Pferd und stellte fest, dass es Schmerzen hatte und an einer Nebenhöhleninfektion litt. Sie war ihrem Instinkt gefolgt und hatte auf die Bedürfnisse ihres Pferdes reagiert. Vielleicht sind auch deine Tiere starke Sender und können deine Denkprozesse unterbrechen, um dir Nachrichten zu übermitteln. Oft wirst du aber gar nicht wirklich wissen können, wer die Kommunikation begann.

Mit meinen Katzen findet jeden Tag ein solcher Austausch statt. Oft gehe ich blindlings und benommen zur Tür, öffne sie, nur um Mr. Jones oder Cyrus Chestnut zu finden, die an der Türschwelle sitzen und mich anstarren. (Mr. Jones und Cyrus Chestnut benutzen die Katzentür ungern.) Ich dachte, ich hörte eine Mücke husten.

Tu es bitte nicht als Zufall ab, wenn es dir genauso ergeht. Du hast das Wunder vollbracht, Tiere zu hören. Sei stolz auf deinen Erfolg und schreib alles in dein Tagebuch. (Die besten Geschichten kannst du mir ja schicken. Ich sammle sie, benutze sie für einen neuen Bestseller und heimse die Anerkennung dafür ein!)

Mit Fotos arbeiten

Am liebsten arbeite ich mit Fotos, weil ich mich dann nicht mit dem Tier persönlich in Verbindung setzen muss, wenn es gerade anderweitig beschäftigt oder abgelenkt ist. Außerdem bin ich auf diese Weise nicht dem Kreuzfeuer der Fragen und den Ängsten des Besitzers ausgesetzt. Bevor ich beschließe, ein Tier persönlich zu treffen, fordere ich immer Fotos an, denn dann kann ich mich vor dem Treffen auf mindestens zwei Sitzungen mit dem Tier einstellen. Die Informationen tröpfeln auf mich ein, noch bevor ich den Umschlag geöffnet habe und die Bilder anschaue, und manchmal sogar, bevor die Post da ist.

Ein Foto ist eine Blaupause voller Informationen. Ich habe keine Ahnung, warum es funktioniert. Es ist einfach so. Ich spürte einmal einen Hund über ein Fax auf, das vom anderen Ende des Landes geschickt worden war. Die Wiedergabe des Fotos war schrecklich. Der Hund erzählte mir, dass er nördlich zur Hauptdurchgangsstraße seiner Ortschaft gelaufen sei. Als ich die Hundebesitzerin fragte, ob ihr der Straßenname Appalachian Highway etwas sagte, bestätigte sie den Namen Blue Ridge Parkway (Die Qualität des Faxes war nicht besonders gut gewesen!) Das war das einzige Mal, dass ich die *Bedeutung* eines Wortes und nicht seinen Klang empfing. Normalerweise wäre ich auf einen ähnlich klingenden oder sich reimenden Namen gekommen. Im Folgenden werde ich dich durch den genauen Prozess führen, den ich bei jeder Lesung durchgehe.

Kürzlich traf ich ein Pferd namens Winchester. Als die Fotos eine Woche vor der Lesung eintrafen, setzte ich mich mit dem ungeöffneten Um-schlag hin. Ich schrieb das Wort *April* nieder, dann die Namen *Tammy, Yvonne* und *Cherise*. Ich schrieb: *Ich habe Angst vor den Wanderwegen, weil ich einmal auf eine Schlange fiel und meinen damaligen Reiter abwarf. Ich renkte mir mein rechtes Hüftgelenk aus.*

Als ich den Umschlag öffnete und das herrliche Pferd sah, schrieb ich: Ich liebe den kleinen Jungen mit dem roten Haar. Blau gestreifter Overall. Montana mit Schnee. Drei kalte Winter. Devon.

Dann sah ich den Namen der Besitzerin, Tamara, und las ihren Brief. „Danke für das Reading für mein Pferd Winchester. Ich bekam ihn im April." Ein Seufzer der Erleichterung entfuhr mir. Nach der Bestätigung der Wörter Tammy und April wusste ich, dass ich das rechte Pferd am Wickel hatte. Tamaras Fragen lauteten: Wer sind seine menschlichen Freunde? Warum hat er solche Angst vor den Wanderwegen? Ist er einmal verletzt worden? Wie alt er ist?

Am nächsten Tag bekam ich in der Dusche die Namen Skyler und Dexter. Als ich Winchester und Tamara traf und ihr Winchesters Antworten auf ihre Fragen gab, glühte sie auf wie eine 100-Watt-Birne.

„Der Name meiner besten Freundin ist Yvonne. Winchester liebt sie. Cherise besitzt ein Pferd dort! Die Frau, von der ich ihn kaufte, sagte mir, dass er aus Montana kommt. Ich wollte mich vergewissern, dass sie mir die Wahrheit gesagt hat. Skyler und Devon sind meine zwei Neffen, die Winchester gerade besucht haben. Devon ist das rothaarige Kind."

Warum funktioniert es? Ich weiß nicht. Ich kann dir auch die Schwerkraft nicht erklären, aber ich weiß, dass du hinfällst, wenn du stolperst. Und ich weiß auch, dass du dich mit einem Tier in Verbindung setzen kannst, wenn du über seinem Foto meditierst. Wenn ich es schaffe, kann es jeder schaffen. *Wie* funktioniert es? Lass uns diesen Prozess gemeinsam untersuchen.

Übung: Fotos lesen

Am besten machst du zunächst gegenseitige Readings mit einem Freund. Wieder muss ich betonen, dass das Lesen deiner eigenen Tiere nicht der beste Ausgangspunkt sein dürfte. Dein erster Versuch sollte keinem Mitglied deiner eigenen Tierfamilie gelten. Zu viele vorgefasste Meinungen, zu viel emotionaler Schutt könnten deine Antennen verstopfen. Du wirst lernen, fließend mit deinen eigenen Tieren zu kommunizieren, wenn du das Verfahren mit einem Unbeteiligten geprobt hast.

Stellt Fragen, die sich leicht bestätigen lassen. Wenn du die Vergangenheit eines geretteten Tieres aufklären möchtest, kannst du deine intuitiv gewonnenen Daten womöglich gar nicht überprüfen. Eine konkrete Bestätigung erhältst du in einem solchen Fall nur dann, wenn ein paar Leute gleichzeitig das Tier lesen und die gleiche Antwort bekommen. Wenn nicht bestätigte Daten den Ursprung einer gegenwärtigen Phobie erklären, weißt du, dass du auf der rechten Spur bist. Fängst du beispielsweise Winchesters Angst vor Schlangen auf, *bevor* du die schriftliche Frage der Pferdehalterin liest, dann weißt du, dass du eine erfolgreiche Verbindung zu dem Tier hergestellt hast. Darauf kannst du wetten. Such dir für diese Übung einen aufgeschlossenen, humorvollen Partner aus.

1. Wähle ein paar Bilder aus, die die Persönlichkeit deines Tiers eingefangen haben. Am besten sind Fotos, bei denen du dem Tier direkt in die Augen sehen kannst. Steck die Fotos zusammen mit einer Liste von Fragen in einen Umschlag. Wenn du mehrere Tiere gleichzeitig liest, könnte ein unerwarteter Gemeinschaftsanschluss entstehen. Tauscht jetzt die verschlossenen Umschläge aus und macht einen Termin aus, an dem ihr die Information besprechen könnt. Lasst mindestens drei Tage bis zu diesem Treffen verstreichen.

2. Setz dich mit dem ungeöffneten Umschlag hin. Du solltest nun mindestens dreißig Minuten ungestört sein – keine Kinder, kein Telefon, kein Fernsehen, kein Rundfunk, kein Ehepartner, der irgendwelche lauten Elektrogeräte laufen lässt. Wenn du in der Stadt wohnst, können dich Ohrenstöpsel vom Lärm abschirmen. Die Großstadt ist voll mit Frequenzen, die außerhalb deiner Bewusstseinsebene liegen. Leg dein neu angelegtes Tagebuch und einen funktionierenden Schreibstift bereit. Benutze nicht deinen Rechner, weil Maschinen deine Signale verändern können.

3. Leg den Umschlag in deinen Schoß oder – wenn du dich hinlegst – auf deine Brust. Beginne mit der Meditation „Den Deckmantel der Negativität abwerfen". Konzentriere dich auf deine Atmung. Entspanne dich, konzentriere dich. Kläre deinen Geist. Betritt die Stille. Lass deine Aufmerksamkeit nach unten in dein Herz fallen. Nimm drei tiefe Atemzüge und atme alle körperliche und geistige Anspannung aus. Nimm deinen Schreibstift in die Hand.

4. Bevor du den Umschlag öffnest, nimm dir einen Moment und schreib alles auf, was dir in den Sinn kommt. Halte nichts zurück. Kritisiere dich nicht. (Bei meinem zweiten Pferde-Reading letzte Woche für ein Pferd namens Mama schrieb ich die Wörter Bozo und Bonsai auf den ungeöffneten Umschlag. Ich fand mich richtig lächerlich dabei. Als ich die Ranch erreichte, hatte Kim, die Eigentümerin, keine Ahnung, wovon ich sprach. Sie kannte niemand mit dem Namen Bozo. Sie verließ den Stall und kam später mit Tränen in den Augen zurück. „Der Name des neuen Stallburschen ist Horatio Bonocelli, aber jeder ruft ihn Bonzo!")

Bei einem Reading für das Pferd Mama wäre es auch möglich gewesen, dass du gar keine Worte hörst und du stattdessen im Geist das Bild eines Clowns siehst oder einfach das feuerrote Haar des Clowns Bozo. Vielleicht käme dir aber auch ein Bekannter in den Sinn, der dich an Bozo erinnert. Lass deiner Fantasie freien Lauf.

Was schmeckst du? Was riechst du? Welche Erinnerungen dringen in dein Bewusstsein? Erinnerungen an Schnee können dich in Winchesters Montana führen. Erinnerungen an Sherry oder Cheryl können dich zu Winchesters Cherise führen. Verbiete dir nichts. Lass sein, was immer ist. Winchester hielt mir einen Kürbis vor mein Drittes Auge, daran war nichts zu rütteln. Ich fragte mich, ob er Kürbis fraß oder ob Kürbis sein Spitzname war. Danach sah ich ihn am Strand mit großen weißen Vögeln rennen. Er sandte den Satz: *Sag Tam, ich habe keine Angst im Wohnwagen auf der Autobahn zu fahren.* Tamara bestätigte, dass sie ihm fortwährend Bilder von einer Reise nach Santa Barbara sandte, die sie für den nächsten Oktober plante. Das Kürbisbild entsprang ihrer Vorstellung – und damit seiner Erwartung, durch Kürbisfelder zu galoppieren.

Als ich „Bozo" schrieb, hielt ich mich für dumm. Ich glaubte, mich zu täuschen. Als ich „Kürbis" schrieb, dachte ich, diese Frau würde mich für eine Irre halten. Macht nichts. Dann bist du eben dumm. Dann irrst du dich eben. Notiere einfach alles. Eine Definition von Mut: Spür die Angst – handle trotzdem.

Du brauchst dich jetzt nicht zu beurteilen. Das Ganze soll dir Spaß machen. Schließ deine Augen für einen Moment, öffne sie dann und lass deine Hand schreiben, was sie will. Lass dich für eine kleine Weile von Gott benutzen. Deine Fantasie wird das Steuer übernehmen. Farben,

Aromen, Wörter, Zeilen von Liedern, Erinnerungen, ungewöhnliche Gefühle, ungewöhnliche Fantasien, Gefühlsausbrüche. Danach suchst du. Wenn du dich eingestimmt hast, wirst du dich ein klitzekleines bisschen anders fühlen. Nicht dass deine Augen in deinen Kopf zurückrollen würden. Kein Sprechen in Zungen. Die Veränderung ist subtil. Vielleicht wird dir ein wenig schwindlig. Ich arbeite am liebsten im Liegen – zugedeckt mit einer dicken Schicht von Katzen.

Wenn du nicht weiter kommst, nimm dir einen Moment Zeit und denk an das Komischste, was du je erlebt hast. Kannst du dich an irgendetwas erinnern, was dich laut auflachen lässt? Eine Stelle in einem Buch? Eine Szene aus einem Film? Es wird deine Schwingung sofort erhöhen. (Junge, das war leicht!)

Wenn du nicht mehr aufhören kannst zu lächeln, hast du den gewünschten veränderten Bewusstseinszustand erreicht. Dein Körper fühlt sich leicht an. Dein Schädel beginnt zu prickeln. Du erlebst vielleicht eine ganz neue Klarheit des Denkens. Deine Gedanken sind heller, frischer; vielleicht tauchen sie plötzlicher auf. Wenn ich „eingestimmt" bin, überraschen mich neue Gedanken. Sie muten fremd an, als kämen sie von irgendwo anders her. Wenn du nicht schnell genug schreiben kannst, weißt du, dass du auf eine Goldader gestoßen bist. Hier ist Frieden, wenig Ichbewusstsein, aber auch Erregung. Ein Energiestrom, Freude, Schwung. Wenn du eine plötzliche geistige beschleunigte Aktivität wahrnimmst, weißt du, dass du die Frequenzen gewechselt hast.

Wenn du diesmal nicht dorthin gelangst, lies noch einmal die Meditation „Kontakt mit deinem Geistführer" und versuche es erneut. Wenn du immer noch nichts bekommst, ist es in Ordnung. Mach mit der Übung weiter.

5. Öffne den Umschlag und betrachte die Bilder. Wähl das Bild aus, das am lautesten zu dir „spricht". Lies die Fragen noch nicht! Kämpfe gegen die Versuchung an, den Brief zu lesen. Lass uns erst einmal Detektiv spielen. Du kannst mit den üblichen Eröffnungsfragen beginnen:

Was ist dein Lieblingsfutter?

Welche Farbe hat dein Lieblingsspielzeug?

Wie sieht dein Schlafplatz aus?

Wenn dein Schreibstift sich bewegt, machst du es richtig. Vielleicht bekommst du nicht auf alle deine Fragen eine Antwort. Mir geht es genauso. Wenn du keine Antwort bekommst, überspringe die Frage und geh zur nächsten. Lass dich in deinem Schwung nicht bremsen. Es geht weiter:

Wer sind deine liebsten menschlichen Freunde?

Wie heißen sie? Wie sehen sie aus?

Wer sind deine liebsten tierischen Freunde?

Wie heißen sie? Wie sehen sie aus?

Was macht dir Spaß?

Was machst du am liebsten?

Wo hältst du dich am liebsten auf?

Soll ich deinem Besitzer irgendetwas ausrichten? (Tu bei dieser Frage so, als wärst du das Tier. Spüre, wie die Emotionen aus deinem Bauch herausmöchten. Fühle ein Kitzeln in der Kehle, eine Sehnsucht zu sprechen. Notiere alles, was du sagen musst.)

Warst du schon einmal verletzt? (Wenn du keine Antwort bekommst, geh zur nächsten Frage über.)

Wurdest du schon einmal operiert?

Wie geht es dir gesundheitlich?

Hast du Schmerzen?

Welche Nahrungsergänzungsmittel würden dir helfen, dich besser zu fühlen?

Worauf hast du Heißhunger? (Gestalt: Geh hinein. Fühle, wie dir das Wasser im Mund zusammenläuft. Was schmeckst du? Was siehst du? Wie heißt es?)

Du kannst ein Wort bekommen, ein Bild, einen Satz. Die Frage kann dem Gespräch auch eine ganz neue Wendung geben. Benutze die Frage als Sprungbrett. Die Fragen dienen dem Tier nur als Ausgangspunkt, das loszuwerden, was ihm auf der Seele brennt. Wenn du eine Niete ziehst, überspringe die Frage und komme später auf sie zurück. Es ist nicht leicht, sich heiklen Themen zu nähern. Frag das Tier am Ende immer, ob es dir noch etwas sagen möchte. Lass deinen Geist zur Ruhe kommen. Stell dir deinen Körper als leeres Glas vor. Lass dich von den Worten des

Tieres füllen. Werde wieder leer. Lass dich von Gottes Worten füllen. Mach dies mit all deinen Fotos, steck dann Bilder und Fotos weg und beschäftige dich mit etwas anderem.

Es gibt vier Orte, an denen du später bei deinem tierischen Freund nachhaken kannst:

1. In der Meditation und im Gebet
2. Unter der Dusche
3. Beim Autofahren
4. Nachts vor dem Einschlafen

Das Drumherum der Kommunikation versetzt uns in eine leichte Trance. Besonders effektiv ist die Dusche. Ich kann die Leute nicht mehr zählen, die mir sagen, dass sie ihre besten Eingebungen unter der Dusche haben. Ich höre, dass Steven Spielberg seine größten Inspirationen beim Autofahren hat. (Hier erfindet er ganz bestimmt seine Außerirdischen, denn die Autobahn in L. A. sieht aus wie die Bar in Star Wars – Freaks noch und noch.)

Nimm auf jeden Fall dein Heft mit ins Bett. Denk vor dem Einschlafen über deinen tierischen Freund nach. Schreib alles auf, was dir neu in den Sinn kommt. Bitte deinen tierischen Freund, dir im Traum zu erscheinen. Bereite dich vor. (Vor ein paar Nächten träumte ich von einem verstopften Hamster mit Brooklyn-Akzent, der aus Leibeskräften schrie – und dabei kenne ich nicht mal einen Hamster.) Du wirst dein Unterbewusstsein einladen, sich einer ganz neuen Dimension zu öffnen. Halte dein Buch in Reichweite, falls du dich beim Aufwachen an etwas Interessantes erinnerst.

Stimm dich am nächsten Morgen unter der Dusche ein. Nimm dein Notizbuch mit zur Arbeit. Stimm dich auf dem Weg zur Arbeit ein.

Zwischen deinen Fotositzungen werden dir Bruchstücke neuer Daten zufliegen; es ist, als empfinge dein inneres Radio Fetzen einer Sendung von einem ausländischen Sender. Achte auf meine Worte. Notiere alles, was deinem üblichen Denkprozess fremd erscheint, egal wie seltsam es ist. Wenn ein Name in deinem Kopf herumspukt und du es versäumst, ihn zu notieren, wirst du dir vor Ärger sicher am liebsten in den Hintern beißen wollen, wenn der Besitzer ihn erwähnt. Schreib alles auf, von dem du meinst, es könnte von deinem tierischen Freund kommen.

Mach am folgenden Tag noch einmal ein vollständiges sauberes Reading. Du kannst viele neue Daten erhalten, und alte Daten können verstärkt durchkommen.

Am Abend, bevor ich diese zwei Pferde sah, kam ich erneut darauf zurück und fragte Winchester: „Was hast du heute getan?" *Ich rannte!,* sagte er. *Ich rannte so schnell! Es war wunderbar! Ich ging mit Polly!* Als ich es Tamara erzählte, fielen ihr fast die Augen aus dem Kopf. Sie bestätigte, dass Winchester am Vortag gelaufen war, und zwar neben einem Pferd namens Polly. Als ich am zweiten Tag auf das Pferd Mama zurückkam, sagte es: *Der Name des Mädchens ist Engel. Sage Frauchen, sie soll mir die Gute-Nacht-Lieder singen.*

Tamara bestätigte Skyler und Devon, aber nicht Dexter, und so hoffte ich, dass Dexter für Kim und Mama bestimmt war. Als ich zu Mamas Stall kam, zeigte Kim auf ein Pferd mit dem Namen Dexter. Sie bestätigte auch, dass sie ihr Baby, ein Mädchen, einen Engel nannte, aber dass sie die Bedeutung der Gute-Nacht-Lieder nicht entschlüsseln könne. Am Ende unseres Readings, als Kim Bonzo gefunden hatte, kam Tamaras Mann in den Stall und legte ihr das Kleinkind in den Arm. Ohne nachzudenken, rief Kim: „Mein Engel!", und fing an zu singen: Twinkle, twinkle, little star ..." Sie hielt mittendrin inne und legte die Hand auf den Mund. „Oh, mein Gott!", schrie sie. „Das ist ja das Gute-Nacht-Lied!" Dann brach sie in Tränen aus.

AMELIAS GOLDENE REGEL. Vertrau, Vertrau dir. Vertrau der Information, egal wie irrsinnig sie klingen mag. Menschen mit dem Namen eines Clowns. *April.* Der Monat? *Montana.* Der Staat? *Dexter! Skyler! Kürbis! Nacht-Lieder!* Dummes Zeug. Unsinn. Du wirst verrücktes Zeug erhalten, das keinen Sinn für dich ergibt. Großartig. Notiere es.

AMELIAS SILBERNE REGEL. Dann lass es eben Unsinn sein. Analysiere nicht. Widersteh mit all deiner Macht dem Drang, einen Sinn in das Material hineinzulesen. Deine Analyse wird dich erschlagen.

Einen Monat bevor ich Winchester und Mama las, machte ich ein Reading für ein Pferd namens Dandy, das mir sagte: *Ich trinke am liebsten das grüne Wasser. Amy, bring mir die Pferdebonbons! Der kleine Junge spielt ein Musikinstrument. (Dandy zeigte mir eine Metallkiste und sandte das Wort Horn.)* Doof, wie ich nun mal bin, dachte ich, es könne eine Harmonika sein, und so notierte ich Harmonika. Als ich in Dandys Stall ankam, sah ich als Erstes einen großen grünen Wassereimer aus Plastik neben ein paar andersfarbigen Eimern stehen. Dandys Besitzerin Suzie bestätigte, dass Dandy den grünen Eimer bevorzugte. Die Pferdebonbons? Genau das sagte Dandy. Es ist ein in Cellophan verpacktes Erzeugnis und heißt tatsächlich „Horse Candy". Suzie hatte es Dandy erst vor ein paar Wochen mitgebracht. Das Instrument? Suzies zwölf Jahre alter Junge Aaron brachte oft einen Miniatur-Walkman mit zum Stall, den er um den Hals gebunden trug. Die kleine Metallkiste ähnelte wirklich einer Harmonika und hörte sich für ein Pferd wie ein Horn an.

Ich erhielt dieselbe Information *grünes Wasser* und *Pferde-Bonbons* von zwei anderen Pferden, und diesmal hatten die Worte eine ganz andere Bedeutung. Der Appaloosa Maverick meinte es wörtlich, als er sagte: *Ich trinke gern das grüne schlammige Wasser*. Er meinte nicht die Farbe des Eimers. Das Wasser selbst war grün, weil seine Besitzerin Gwendolyn es mit chinesischen Kräutern versetzt hatte. Das bewies die Wirkung der Kräuter. Dazzler, ein anderes Pferd, meinte rote Trauben, als er mir sagte: *Ich mag die roten Pferdebonbons, die kleinen roten Pferdebonbons!*

AMELIAS PLATINREGEL. Schreib wörtlich auf, was du bekommst. Lass dir nicht von deinem linken Gehirn die Informationsfetzen logisch verknüpfen oder die Grammatik verbessern, auch wenn deine Notizen an Babysprache oder gar an das Grunzen von Höhlenmenschen erinnern. Sollen sie es doch! Das beste Beispiel für diese Lektion kam von dem Pferd Maverick, das mir sagte: *Ich will zum Haus mit Fluss (River) zurück. Ich will neben Fluss laufen.* (Seine Besitzerin, Gwen, hatte mich gebeten, herauszufinden, ob Maverick in seinem neuen Stall glücklich war oder lieber ins Haus nach Malibu zurückwollte.) Natürlich nahm ich an, dass Maverick mit „Fluss" ein Gewässer meinte. Wer würde sich etwas anderes dabei denken? Aber nach jahrelanger Erfahrung mit Versuch und Irrtum hatte ich gelernt, nicht klüger als Pferde zu handeln, und so las ich die Anmerkung der Besitzerin von Maverick vor: „Ich will zum Haus mit Fluss/River zurück. Ich will neben Fluss/River laufen." Gott sei Dank hatte ich nicht den Artikel hinzugefügt. Das Haus lag an keinem Fluss. *River* war der Name von Gwendolyns Hund! River lief nicht mehr wie früher mit Maverick, denn er war im Haus in Malibu zurückgelassen worden.

Zur Erinnerung: Wir spielen Scharaden!

Maverick erteilte mir auch eine denkwürdige Lektion, als Gwendolyn mich fragte, wogegen Maverick allergisch war. Zuerst zeigte er mir Büsche mit scharfen Brennnesseln und das Wort *Nein!* Als ich ihn noch einmal fragte, zeigte er mir Kiefernnadeln mit den Worten *Allergie! Nein!* Ich fragte mich, wie um Himmels willen ein Pferd allergisch auf Kiefernnadeln sein kann. Nachdem wir alles Mögliche ausgeschlossen hatten, folgerten Gwendolyn und ich, dass es auf keinen Fall Kiefernnadeln waren. Schließlich fiel ihr ein, dass Maverick gegen Allergien geimpft worden war. Die Nadel, die er meinte, war eine subkutan verabreichte Spritze. Die Nachricht lautete nicht: *Ich reagiere allergisch auf Kiefernnadeln.* Die Botschaft war: *Keine Allergiespritzen mehr!* Maverick fand, dass ihm die Impfungen nicht gut taten.

Du siehst also, du musst bei dem Reading gar nicht wissen, was du tust. Es ist sogar wahrscheinlich, dass du nicht weißt, worüber du redest. Wenn du dich damit arrangieren kannst, dass dir alles außer Kontrolle geraten ist, findest du vielleicht heraus, dass gerade die Ungewissheit das Schöne an diesem Prozess ist. Dadurch macht die Sache erst richtig Spaß.

Wenn die Lesung mit deinem Partner beendet ist, tauscht ihr die Fotos zurück und erklärt euch bereit, euch die Notizen anzuhören, ohne ein Urteil abzugeben. Seid großzügig miteinander und kreativ in eurer Interpretation. In einem meiner Workshops hatte ich Rodney als Assistent dabei. Ich fragte die Gruppe, was Rodney Anfang der Woche aus meiner Einkaufstasche stahl. Ich sagte ihnen nur, dass der Gegenstand in Plastik eingepackt gewesen war. Die Antwort war ein Stück Blauschimmelkäse. Der Tierarzt in der Gruppe bekam es gesteckt und rief: „Käse!" Eine andere Kursteilnehmerin hatte sich „Artischocke" notiert. Blauschimmelkäse hat tatsächlich die matschige Konsistenz, das starke Aroma und die gräuliche Farbe einer Artischocke. Die Kursteilnehmerin schüttelte enttäuscht den Kopf, aber ich bestand darauf, dass sie ein Lob verdient hatte.

Schrei nicht: „Nein! Nein! Du irrst!" Nur, weil du die Auskunft nicht bestätigen kannst, ist sie nicht falsch. Schreib die Information auf, die du nicht identifizieren kannst, denn später wirst du wahrscheinlich ihren Sinn verstehen. Du kannst nicht wissen, was dein Tier insgeheim plant. Betsy, meine Buchverlegerin, kann persönlich davon Zeugnis ablegen. An dem Morgen, als ich sie traf, hielt sie mir zwei Fotos ihrer Katzen unter die Nase und sagte: „Schieß los!" Ich saß in Betsys Büro in Manhattan, betrachtete die Fotos zum allerersten Mal und noch dazu vor Publikum, und es war erst neun Uhr am Morgen (also sechs Uhr in L. A. – eine Zeit, in der ich mich normalerweise im Bett umdrehe!). Trotzdem gelang es mir, ein paar Informationen aus ihrer neuen Katze Rebecca herauszuquetschen. Rebecca erzählte mir: *Ich schlafe gern auf einem roten Kopfkissen.* Betsy schüttelte den Kopf. Sie hatte kein rotes Kopfkissen. Am Abend kam Betsy nach Hause und erinnerte sich daran, dass sie ein rostfarbenes Kopfkissen besaß. Tatsächlich schlief Rebecca auf dem rostfarbenen Kissen auf der Wohnzimmercouch. Es war mit grauen Katzenhaaren bedeckt. Auch als Betsy am nächsten Morgen aufwachte, schlief Rebecca auf dem Kissen. Versuche, die Intuition deines Partners zu unterstützen, und erbringe den überzeugenden Beweis später. Er wird nicht auf sich warten lassen.

Ein paar Vorsichtsmaßnahmen: Es können auch peinliche Situationen enthüllt werden. Wenn Ehepaare streiten, reagieren Tiere das ab. Sie verabscheuen Geschrei und Gebrüll. Turbulenzen im Haushalt können ein Tier sogar körperlich krank machen. Wenn bei deinem Partner zu Hause gestritten wird und dein Partner ein Hitzkopf ist, sieh dich vor. Das Tier wird das Geheimnis enthüllen. Auch fühlen sich die meisten Tiere gelangweilt und vernachlässigt, und das aus gutem Grund. Die meisten Tiere *sind* gelangweilt und werden vernachlässigt! Aber wenn du das deinem Partner sagst, wird er womöglich sauer. Wenn du eine Bombe auf ihn fallen lassen musst, sei vorsichtig. Eine Bemerkung wie: *Herrchen liebt seine neue blonde Sekretärin* kann dich ganz schön in die Klemme bringen.

Aber meistens wird es Tränen geben. Tränen der Erleichterung, Tränen der Ehrfurcht, Freudentränen. Du wirst deinen Partner sagen hören: „Ich *wusste,* dass das im Gange war! Ich *wusste* geradezu, dass er sich so fühlte!" Und du wirst das Gleiche sagen. Ihr werdet euch einander mit ein paar ausgesuchten Leckerbissen überraschen, die euch jenseits allen Zweifels beweisen, dass ihr es könnt. Du kannst es! Und dein Partner ebenfalls! Wir *alle* können es! Tiere können sprechen!!! Wir müssen nur lernen zuzuhören.

Kapitel 6:
Röntgen-Sicht – Der Körper-Scan

Wir haben den Kreis vollendet. Unsere Vorfahren haben uns ein reiches psychisches Erbe hinterlassen: Propheten, Orakel, Schamanen, Heiler sind ein lebendiger Teil unserer Geschichte. Doch als das Zeitalter der Entdeckungen zu Ende ging und man begann, die Wissenschaft zu verehren, wurde das, was viele Jahrtausende lang als natürlich galt, als abergläubischer Unsinn bezeichnet oder als Teufelswerk verurteilt. Seher wurden für Hexen gehalten und am Pfahl für ihre sogenannten Verbrechen verbrannt. Später trieben Industrie und Technologie – der Fokus war immer auf rationaler Erklärung – weitere Nägel in den Sarg der Seherin. Aber jetzt, an der Schwelle des einundzwanzigsten Jahrhunderts, wird immer mehr Menschen klar, wie viel wir von unserer Seele geopfert haben. Dabei ist dieses Entweder-Oder gar nicht notwendig. Stell dir eine Zukunft vor, wo alle unsere analytischen Errungenschaften und unsere psychische Arbeit Hand in Hand arbeiten und das Beste beider Welten verwirklichen. Darauf steuern wir zu, glaube ich.

Dr. Judith Orloff, Second Sight

Die gewichtige Frage

„Wird er sterben?" Die große Mehrheit der Anrufe, die ich empfange, kommt von Tierliebhabern, die diese Frage stellen. Die Crux der Kommunikation mit Tieren ist, das Leben unserer tierischen Freunde zu verbessern, es ihnen angenehmer zu machen und ihre Leiden zu mildern. Es sollte uns nicht darum gehen, nur ihre Lebensdauer zu verlängern, denn es ist nicht die *Dauer,* sondern die *Qualität,* die hier am meisten zählt. Stattdessen sollten wir dem Tod mit Anstand und Würde begegnen. Ich werde auf den Übergang in die Geisteswelt im nächsten Kapitel eingehen, aber zuerst zeige ich dir noch einige Techniken, mit denen du dein Bewusstsein in den Körper eines anderen Lebewesens überträgst und seine Gefühle empfinden kannst.

„Hast du Schmerzen?" ist die wichtigste Frage, die dir deine Tiere beantworten können, und ich versichere dir, dass du die Antwort erhalten wirst, wenn du dieses Buch beendet hast und die Übungen regelmäßig machst.

Wenn du zu Kopfschmerzen, Magenschmerzen, Rückenschmerzen, milder Arthritis, schmerzenden Gelenken, Melancholie, Angstattacken oder Albträumen neigst, weißt du, dass diese Krankheiten nicht lebensbedrohend sind, nichtsdestoweniger stellen sie ein beharrliches Ärgernis dar. Vielleicht hast du Beschwerden, die dein Arzt nicht diagnostizieren oder behandeln kann, und möglicherweise empfiehlt er dir dann Aspirin. Noch schlechter wäre es um deine Aussicht auf Hilfe bestellt, wenn du nicht sagen könntest, was du fühlst. Ein Tier kann nicht darauf hoffen, dass der Tierarzt etwas gegen solche beharrlichen – körperlichen oder emotionalen – Schmerzen ausrichten wird. Du als Eigentümer bist in diesem Fall die einzige Hoffnung des Tieres.

Viele Tiere müssen schon ziemlich abgewrackt sein, bevor ihre Besitzer merken, dass etwas nicht mit ihnen stimmt. Mr. Jones' Befinden prüfe ich jeden Tag. Weil er mir seine Gefühle direkt erklären kann – er hat gelegentlich Kopfschmerzen und Magenverstimmungen und klagt über Juckreiz –, braucht er sich nicht „schlecht" zu benehmen, um meine Aufmerksamkeit zu erhalten. Wenn Tiere sich nicht gut fühlen, legen sie manchmal ein Verhalten an den Tag, das der Besitzer als aufsässig empfindet. Dies gilt besonders für Pferde. Bevor du dein Tier beschimpfst, weil es dich abwirft, bockt, beißt, den Teppich oder die Bettdecke ruiniert, deine Habseligkeiten stiehlt, etwas zerstört, bellt, an den Möbeln nagt oder ungesellig ist, prüfe erst, wie es sich fühlt. „Ungezogenheit" ist in den meisten Fällen ein Hilferuf und ein Ruf nach Verständnis. Tiere brauchen diesen Umweg, um sich auszudrücken – es sei denn, du entwickelst deine Hellfühligkeit und erlernst die Gestalt-Technik des Körper-Scannens.

Websters Wörterbuch definiert Gestalt-Psychologie als das Studium von Wahrnehmung und Verhalten aus der Sicht der Reaktion eines Organismus auf ein strukturell Ganzes mit Betonung der Identität psychologischer und physiologischer Ereignisse und Ablehnung einer atomistischen oder elementaren Analyse von Reiz, Prinzip und Reaktion. Einfach ausgedrückt heißt das, dass Gestalt die Fähigkeit ist, die Welt mit den Augen eines anderen zu sehen. Wir machen daraus: „Wahrnehmung und Verhalten vom Standpunkt eines anderen Organismus." Wenn ich davon spreche, dass ich bei einem Tier die Methode der Gestalttherapie anwende, meine ich, dass ich ein Körper-Scanning durchführe, mein Bewusstsein in den Körper des Tieres verlege, für kurze Zeit und mit seiner Einwilligung seine körperliche Form bewohne. Es ist leichter, als es sich anhört. Du wirst die Welt durch die Augen deines Tieres sehen, was auch später wichtig sein wird, wenn wir die Möglichkeiten erforschen, verloren gegangene Tiere aufzuspüren. Gestalt ist die einzige Art, wirksame Befehle zu geben (von innen nach außen) und schmerzhafte Probleme im Körper eines Tieres ausfindig zu machen.

Gestalt ist nichts weiter als eine konzentrierte Form kreativer Visualisierung – im Grunde ein Spiel, das wir alle aus unserer Kindheit kennen, als wir so taten, als wären wir etwas anderes. Wenn du so tust, als wärst du das Tier, kannst du alle möglichen körperlichen Beschwerden identifizieren. Es ist so einfach, wir haben nur vergessen, wie man es macht, und viele von uns, die es noch wissen, haben ihr Vertrauen in die Methode verloren.

Zuerst musst du wissen und alles akzeptieren, was in deinem *eigenen* Körper vorgeht, bevor du den Körper eines anderen betreten kannst. Du musst ein feines Gespür für die Prozesse in deinem Körper haben, um zwischen den eigenen körperlichen Regungen und denen deiner tierischen Freunde unterscheiden zu können. Als Erstes musst du also möglicherweise lernen, den eigenen Körper zu bewohnen. Die emotionale Herausforderung ist die gleiche. Wenn du deine Emotionen kennst und akzeptierst, weißt du, welche du selbst erzeugst und welche du von deinem Tier empfängst. Deswegen werden wir zunächst einmal reinen Tisch machen und Verbindung mit dem eigenen Körper aufnehmen.

Übung: Dich selbst kennen lernen
Meditation zum Klären des Körpers

Nimm dir ein paar Momente, um zu spüren und zu fühlen, was in deinem Körper vor sich geht. Dies ist eine Gelegenheit zu beobachten, zu spüren und zu fühlen, ohne an Schmerzen oder Krankheiten etwas verändern zu wollen und ohne über sie zu urteilen.

Nimm einen tiefen reinigenden Atemzug. Halte den Atem, zähl bis drei und stell dir beim Ausatmen vor, wie alle Angst, Sorge, Kummer, Zweifel und Stress aus deinem Körper fließen: 1, 2, 3. Nimm jetzt einen normalen Atemzug, atme aus. Nimm noch einen tiefen reinigenden Atemzug und zähl bis drei: 1, 2, 3. Löse dich von dem letzten Rest von Spannung und lass ihn beim Ausatmen hinausströmen. Nimm wieder einen normalen Atemzug. Sieh bei diesem letzten reinigenden Atemzug, wie ein goldenes Licht deine Lungen füllt und in deinen Körper dringt – wie die Sonne, die hinter einer Wolke hervortritt. Halte es fest, bis du bis drei gezählt hast und spüre, wie es jeden Zentimeter von dir erwärmt: 1, 2, 3. Dann lass es los.

Verlege deinen Fokus auf den Scheitelpunkt deines Kopfes. Lass ihn sich an deinem Hals hinunterbewegen. Wie fühlt sich dein Hals an? Verspannt? Steif oder biegsam und entspannt? Öffne die Augen und werde dir bewusst, was du siehst. Schließe jetzt die Augen und nimm wahr, was du hinter deinen Augenlidern siehst. Farben? Licht?

Was hörst du in diesem Augenblick? Was riechst du? Welchen Geschmack hast du im Mund?

Gleite abwärts in deine Schultern. Wie fühlen sich deine Schultern heute an? Sind deine Arme entspannt und bequem? Wie fühlt sich deine linke Hand an? Welche Temperatur hat sie?

Wie fühlt sich dein rechter Arm an? Deine rechte Hand? Ist sie kühl und trocken oder feucht? Lasse deine Aufmerksamkeit deine Wirbelsäule hinunterwandern. Wie fließt die Energie? Wie fühlt sich die Ausrichtung an? Versuch nicht, etwas zu verändern, lokalisiere und identifiziere das Gefühl ohne Beurteilung.

Wie fühlt sich dein Herz in diesem Moment an? Fällt es schwer, es mit geschlossenen Augen zu lokalisieren? Kannst du deinen Herzschlag fühlen, ohne dein Herz zu berühren? Kannst du den Rhythmus deines eigenen Körpers identifizieren? Leg deine Hand auf dein Herz. Bist du mit deinem Herzschlag vertraut? Lass dich für einen Moment von deinem besten Freund, deinem Herz, besänftigen. Fühl seine Hingabe.

Verlege deinen Fokus in den Magen. Wie ist deine Verdauung heute? Bist du hungrig? Gibt es etwas, was du essen könntest, damit dein Körper besser funktioniert? Halte hier einen Moment inne und beobachte, ob du intuitive Eindrücke bekommst. Geschmäcker, Gerüche, Bilder.

Wie fühlst du dich heute emotional? Bist du enttäuscht? Stehst du unter Druck? Bist du traurig? Erleichtert? Wütend? Kribbelig? Einsam? Freudig? Überschwänglich? Voller Energie?

Lenke deinen Fokus in die Hüften. Wie verteilt sich dein Gewicht in diesem Augenblick? Wie ist deine Beziehung zur Schwerkraft?

Lass deinen Fokus dein linkes Bein hinuntergleiten. Ist es angespannt, schmerzend oder entspannt? Warm oder kalt? Ist es beengt oder locker ausgestreckt? Wie geht es deinem linken Knie? Deinem linken Fuß? Füße müssen viel Missbrauch ertragen. Wann hast du dir das letzte Mal deine Füße betrachtet? Schick ihnen ab und zu eine Postkarte.

Gleite jetzt dein rechtes Bein hinunter. Wie fühlen sich die Muskeln an? Die Knochen? Stell dir das Bein in Bewegung vor. Stell es dir unter Druck vor, wenn es dein Körpergewicht trägt. Wie fühlt sich dein Knie an? Dein rechter Fuß?

Bring jetzt deinen Fokus wieder zum Herzen zurück und konzentriere dich auf deine Atmung. Wie fühlen sich deine Lungen an? Ist deine Atmung flach oder tief? Angestrengt oder leicht? Dieser tröstliche Atem begleitet dich seit dem Moment deiner Geburt und wird bis zum Moment des Aufstiegs bei dir sein. Hier in dir sind zwei treue Freunde, auf die du dich immer verlassen kannst: dein Atem und dein Herzschlag.

Du bist wieder in deinem Herz. Nimm dir einen Moment Zeit, um dein Bewusstsein auszudehnen. Fühle deinen ganzen Körper. Hat sich etwas verändert? Spür deine *Beziehung* zu deinem Körper. Hat sich deine Beziehung verändert? Was empfindest du in diesem Moment für deinen Körper? Bist du etwas wohlwollender geworden? Weniger ungeduldig? Versöhnlicher? Entspannt? Selbstsicher? Glücklich? Hat dein Körper dir irgendwelche Bedürfnisse mitgeteilt, die du früher nicht wahrgenommen hast? Akzeptiere die Hinweise, dass du vielleicht mehr Sport, mehr Schlaf, mehr Ruhepausen, bessere Nahrung benötigst und so weiter.

Achte auf die Zeit. Wie viel Zeit ist seit Beginn dieser Übung vergangen?

Sei nicht überrascht, wenn du anfangs beim Üben mit diesen Techniken viel weinen musst. Es sind unterdrückte Emotionen, die frei werden. Alte Trauer und alter Zorn können an die Oberfläche kommen, wenn du dir Zeit nimmst, mit deinen Gefühlen in Kontakt zu treten. Vielleicht musst du dir sehr viel Zeit zugestehen, um alles zu klären, bevor du versuchst, dich mit einem anderen Wesen zu verbinden. Wenn du deinen eigenen emotionalen Schutt nicht klärst, wird er deine Kommunikation mit deinem Tier stören und von dir auf das Tier *projiziert* werden. Nur ein leeres Glas lässt sich füllen.

Ich werde dich bald auf eine Reise in einen anderen lebenden Körper schicken. Du könntest ebenso leicht ein anderes Menschentier erkunden, aber für den Moment übe mit einem tierischen Freund. Du gehst in ihn hinein und schaust dich in ihm um. Du nimmst dein Bewusstsein in winziger Form mit dir. Es wird so klein und in seiner Größe veränderbar sein, dass du durch die Blutbahn des Tieres reisen kannst. Der Legende nach schulten die alten Ägypter ihre Tempel-Eingeweihten in der Technik, in ihrem Ka (Astralleib) zu reisen, um sich in den Körpern ihrer Patienten umsehen zu können. Nachdem der Eingeweihte „Flügel" bekommen und erfolgreich seine Tempelausbildung beendet hatte, konnte er ein medizinischer Seher werden. Seine Aufgabe war es, die Ärzte während der Operationen zu begleiten, den Geist des Patienten von seinem Körper bis zum Ende der Operation fern zu halten und psychisch zu helfen, das Messer des Chirurgen zu lenken. Du kannst auch in deinem eigenen Ka reisen, um den physischen Körper deines tierischen Freundes zu untersuchen.

Im Körper deines Tieres findest du das, was ich als den Sprecher oder das Höhere Selbst bezeichne, den Teil der Tierseele, der deine Fragen in jeder Sprache beantworten kann. Du stellst deine Fragen mental und hörst die Stimme in deinem Kopf. Du wirst sie nicht so hören, wie du mit deinen Ohren hörst, denn die Stimme kommt aus der Tiefe. Eine so feine Energiearbeit setzt höchste Konzentration und unerschütterliches Vertrauen voraus. Diese Fähigkeit wird sich nicht bei jedem manifestieren. Vielleicht musst du dich auf die Suche nach Bildern und körperlichen und emotionalen Empfindungen beschränken, aber auch sie sind geheiligte Geschenke und nicht minder wichtig als Sprache.

„Aber das ist nur meine Einbildung" werden deine geistigen Dämonen argumentieren. Ja, das ist es. Deine Einbildungskraft erschafft die ganze 3-D-holografische Welt, die du jeden Tag erlebst. Erinnere dich an Einsteins Aussage, dass Fantasie wichtiger als Wissen ist. Fantasie *führt* uns zu Wissen. Fantasie ist der anfängliche kreative Impuls, das göttliche Vorspiel zu allem, was uns in der äußeren Welt begegnet. Fantasie ist der Funke Gottes in uns: Gottes Vision, Gottes Stimme und Gottes Gefühle, und da wir als Abbild Gottes geschaffen wurden, ist Fantasie alles, was *ist*.

Vielleicht musst du zuerst deine eigenen Ängste und Projektionen klären, um akkurate Informationen zu bekommen. Objektivität ist entscheidend. Wenn du lernen willst, wähle deshalb ein Tier, bei dem du völlig unbeteiligt bleiben kannst. Es könnte das Tier von einem Freund oder Nachbarn oder auch eins deiner eigenen sein, sofern es bei guter Gesundheit ist und deine eigenen Emotionen nicht herauf-beschwört. Schärfe deine Fähigkeiten dann, wenn du dich nicht um die Gesundheit deines Tieres ängstigen musst. Je mehr du in einem entspannten Umfeld übst, in dem du dich nicht vor Verletzung oder Krankheit zu fürchten brauchst, um so objektiver wirst du bleiben können, wenn ein Notfall eintritt und du unter Druck stehst. Ein künstlerisch gestaltetes Anatomiebuch für Tiere kann dir helfen, wenn du mit dem Skelett und den inneren Organen von Tieren nicht vertraut bist. Vielleicht solltest du dich zunächst damit beschäftigen, bevor du zur folgenden Übung übergehst.

Übung: Der Körper-Scan

Der Körper-Scan ist kein Ersatz für tierärztliche Fürsorge, sondern ein nützliches zusätzliches Werkzeug. Wende den Körper-Scan *zusätzlich* zur westlichen Schulmedizin an. Du erhältst Informationen, mit deren Hilfe du bessere Entscheidungen treffen kannst, beispielsweise wenn dein Tierarzt mehrere Behandlungsmethoden anbietet. Mit dem Körper-Scan kannst du herausfinden, welche Kräuter bzw. welche herkömmlichen Medikamente am besten bei deinem Tier wirken. Ich beziehe mich bei der Beschreibung dieser Übung auf einen Hund bzw. eine Katze; nimm dir die Freiheit, das Wort „Pfote" durch „Huf", „Flügel" oder „Arm" zu ersetzen.

Setze dich bequem zu deinem Tier und konzentriere dich auf deine Atmung. Lass deine Aufmerksamkeit nach unten in dein Herz sinken. Entspanne dich dort und atme ein paar Mal. Sei einfach dankbar für das Geschenk des Atems, diese eine Konstante im Leben. Solange wir lebendig sind, arbeiten unsere Lungen friedlich, kräftig und laden die Lebenskraft ein, in unseren Körper zu fließen.

Bevor du in dein Tier hineinschaust, mache eine schnelle Bestandsaufnahme von deinen eigenen Wehwehchen und Schmerzen. Wo bist du verspannt und steif? Lass deinen Fokus den Körper hinuntergleiten – beide Arme entlang, Hals, Rücken, Becken, die Beine hinab in die Füße. Atme in die verspannten Körperstellen und lass die Spannung los. Notiere dir mental, was in deinem Körper schmerzt, damit du deine Probleme nicht mit denen deines Tieres durcheinander bringst.

Bring sanft deinen Fokus in dein Herz zurück, zieh dich in das Heiligtum des Lichtes zurück und sprich still das Korinthische Gebet. Wiederhole die Übung „Kontakt mit deinem Geistführer" oder begib dich in eine andere Meditation, die dir hilft, dich zu zentrieren und zu erden.

Als Nächstes bitte dein Tier, mental in seinen Körper „hineinsehen" zu dürfen. Vielleicht fühlt sich dein Tier nicht besonders wohl auf dieser Stufe der Vertrautheit, denn dein Geist betritt ja seine körperliche Gestalt. Wenn es aufsteht und den Raum verlässt, kümmere dich um andere Angelegenheiten und versuche es später noch einmal. Die meisten Tiere genießen diese innige Kommunikation und heißen die Aufmerksamkeit willkommen. Das Verschmelzen des Bewusstseins ist normalerweise sehr vergnüglich. Wenn dein Freund deinen Vorschlag entspannt aufnimmt, fahre fort und nimm Kontakt auf. Stell dir vor, dass du winzig bist: eine Elfe, eine Fee oder ein kleiner Lichtpunkt.

Springe am Scheitelpunkt aus deinem Kopf heraus und flieg zu deinem Freund. Schlüpf in sein Kronenchakra und gleite hinunter in seine linke Vorderpfote.

Fühl die Schulter. Das Knie. Fühl die Pfote, den unteren Teil des Ballens. Ist er ermüdet? Schmerzt er? Ist er gut durchblutet? Gibt es irgendeine Behinderung am Bein? Ist er gut ausgerichtet? Funktioniert das Bein richtig?

Klettere jetzt die Vorderpfote hinauf und gleite die andere Vorderpfote hinunter. Wieder suchst du nach Steifheit, Problemen mit Knochen, Haut,

Muskeln und Blutzirkulation. Stell dir vor, dass du Druck auf die Pfote ausübst. Stell dir vor, du rennst. Stell dir die Beweglichkeit des Gelenks vor. Sind da Schmerzen oder ist es geschmeidig?

Achte auf das, was du in deinen *eigenen* Armen und Händen spürst. Du bist jetzt an zwei Orten zugleich. Du projizierst in deiner winzigen astralen Form deine Aufmerksamkeit ins Tier, während du seine Empfindungen simultan in deinem eigenen Körper aufzeichnest. Wenn du bekannte Probleme untersuchst, bitte um die Antworten, die du suchst. Zum Beispiel: „Ist dieser Knochen nicht richtig verheilt?" Du könntest blitzartig Schmerzen in deinem eigenen Körper empfinden oder Bilder im Geist sehen, wenn dein Freund dir freiwillig Informationen anbietet. Dein Tier kann dir beispielsweise senden: „Der heiße Beton verbrennt meine Pfoten." Gleichzeitig bekommst du vielleicht einen Blick auf den Gehsteig und einen stechenden Schmerz in den Händen. Diese Nachrichten können, müssen aber nicht von Sprache begleitet sein.

Empfindungen sind genauso stichhaltig. Wenn du keine klaren Bilder bekommst, fahre fort. Diese Arbeit erfordert Übung.

Wenn dein Patient eine Katze ist, versuche zu fühlen, wie es ist, wenn du deine Krallen biegst. Toll, nicht wahr?

Steig hinauf in die Kehle deines Tieres. Überprüfe seinen Kehlkopf. Wie fühlt es sich an, zu miauen oder zu bellen? Wie fühlt es sich an, wenn man spricht und nicht verstanden wird? Wenn dein Freund ein Hund ist: Wie fühlt es sich an, zum Schweigen gebracht zu werden? Hast du ein starkes Verlangen zu sprechen? Wenn dein Freund eine Katze ist: Wie ist es, wenn man schnurrt?

Steige hinab in sein Herz. Sieh dich um. Ist es stark? Ist es klar? Arbeitet es richtig? Fühlt es sich gut an? Was für Gefühle findest du vor? Bist du einsam? Brauchst du mehr Liebe? Wirst du zu lang allein gelassen? Wärst du gern in Gesellschaft anderer Tiere? Wenn du von Traurigkeit oder auch von Freude im *eigenen* Körper übermannt wirst, weißt du, dass du erfolgreich Kontakt aufgenommen hast.

Gleite hinab in die linke Lunge. Wie sieht sie aus? Ist sie rosa? Ist sie sauber? Wie fühlt es sich an, Atem zu schöpfen? Ist sie locker oder verkrampft? Beweg dich zur rechten Lunge. Ist sie gesund? Ist sie stark? Fühlst du eine Reizung, ein Brennen oder einen Krampf im *eigenen* Brustkorb, während du die Lungen deines Tieres erforschst?

Richte deine Aufmerksamkeit auf den Magen des Tieres. Ist er zufrieden oder hat er Beschwerden? Ist er hungrig? Frag, welches Futter schwer verdaulich ist. Stell dir vor, wie das Futter im Maul des Tieres verschwindet, und warte auf eine Antwort in *deinem eigenen* Magen.

„Hast du Allergien?" Stell dir das Tier vor, wie es den mutmaßlichen Übeltäter aufnimmt oder mit ihm in Kontakt kommt. Beobachtest du, dass die Reizung eine Wirkung auf deinen eigenen Körper hat?

„Was könnte deine Verdauung verbessern?" Stell dir vor, dass das Tier Kräuter oder Nahrungsergänzungsmittel zu sich nimmt, und warte auf eine Antwort im *eigenen* Körper. Wenn dir selbst nichts dazu einfällt, konzentriere dich auf den Magen des Tieres und beschwöre das Gefühl von Übelkeit oder Schmerz herauf. Nachdem du diese Botschaft geschickt hast – dein Tier versteht sie als Frage –, bleib still sitzen, bis dein Tier reagiert. Vielleicht siehst du eine Farbe, spürst eine Substanz, riechst einen Duft, hörst ein Wort oder schmeckst etwas.

Wenn dein Tier sich weigert, ein Medikament zu nehmen, frag es, ob die Medizin seinen Magen durcheinander bringt. Stell dir vor, dass das Tier sein Medikament nimmt, und warte auf eine Antwort im eigenen Körper. Die Reaktion auf ein Medikament wird dich vielleicht überraschen. Tiere erleben oft die gleichen Nebenwirkungen wie wir, wenn wir Medizin einnehmen – von Übelkeit über Durst, Schwindel, Angstzustände, Kopfschmerzen bis hin zu Lethargie und anderen unerwünschten Wirkungen.

Wenn du dein Tier mit alternativen Methoden behandeln lässt, kannst du auch fragen, ob seine Kräuter, Vitamine oder Akupunktur eine Wirkung haben. Versetz dich in das Tier, wie es mit pflanzlichen Mitteln oder physiotherapeutischen Methoden behandelt wird. Wie fühlst du dich? Versetz dich nun in das Tier, nachdem es Tabletten geschluckt oder eine Akupunkturbehandlung bekommen hat. Wie fühlst du dich jetzt?

Schau dir den Darm an. Gibt es Beschwerden oder funktioniert alles gut?

Benutze deine *eigenen* Gefühle. Der Gedanke an „schlechte" Nahrung oder an ein Medikament kann Krämpfe, Übelkeit, Panik oder sogar Tränen auslösen. Die Anwesenheit von Krankheit kann als Dunkelheit, Schwere, Schmerz oder Traurigkeit wahrgenommen werden.

Bitte das Tier darum, deine Aufmerksamkeit auf ein schmerzendes oder nicht richtig arbeitendes Organ zu lenken. Fühl dich frei, auch allgemeine Fragen zu stellen:

„Glaubst du, dass dir Akupunktur oder eine chiropraktische Behandlung helfen würden?" Stell dir dabei die Behandlungsformen vor, während sie von einem kompetenten ganzheitlichen Tierarzt durchgeführt werden.

„Helfen dir diese Behandlungsformen, oder möchtest du von allein gesund werden?" Wie fühlt sich dein Körper vor und nach der Therapie bzw. Anwendung an?

Vielleicht hörst du keine Antworten, aber ein Gefühl des Missbehagens oder der Erleichterung sagt dir, dass du auf der rechten Spur bist. Nimm alles, was du fühlst, als Feedback und als Ermutigung.

Steig hinauf in die Wirbelsäule und gleite von Wirbel zu Wirbel. Sind sie gut ausgerichtet? Sind die Knorpel elastisch und flexibel? Gibt es schmerzende Stellen? Eine Entzündung kannst du als rote Lichtblitze wahrnehmen. Wenn du eine gute Verbindung zur inneren Stimme des Tieres hast, kannst du fragen, wie es dazu kam. Achte auf Gefühle wie Angst oder Adrenalinschübe und andere begleitende Bilder.

Verlege deinen Fokus in die rechte Hüfte des Tieres. Sind dort Schmerzen oder Steifheit, oder funktioniert sie wie eine gut geölte Maschine? Stell sie dir in Bewegung vor. Hörst du sie knacken? Gleite das rechte Hinterbein des Tieres hinunter. Fokussiere dich auf den Knöchel, die Pfote, die Ballen. Wie fühlen sie sich an? Stell dir vor, dass sie das Körpergewicht tragen. Was fühlst du jetzt?

Gleite hinüber zum linken Bein und fühle die Muskeln, die Stärke der Knochen und ihre Struktur. Wenn das Tier gesund ist, fühlt sich dein eigenes linkes Bein auf einmal sehr vital an. Es ist besonders spannend, im Körper eines starken, sehnigen Pferdes oder eines glücklichen, muskulösen Hundes zu sein. Ein gesundes Tier psychisch zu erforschen, kann sich besser anfühlen, als im eigenen Körper zu sein.

Konzentriere dich auf den Schwanz des Tieres. (Ich liebe diesen Teil.) Fühle, wie er über das Steißbein mit dem Körper verbunden ist. Reise nach unten zur Schwanzspitze. Fühle, wie es ist, einen Schwanz zu haben. Überprüfe jedes einzelne Gelenk. Stell dir vor, du könntest mit deinem Schwanz wedeln. Fühlt sich jeder Zentimeter gut an?

Überprüfe die Haut. Ist sie angenehm oder trocken? Juckt sie? Die Haut ist ein besonders gutes Messgerät für deine Verbindung. Wenn dein Tier an Hautallergien leidet, wird es dich an der betreffenden Stelle jucken, und du wirst den Drang haben, dich zu kratzen.

Lenke als Nächstes deine Aufmerksamkeit in den Kopf des Tieres. Geh in die Nebenhöhlen. Frag, ob es oft Kopfschmerzen hat. Geh in seine Augen und überprüfe sein Sehvermögen. Untersuche seine Ohren. Wie ist sein Gehör? Neigt es zu Milben oder Infektionen? Geh in seinen Mund und überprüfe seine Zähne. Sind sie einigermaßen sauber? Suche nach Schmerz und Entzündungen. Überprüfe die Ausrichtung von Hals und Kiefer. Wenn sich etwas Speichelfluss einstellt und du lächeln möchtest, ist alles gut; wenn du Druck oder Schmerz fühlst oder rote oder schwarze Blitze siehst, hast du einen Krisenherd gefunden.

Geh in alle Körperteile, die dir wichtig erscheinen. Stell deine Fragen. Schau dich um. Hör dich um.

Nach Beendigung deiner psychischen Höhlenforschung hüpfst du oben aus dem Kopf des Tieres heraus. Kehre in deinen eigenen Kopf zurück und danke deinem Freund, dass er dich seinen Körper erforschen ließ. Eine starke Erfahrung, nicht wahr? Jetzt ist es Zeit, einen Schutz für euch beide herzustellen. Stell dir einen Lichtkokon um deinen tierischen Freund vor. Stell dir dann eine Mauer aus weißem Licht vor, die dich selbst umhüllt und eure körperlichen und emotionalen Bereiche säuberlich voneinander trennt. Im Interesse der Gesundheit und des Glücks deines Tieres musst du dich ganz klar von ihm verabschieden, damit keins deiner unbewussten negativen Muster oder Rückstände in seinem Energiefeld zurückbleibt. Stell dir vor, wie es sicher und geborgen in einer Hülle aus Licht ruht. Aber du selbst brauchst auch Schutz. Falls du die Wehwehchen und Schmerzen deines Tieres übernommen hast, wird dir kein Aspirin helfen. Solltest du ungewöhnliche Empfindungen oder Emotionen verspüren, dann hülle dich in den Lichtkokon. Geh dann getrost deinen Tagesgeschäften nach. Mit der Zeit werden diese Empfindungen nachlassen.

Vielleicht hast du bei dieser Übung nichts weiter erhalten als einen wortlosen Befehl. Vielleicht hast du einfach ein instinktives Gefühl im Bauch gehabt. Beobachte deine Impulse in den nächsten paar Tagen genauestens. Ruf notfalls den Tierarzt an und lass deinen Freund untersuchen. Geh lieber auf Nummer Sicher, damit du dir später keine Vorwürfe zu machen brauchst.

Vielleicht kommst du zu der Erkenntnis, dass dein Tier Medikamente oder Futter bekommt, die es nicht verträgt. Ich rate dir dringend zu einem Tierarzt, der sich mit ganzheitlichen, alternativen Methoden bzw. mit östlicher Medizin auskennt. Für Notfälle solltest du einen Tierchirurgen in deiner Nähe haben, aber für die regelmäßige Betreuung deines Tieres such dir unbedingt einen Arzt, der nach der ganzheitlichen Methode arbeitet, auch wenn das ein paar Stunden Fahrt bedeutet. Mir machen 150 Kilometer nichts aus. Es zahlt sich aus.

Wenn du dich mit der Technik des Körper-Scannings vertraut gemacht hast, kannst du sie auch an Menschen üben. Mach ein Spiel daraus und spiel es mit deinem Partner und deinen Kindern. Zeig deinen Kindern, wie sie den Körper-Scan bei dir durchführen können, und zeichne ihre Ergebnisse auf. Die meisten Kinder verstehen sich nämlich noch auf den Röntgenblick. Das Schöne an der Arbeit mit Menschen ist, dass sie dir in deiner Sprache antworten können.

„Machen Sie den Krebs ausfindig!"

Chris rief an, um einen Termin für einen Hausbesuch bei ihm auszumachen. Er wollte mit mir über zwei seiner drei Hunde reden und war sehr gespannt, da ihm sein Tierarzt einiges über meine Arbeit erzählt hatte. Chris sagte mir, sein Dalmatiner Savanne leide an einem Hämangiosarkom, einem bösartigen Tumor, und sein Rhodesischer Ridgeback Riley hatte Thrombozytopenie. Auf seine Frage, ob es mir etwas ausmachen würde, wenn der Tierarzt bei dem Reading dabei wäre, antwortete ich: „Nein, überhaupt nicht." Positive Energie ist immer willkommen. Ich ging davon aus, dass ich mit dem Vertrauen und der Unterstützung der beiden rechnen konnte, und fragte mich während der Fahrt dorthin, warum ich dann dieses nagende Gefühl im Bauch hatte.

Noch auf der Fahrt stellte ich mentalen Kontakt mit den Tieren her und bat den Sprecher der Gruppe, sich bei mir zu melden. Savanne stellte mir bereitwillig ihre Hilfe zur Verfügung. Im Geist sah ich einen fröhlichen Dalmatiner und fragte: „Savanne? Bist du's? Wie geht es dir?"

Ich habe Milchknochen gefressen. Viele Milchknochen! Herrchen gab mir eine Menge köstlicher Milchknochen!

„Wann?", fragte ich.

Gestern Abend.

„Warum bist du so aufgeregt?", fragte ich.

Herrchen hat eine Party. Viele Leuten kommen! Wir warten auf eine ganz besondere Frau! Eine Frau, die mit Tieren sprechen kann! Die Party ist für mich, damit die magische Frau mit mir reden kann!

„Ich bin diese Frau. Warten die Gäste alle auf mich?"

Ja. Die Überraschungsgäste waren also der Grund für das nagende Gefühl in meinem Bauch.

„Was brauchst du? Was soll ich deinem Herrchen sagen?", fragte ich.

Gelb! Gelb!, antwortete sie. Ich sah einen Blitz aus hellem gelbem Licht aus ihrer Milz austreten. Dabei hörte ich deutlich das Wort Milz. Dieses esoterische Gerede von einem kleinen Köter überraschte mich wirklich.

Als ich bei Chris ankam, fand ich eine Menge Bier trinkender Skeptiker vor. Ich war mir nicht sicher, wie ich in einem Raum voller angetrunkener und teilweise auch feindlich gesinnter Leute zurechtkommen sollte, beschloss aber zu bleiben und war dankbar für den Enthusiasmus des Hundes, der die Negativität der Menschen aufwog. Als der herrliche Rhodesische Ridgeback in den Raum sprang, vergaß ich die Leute.

„Hallo, Riley! Wie geht es dir?", fragte ich.

Ich bin sehr einsam! Meine Freundin ist fortgezogen.

„Warst du verliebt?", fragte ich.

Ja, ich bin noch verliebt. Meine Freundin ist die einzige Hündin für mich.

„Leisten dir diese zwei Hunde keine Gesellschaft?"

Oh ja, mag ich sie, aber ich liebe sie, sie, sie!

„Wie sieht sie aus?", wollte ich wissen.

Kleiner als ich. Elegant. Schön.

„Wo ist sie hingezogen?", fragte ich.

In den Norden. Sie sagt, dass es in ihrer Nähe viele Kiefern gibt. Und Hügel. Die Luft ist kühl, sehr frisch und sauber.

Als ich diese Beschreibung wiederholte, bestätigte Chris, dass Riley eine Hundefreundin hatte, die in den Norden gezogen war. Die Hündin und ihre Besitzerin kämen noch immer ab und zu nach Los Angeles zu Besuch. Riley und ich hatten einen guten Start, und so verblüfften wir Chris und das halbe Dutzend Biertrinker. Als ich Rileys Körper scannte, um seine Gesundheit zu untersuchen, fand ich Schmerzen im Dünndarm und eine sehr schlimme Magenverstimmung.

„Ist dein Magenproblem chronisch?", fragte ich.

Nein, nur heute.

Chris bestätigte, dass Riley am Morgen sein Pepcid nicht genommen hatte, das der Übelkeit entgegenwirkt – einer Nebenwirkung seines antikarzinogenen Medikaments. Ich fragte ihn:

„Riley, wie reagierst du auf dieses Medikament?"

Ich hasse es. Es schadet meinen Nieren. Mein Kopf fühlt sich komisch an, als ob er explodieren würde. Meine Gedanken rasen. Ich bekomme Kopfschmerzen davon.

Ich empfand etwas Rasendes, Schnelles, das mich in Panik versetzte und mir ein Gefühl der Hilflosigkeit gab. Glücklicherweise saß direkt neben mir der Tierarzt. Als ich Rileys Beschwerde weitergab, sagte er, dass einige Hunde positiv auf dieses Medikament reagieren und sich sofort besser fühlen, aber Riley hatte das Schlimmste abbekommen. Dr. Edwards war dankbar für die Bestätigung. Riley rollte sich zu einem großen schlafenden Knäuel zu meinen Füßen zusammen – ein großes, köstliches, altes, rothaariges Knäuel.

Ich habe schmerzhaften Durchfall. Ich glaube, dass es von dem Medikament kommt, das ich nehme. Ich fühle ein Brennen. Erzähl das Herrchen.

„Das werde ich", antwortete ich. Chris hatte den Durchfall bemerkt.

„Was brauchst du, damit du dich besser fühlst?", fragte ich.

Eisen. Ich habe großen Eisenmangel. Es klang ganz danach, als gäbe es hier einen Zusammenhang mit dem Blutplättchenproblem, das auf den Krebs zurückging. (Tiere greifen oft die medizinische Sprache auf, die der Tierarzt in ihrer Anwesenheit benutzt.)

Sag Herrchen, es tut mir leid, dass ich eine solche Last bin. Als ich es tat, füllten sich Chris' Augen mit Tränen.

„Sag ihm, er ist keine Last. Sag ihm, ich freue mich, dass ich mich um ihn kümmern darf. Sag ihm, ich werde alles tun, damit er sich besser fühlt." Chris unterdrückte ein Schluchzen.

„Er fühlt sich so schuldig", sagte ich.

So viel Geld. So viel Zeit. So viel Mühe. Sag ihm, es tut mir leid, sagte Riley.

Als ich es übersetzte, drängte mich Chris: „Sag ihm, es ist nicht seine Schuld. Er wurde damit geboren."

In diesem Moment kam Savanne herein und mischte sich in das Gespräch ein. Welch eine Persönlichkeit! Ich war sofort verliebt in sie. Ich erzählte Chris von den Milchknochen, die mir Savanne im Auto auf dem Weg hierher gezeigt hatte. Er war höchst erstaunt und sagte mir, er habe seinen Hunden am Vorabend zum aller ersten Mal diese Leckerbissen gegeben, und Savanne hatte mehrere davon gefressen. Er gab zu, dass er die Hunde bestechen wollte, damit sie nicht über ihn beim Tiermedium klatschen würden.

Nun beschloss ich, die Stimmung durch meinen liebsten Schachzug noch zu heben.

„Erzähl mir ein Geheimnis", bat ich Savanne.

Letzte Woche klaute ich gebratenes Huhn vom Tisch.

Ich fragte sie: „Ist es in Ordnung, wenn ich es weitererzähle?"

In Ordnung. Sie lächelte in sich hinein. Ich verriet ihrem Herrchen dieses kleine Geheimnis.

Chris rief: „Das war sie? Sie hat es getan? Das warst du? Und wir gaben Riley die Schuld!", lachte Chris.

Ich wandte mich dem bezaubernden Dalmatiner zu.

„He, Savanne. Was ist los?", fragte ich.

Herrchen liebt mich nicht. Ich musste mir das Lachen verbeißen, denn ich wusste, dass es nicht stimmte.

„Warum denkst du das?", fragte ich.

Er hat sich all die anderen Hunde geholt. Ich war zuerst hier. Chris drehte sich um und bestätigte es. Jetzt kam der Moment, worauf das ganze Zimmer voller Skeptiker gewartet hatte.

Chris forderte mich plötzlich heraus. „Bei Savanne wurde gerade eine krebsartige Geschwulst entfernt. Finden Sie heraus, wo sich der nächste Tumor entwickeln wird." Im Zimmer war es mucksmäuschenstill; ich hatte die ungeteilte Aufmerksamkeit aller. Ich gebe zu, dass ich zitterte, als ich bei Savanne einen Körper-Scan machte. Diese nervliche Anspannung war aufreibender als eine Talkshow. Ich ging Savannes ganzen Körper durch, aber der kleine Hund lenkte meinen Fokus immer wieder zum oberen Gaumen zurück. „Ist der Krebs in deinem oberen Gaumen?", fragte ich sie schweigsam.

Noch nicht, antwortete Savanne. Noch immer hielt sie mein Bewusstsein in ihrem Maul fest und erlaubte es meinem Fokus nicht, zu wandern. Schließlich nahm ich einen tiefen Atemzug und ging ein großes Risiko ein. Ich brach die Stille im Raum.

„War der Krebs in ihrem Gaumen?", fragte ich. „Sie sagt, sie hat Angst, dass der Krebs wieder in ihrem oberen Gaumen auftreten wird." Chris und Dr. Edwards schlossen ihre Augen. Nach einem Augenblick sprachloser Stille sagten sie ruhig: „Der Krebs war in ihrem Gaumen. Wir ließen ihn aus ihrem unteren Gaumen entfernen und fürchten nun, dass er sich nach oben ausbreitet. Savanne zeigte mir ihr Milzchakra, das in einem hellgelben Licht leuchtete.

Ich konnte mir keinen Reim daraus machen, aber nachdem ich so viele Jahre mit dieser Arbeit zugebracht habe, habe ich gelernt, auch die verwirrendsten Details nicht zu ignorieren. Nur widerwillig erzählte ich Chris und dem Tierarzt von dem Licht in Savannes Milz. Dr. Edwards löste unser Rätsel.

„Dieser Krebs war ein beispielloser Fall", sagte er. „Es war einer von sieben Fällen in Amerika, wo dieses Karzinom nicht in der Milz entstand." Mein Herz setzte einen Takt lang aus. Plötzlich ergaben die Bilder von Savanne einen Sinn. Die Präzision ihrer Informationen war erstaunlich! Der Tierarzt fragte, ob sich der Krebs in die Milz verbreitet hätte.

Noch nicht, antwortete sie und überschüttete mich mit einem Schwall gelben Lichts. Ich schlug Chris vor, Savanne so viele gelbe Gegenstände wie möglich zu besorgen – sie mit Gelb zu umgeben.

Der Tierarzt bot an: „Wir werden einen Bernstein an ihr Halsband hängen, einen Milzchakra-Stein. Fragen Sie, ob sich der Krebs in den oberen Gaumen ausbreiten wird."

„Savanne, hat sich der Krebs in deinen oberen Gaumen ausgebreitet?"
Nein, aber ich habe Angst, dass es passiert, antwortete sie.

Ich versuchte, meine Frage vorsichtiger auszudrücken: „Wird der Krebs deinen oberen Gaumen befallen?"

Nein, aber ich habe Angst, dass es passiert. Ich konnte mich des Eindrucks nicht erwehren, dass dies nicht Savannes Angst war, sondern die ihres Herrchens. Savanne zeigte mir, wie Chris ihr Maul wie ein Besessener untersuchte. Ich teilte ihre Besorgnis und erklärte ihr, dass sie keine Schmerzen spürte, sondern nur Angst. Dann fragte ich Chris, wie oft er in ihrem Maul nachschaute.

Chris fühlte sich ertappt und gab betreten zu, dass er zwanghaft ihr Maul fünf Mal am Tag prüfte, da er ständig damit rechnete, dass sich der Krebs zeigte. Ich bat ihn, sie eine Woche in Ruhe zu lassen und sie jeden Tag zu loben. „Ich bin so stolz, dass du dich heilst! Der Krebs kommt niemals zurück! Du bist völlig gesund, und du wirst *niemals* mehr krank werden!" Ich versuchte ihm begreiflich zu machen, dass er ihr bisher nicht die Heilung suggeriert hatte, sondern die Suche nach dem Krebs. Da ich nach einer Verbindung zwischen den zwei Hunden mit seltenen Blutkrankheiten und ihrem Herrchen suchte, fragte ich Chris, was mit seinem Blut nicht stimmte. Er vertraute mir an, dass er an einer lebensgefährlichen Anämie litt. Wir redeten ein paar Minuten über die „Osmosekrankheit" und was passiert, wenn man den eigenen emotionalen Müll auf die Tiere ablädt.

Ich wollte Chris und Savanne aufmuntern und ihre Gedanken von ihrer Krankheit ablenken. „Savanne, erzähl mir ein Geheimnis. Ich möchte deinem Herrchen etwas Komisches erzählen", sagte ich zu ihr.

Sag ihm, dass ich ein Kissen stahl, einen Tabakbeutel. Als ich das übersetzte, brüllte Chris vor Lachen. „Oh, mein Gott! Mein Tabak! Meine Pfeife! Das ist also mit meiner Pfeife passiert!" Chris trocknete sich die Augen, und Savanne ließ mich den Abend mit Lachen beenden, nicht mit Tränen.

Ein Jahr später erlag Savanne dem Krebs, aber sie war mein Meister geworden. Ich verdankte ihr einen Crashkurs in Gestalt. Niemals zuvor und niemals seitdem bin ich mit so einem Meisterlehrer gesegnet worden.

Janet Jackson und die Schrotkugeln

Der größte Fehler, den ich jemals beging, bestand darin, dass ich eine Katze fragte, ob sie zum Tierarzt gehen wollte. Mein Freund Tony rief mich am Morgen hysterisch wegen seiner Katze Janet Jackson an. Sie war plötzlich lustlos und schien sehr krank zu sein. Nun, Tony konnte reden wie eine Eins und betuttelte seine acht Katzen wie eine Mutterglucke. So früh am Morgen – mein Gehirn war noch nicht voll funktionsfähig, als ich meine erste Tasse Getreidekaffee trank – erschien es mir, dass Tony überreagierte. Nicht sonderlich engagiert fragte ich die Katze: „Willst du zum Tierarzt?" Großer Fehler.

Nein!, sagte Janet und ließ mich wissen, dass sie ihren Tierarzt hasste. Der Mann könne ihr nicht helfen, und sie würde sich alleine kurieren.

„Was fehlt dir?", fragte ich

Weiß ich nicht.

„Was ist denn passiert?", fragte ich.

Ist mir nicht klar. Janet schien sich nicht übermäßig um ihren Zustand zu sorgen, und deshalb schien mir keine Gestalt-Sitzung mit ihr geboten. Wir *sprachen* dann auch nur über das, was geschehen war. Sie sagte, sie wäre von einer Wand hoch oben bei einem Hausdach gefallen, und dass es ihr bald besser gehen würde. Sie zeigte mir große dunkelhäutige Arbeiter, die Gegenstände in eine leere Wohnung hineintrugen und Gegenstände hinaustrugen. Ich sah sie vor den Männern fliehen und auf dem Asphalt unten landen.

„Bist du gefallen?", fragte ich.

Ja, antwortete sie. Als ich Tony dies mitteilte, bestätigte er, dass die Wohnung auf der dritten Etage seines Gebäudes voller Maler sei und identifizierte die Wand. Janet versicherte mir, dass sie keine gebrochenen Knochen hatte, und so ließen wir es dabei.

Als es Janet nachts aber nicht besser, sondern schlechter ging, verband ich mich geistig mit ihr und fragte sie, ob sie zum Tierarzt gehen wollte.

Der Mann kann mir nicht helfen. Ich werde mich allein heilen. Ich muss nur schlafen, sagte sie. Danach hörte ich ein paar Tage nichts von Tony und hoffte, alles wäre gut, obgleich ich weiterhin ein krankes, bleiernes Gefühl von seiner Katze empfing. Als sie mir das Wort *Vergiftung* sandte, rief ich Tony an, um das zu überprüfen. Bis zu diesem Zeitpunkt hatte ich sogar versäumt, einen gründlichen Gestalt-Check an der Katze vorzunehmen.

Tony wiederholte die schreckliche Geschichte, die er und seine tapfere kleine Katze durchgemacht hatten. Am Tag, nachdem wir miteinander gesprochen hatten, war er mit Janet zum Tierarzt gegangen. Um einige hundert Dollar erleichtert brachte Tony eine sterbende Katze nach Hause zurück. Nach vielen teuren Tests und Röntgenuntersuchungen hatte der Tierarzt eine Schrotkugel gefunden, die sich unter dem Fell in der Nähe des Magens der Katze versteckte. Der Tierarzt entfernte die Kugel, und nachdem er sonst nichts gefunden hatte, nahm er an, dass sich die Katze von dem Fall erholen würde. (Er ging davon aus, dass Janet gefallen war, nachdem sie von der Schrotkugel getroffen worden war.)

Das war der erste Teil der korrekten Auskunft von Janet: Der Tierarzt konnte ihr nicht groß helfen. Tony geriet nun in Panik und brachte Janet zu einer anderen Tierärztin, die mit Hilfe eines erneuten Röntgenbildes eine weitere Schrotkugel fand. Diese zweite Kugel steckte in der Niere der Katze und gab Giftstoffe in ihren Körper ab. Die Tierärztin führte eine Notoperation aus, um die Kugel zu entfernen. Dies war das andere Stück richtiger Information, das Janet gegeben hatte: Das Wort *Vergiftung* war eine genaue Beschreibung ihrer Krankheit, da der Einschuss in der Niere Janet buchstäblich vergiftete.

Ein paar Wochen später machte Tony den Jungen mit dem Luftgewehr aus, der sich einen Spaß daraus machte, Katzen zu erschießen. (Dieser kleine Dummkopf war der Sohn von einem der Arbeiter.)

Den Fehler, den ich damals beging, werde ich nie vergessen. Die Katze gab mir präzise Informationen, aber ich stellte die falschen Fragen. Wenn ich als erstes einen Gestalt-Check vorgenommen hätte, hätte ich da diese kleinen Kugeln gefunden? Ich werde es nie mit Sicherheit wissen. Hätte ich Janet Tage unnötigen Leidens ersparen können? Was, wenn Tony meinen Rat befolgt und die Katze nicht zum Tierarzt gebracht hätte? Janet wäre sicherlich gestorben, und ich wäre verantwortlich gewesen.

Stellte ich die falschen Fragen? Welche Katze *möchte* schon zum Tierarzt gehen? Andererseits *können* Tiere dir sagen, wann ein Arzt notwendig ist oder wenn ein bestimmter Tierarzt helfen kann. Tonys Katze hatte Recht, was den männlichen Tierarzt betraf.

Auf die Anfangsfrage, was ihr fehlte, hatte Janet ihre Niere nicht erwähnt. Wenn sie um das Stück Metall dort gewusst hätte, hätte sie mir wahrscheinlich davon erzählt. Ihr Schock war so groß, dass sie mir ihre Erfahrung nicht erklären konnte. Janet erteilte mir eine der entscheidendsten Lektionen meines Lebens: Gestalt! Gestalt! Nicht nur einfach *fragen. Hinschauen!*

Träume einen kleinen Traum von mir

Die Leute fragen mich oft, ob ihre Tiere mir ihre Träume schildern können. Natürlich können sie es. Sie schildern ihre Träume auch dir im Schlaf, wenn du mit Gestalt arbeitest. Nichts vertreibt schlechte Laune schneller als die Teilnahme am Traum eines Tieres. Wenn du dich behutsam an dein Tier anpirschst, während es tief und fest schläft, und sanft deinen Kopf auf seinen Rücken oder Bauch legst, kannst du, kurz bevor es aufwacht, etwas von dem Film mitbekommen. Die meisten Katzen träumen von der Jagd. Du erkennst es an ihren Pfoten und dem wild zuckenden Maul. Die Katzensafaris, mit denen es sich am besten angeben lässt, finden im Schlaf statt, da bin ich mir sicher. Wenn Mr. Jones wie ein Licht ausgeschaltet ist und ich mich anschleiche und meine Stirn auf seinen luxuriösen Rücken lege, sehe ich komischerweise immer die gleiche Szene: Er liegt am Rand eines Wassers, späht durch große Binsen und fremdartige Gräser und beobachtet weiße Vögel in der Größe von Enten oder Schwänen – zum Fressen also zu groß. Ihm erscheinen sie himmlisch schön. Manchmal schleicht er zwischen den Vögeln auf dem zugewucherten Ufer herum. Manchmal fliegt er zusammen mit den großen weißen Vögeln – Möwen vielleicht – hoch oben in der Luft. Komisch daran ist nur die Tatsache, dass Mr. Jones etwas von einem Maine Coon in sich hat, der einzigen bekannten „Fischerkatzen"-Züchtung. Maine Coons waren einmal hochseetüchtige Katzen, die in Amerikas Gründerzeit an Bord eines Schiffes in Neuengland als Glücksbringer galten. Maine Coons sind bekannt dafür, dass sie das Wasser lieben. Ob es genetisch ist, weiß ich nicht, aber Mr. Jones träumt vom Meer wie Tolkiens Elfen.

Mein Tag im Zoo

Wenn es in deiner Nähe einen anständigen Zoo gibt, der dir nicht das Herz bricht, könntest du ihm deine Aufwartung machen und es mit der folgenden Übung versuchen. Wenn du sehr zart besaitet bist und dir den Zoo nicht antun kannst, überspring die Übung und geh gleich zum nächsten Kapitel. Ich gebe zu, ich muss meine Hellfühligkeit herunterschalten und mich mehr aufs Hellsehen verlassen, damit mich die Tiere, die ich besuche, nicht mit ihrer Langeweile und Frustration überfluten. Egal, wie wir darüber denken: Zoologische Gärten werden nicht verschwinden. Sie werden zur letzten Zuflucht für viele vom Aussterben bedrohte Tiere. Sollten wir sie – anstatt sie zu boykottieren, wie es fast alle meine Freunde tun – nicht finanziell unterstützen und sie für die Tiere zu wohlverdienten artgerechten Zufluchtsorten umgestalten?

Im letzten Sommer begann ich im Zoo von Los Angeles zu zeichnen. Tiere lassen sich gern zeichnen. Sie finden den Energieaustausch belebend, aber genau wie die meisten menschlichen Modelle finden sie es manchmal schwierig, lange stillzuhalten. Ich unterhielt mich beim Zeichnen mit den Tieren und bat sie, verschiedene Posen einzunehmen. Ich war überrascht, welche Tiere am besten darauf reagierten. Ich hatte angenommen, dass ich mich am leichtesten mit Affen – und wegen meines engen Verhältnisses zu Katzen – auch mit den großen Raubkatzen unterhalten konnte. Aber dies war nicht der Fall. Das Nashorn war konkurrenzlos das empfänglichste Tier. Es schritt nicht nur direkt auf mich zu und hielt lange in einer Pose still, sondern löcherte mich während der ganzen Zeit auch noch mit Fragen: *Hast du schon meine Füße gemalt? Meine Füße sind außergewöhnlich.* Es drehte sich sogar auf meine Bitte um, um mir seine andere Seitenansicht zu präsentieren.

Gleich danach kamen die Elefanten. Die zarten, empfindlichen Riesen reagieren erstaunlicherweise gut auf psychische Bitten. Möglicherweise landen sie aus diesem Grund oft im Zirkus. Deinen Bitten kommen sie normalerweise nur allzu gern nach. Zwei Elefanten kamen herüberspaziert und posierten für mich fröhlich und majestätisch. Sie hatten meine Mission sofort erkannt. Im Zoo von Los Angeles erscheinen regelmäßig Gruppen von Kunststudenten, was ich damals allerdings noch nicht wusste.

Ich war überrascht, im Kojoten einen wundervollen Gesprächspartner zu finden, und gebe zu, dass ich vom Eisbären bezaubert war, aber das schönste Gespräch entspann sich mit einem kleinen Kapuzineraffen, der sofort zur Vorderseite seines Käfigs kam, als ich ihm einen Gedanken sandte. Seine Partnerin trippelte besorgt auf einem Ast hin und her. Du wirst mir nicht glauben, wenn ich dir erzähle, wie klar unsere Kommunikation war. Als ich den Gedanken sandte: „Willst du herunterkommen und mit mir sprechen?", fragte er: *Bist du ein Tiermedium?*

„*Ja!*", antwortete ich. Mich hatte das noch nie ein Tier so geradeheraus gefragt. Offensichtlich war ich nicht das erste Tiermedium, dem er begegnet war. Er packte die Gitterstäbe mit beiden Händen und zwängte seinen Kopf hindurch, um einen besseren Blick auf mich werfen zu können.

Heißt das, dass du mich wirklich hören kannst?, fragte er. Er wollte sich vergewissern. Es war zu schön, um wahr zu sein.

„Ja!", antwortete ich. Er hüpfte auf und ab, deutete auf mich, drehte sich um und brüllte seiner Partnerin zu: *He, Schatz, das musst du dir ansehen! Hier unten ist ein Tiermedium!*

Ich hörte ihre hochmütige Antwort: *Ich bin beschäftigt! Ich habe Wichtigeres zu tun! Sag ihr, sie soll fortgehen.*

Du hast bestimmt schon Zeichentrickfilme von Affen im Zoo gesehen, die uns beobachten, als wären wir die Attraktion einer Sondervorstellung. Genauso fühlte ich mich, als der eine Affe mich anglotzte, während der andere mir keine Zeit zugestehen wollte. Aber ich hatte ein wunderbares Gespräch mit dem kleinen Typ, und ich habe meine Fragen für dich aufgeschrieben, für den Fall, dass du in den Zoo gehst. Nimm dein Notizbuch mit, notiere deine Antworten und versuche einen Tierwärter zu finden, der deine Information überprüfen kann. Wenn du vom Tierwärter keine direkte Bestätigung bekommst, stell dem Tier folgende Fragen zu seinem Lebensstil und natürlichen Lebensraum. Schlag später in einer Enzyklopädie nach oder hol dir die Informationen aus einem Buch aus der Bibliothek oder aus dem Internet.

Übung Kommunikation:
Dein Tag im Zoo

Halte dein Notizbuch bereit. Nimm einen tiefen Atemzug. Entspanne dich beim Ausatmen. Festige dich. Wenn du stehst, werde dir deiner Füße bewusst und wie dich dein Gewicht mit der Erde verbindet. Senke dein Bewusstsein in deinen Brustkorb. Beruhige deinen Geist ein paar Minuten, konzentriere dich nur auf deinen Atem. Erlaube deinem Geist loszulassen. Fühle deinen Brustkorb sich friedlich heben und senken. Wenn du fertig bist, bewege sanft deine Aufmerksamkeit in dein Herz. Fühle, wie ein Licht in deinem Herz zu funkeln und zu erwachen beginnt. Dein Herz fängt an zu strahlen und sich auszudehnen. Es strahlt immer heller, bis eine Lichtranke aus deinem Herzen das von dir ausgewählte Tier erreicht. Der sanfte Lichtstrahl bildet eine Brücke zwischen deinem Herzen und dem Herzen des Tieres. Schicke Liebe. Denke: „Ich liebe dich. Ich liebe dich sehr. Ich bin so dankbar, dass du existierst." Lass deine Wahrnehmung aus deinem Körper gleiten und die Brücke überqueren.

Du wirst wissen, dass du Kontakt aufgenommen hast, wenn du eine Leichtigkeit fühlst, die dich fast vom Boden fegt. Es wird dir warm, vielleicht schwindlig, dein Magen sackt nach unten. Du empfindest tiefen Frieden und Sorglosigkeit. Vielleicht siehst du einen weißen Lichtstrudel, deine Augen gehen dir über. Wenn Dankbarkeit und Liebe dich umhüllen, wirst du wissen, dass du erfolgreich die Brücke gebaut hast. Wenn du fertig bist, sende diese Bilder und Worte:

1. Möchtest du mit mir reden?
2. Was frisst du am liebsten?
3. Wie heißt der Mensch, der dich füttert?
4. Wie sieht dieser Mensch aus?
5. Wann bekommst du Abendessen?
6. Was würdest du an deinem Fressen verändern?
7. Hast du einen Partner?
8. Hast du Kinder?
9. Wurdest du im Zoo geboren?
10. Wenn nicht, erzähle mir über deine Ankunft im Zoo.

11. Kannst du mir etwas über deinen natürlichen Lebensraum erzählen?

12. Möchtest du etwas über die Menschen wissen?

13. Kann ich dir helfen, deine Lebenssituation zu verstehen?

14. Gibt es irgendetwas, das du mich fragen möchtest?

Erinnere dich an den zweiseitigen Prozess, die Ping-Pong-Perspektive. Sieh zuerst das dir antwortende Tier von außen durch deine Perspektive. Sieh jetzt das Tier, wie es dir aus seiner Perspektive antwortet. Wenn sich dein von dir ausgewähltes Tier versteckt, kannst du es herauslocken, indem du ihm den Gedanken sendest, wie es sich aus seinem Versteck herausbegibt. Um ein Tier näher heranzulocken, sende den Gedanken, dass es sich dir nähert. Wenn es schläft, könnte dein Gedanke es sogar aufwecken. Erinnere dich daran, dass das Tier nicht wach sein muss, um sich mit dir zu unterhalten. Es ist nicht das Tagesbewusstsein, mit dem du dich in Verbindung setzt.

Bleib in deinem Körper und beobachte still alle Veränderungen in deinem eigenen Körper: Ein Summen, ein Prickeln, Hitze, Kraft, Melancholie, Schmerzen, angenehme Gefühle. Auch wenn du keine Worte hörst und keine konkreten Bilder siehst, weißt du, dass dir der Kontakt gelungen ist, sobald dein Körper-Scan Empfindungen oder Gefühle hervorruft, die du niemals vorher gefühlt hast. Wenn du Körperteile spürst, die nicht deine eigenen sind, hast du erfolgreich Kontakt hergestellt.

Mach den Gestalt-Check mit den Elefanten. Wenn du eine fast orgasmische Empfindlichkeit in der Nase spürst, weißt du, dass du eine Verlagerung des Bewusstseins erreicht hast.

Mach den Gestalt-Check mit den Kängurus. Fühlst du eine zarte Geschicklichkeit in den Händen und eine gewaltige Kraft in den Beinen? Wie fühlt es sich an, sich auf einem stützenden Schwanz auszuruhen?

Mach den Gestalt-Check mit den Seelöwen. Wie viel Spaß macht es zu schwimmen? Wenn du die himmlische Liebkosung des Wassers spürst, das an deinen Flossen vorbeigleitet, wenn es sich göttlicher anfühlt als alles Wasser bisher, dann bist du im Körper eines Seelöwen.

Mach den Gestalt-Check mit den Affen. Wie ist es, kopfüber an deinem großartigen Schwanz zu baumeln?

Mach den Gestalt-Check mit den Flamingos. Wie fühlen sich deine Beine an?

Mach den Gestalt-Check mit den Alligatoren. Wie fühlen sich deine Zähne an?

Mach den Gestalt-Check mit dem Tiger. Hast du dich jemals so glänzend gefühlt? Hast du jemals so tief den Zustand der Gnade empfunden?

Mach den Gestalt-Check mit den Gorillas. Sind sie tatsächlich so anders als wir? Schreib deine Antworten auf, damit du die Übermittlungen später nicht vergisst.

Wie hast du abgeschnitten?

Zuallererst, sei nicht enttäuscht, wenn die Bilder, die du von dem Futter des Tieres bekommen hast, ein bisschen schwammig waren. Sie können komprimierte Gemüsestangen oder Schüsseln mit Korn oder Brei fressen, die du nicht identifizieren kannst. Nimm die Farbe und die Beschaffenheit der Nahrung als brauchbare Antwort. Du kannst auch hier die Gestaltmethode anwenden und den Geschmack herausfinden.

Zweitens, sei nicht überrascht, wenn dich jemand bittet: *Kannst du mich befreien?* Sie können dies mit herzerweichenden Argumenten weiterverfolgen: *Wenn du mich hören kannst, warum kannst du mich nicht befreien?* Antworte mit Bildern ihrer einheimischen Lebensräume, die zerstört werden. Sag ihnen, dass wir sie im Zoo halten, um sie vor dem Auslöschen zu bewahren. Sag ihnen, dass es dir leid tut, dass ihr Revier so klein ist (du wirst einen Sturm von Beschwerden über dich ergehen lassen müssen), aber dass die Menschen die Tiere lieben und schätzen und dass Zoologische Gärten die einzigen Orte sind, wo wir ihr Überleben sicherstellen können.

Ich weiß, dass diese Übermittlungen hohe Ansprüche stellen. Damit du dir eine Wüste oder einen Regenwald auf der anderen Seite der Erde vorstellen kannst, wo du noch nie gewesen bist, bedarf es einer lebhaften Fantasie deinerseits. Sende den Tieren ein psychisches Sandwich.

Sandwich: Warum du im Zoo bist

1. Sende Bilder, wie das Tier gefüttert, gehegt und gepflegt wird, auch wenn es ein bisschen beengt zugeht.

2. Sende Bilder von Wilderern, verschwindenden Bäumen und hungrigen Tieren oder das, was für das Überleben des jeweiligen Tieres auf dem Spiel steht.

(Ich weiß, es ist hart, aber die Tiere haben ein Recht, die Wahrheit zu erfahren)

3. Kehre zu den Bildern des in Gefangenschaft gedeihenden Tieres zurück.

Wie immer, gib Auskunft. Gib um alles in der Welt Auskunft! Beantworte die Fragen, so gut du kannst. Tiere sind genauso neugierig wie wir, wenn nicht sogar noch neugieriger.

Wenn du dein Gespräch beendet hast, danke dem Tier überschwänglich dafür, dass es sich die Zeit zum Sprechen nahm. Sie schätzen es so sehr, wenn sie geschätzt werden. Sie können dich darum bitten, zurückzukommen und sie wieder zu besuchen, und wenn sie es tun, dann halte dein Versprechen. Es gibt keine größere Ehre, als mit einem wilden Tier befreundet zu sein.

Kapitel 7:
Radar – Aufspüren durch Gestalt

Für einen Menschen, der nicht nur Wahrnehmungen hat, sondern auch den Willen, wahrzunehmen, nicht nur das Vermögen, die Welt zu beobachten, sondern auch das Vermögen, seine Beobachtungen über sie zu verändern – welches letztendlich das Vermögen ist, die Welt selbst zu verändern. Die Menschen, die erkennen, dass die Fantasie der Meister der Realität ist, nennen wir Weise, und diejenigen, die entsprechend handeln, nennen wir Künstler.

Tom Robbins, Skinny Legs and All

Flugstunden

Indem du mental einem Tier folgst, wirst du sowohl Gestalt als auch ‚Remote Viewing' benutzen, das ich in Kürze erklären werde. Beides sind Fertigkeiten und keine Gaben. Es sind keine Talente, sondern Aktivitäten, mit denen wir uns beschäftigen. Ich wage zu sagen, sowohl Gestalt als auch Remote Viewing sind nicht nur erlernbare Fertigkeiten, sondern Künste. Zu lernen, außerkörperlich nach Belieben zu reisen, kann lebenslängliches fleißiges Üben bedeuten. Rechne mindestens mit dem Zeitaufwand, der nötig ist, um den Pilotenschein zu machen. Wie viele Flugstunden brauchst du, um deinen Pilotenschein für ein Düsenflugzeug zu machen?

Auf der anderen Seite kannst du dich selbst überraschen. Diese Techniken wurden Jahrtausende in der Priesterschaft Ägyptens, Chinas, Tibets, Brasiliens, Irlands und Griechenlands unterrichtet, um nur einige zu nennen. Für Indianer, Afrikaner, Aborigines, Inuit und die indigenen Völker Mexikos und Mittelamerikas ist Remote Viewing nichts Unbekanntes. In *Jambalaya* (Harper, San Francisco) berichtet Luisah Teish anschaulich über alchemistische Fertigkeiten, die ihr von ihren afrikanischen Yoruba-Vorfahren überliefert wurden. In *Die Wolfsfrau* (Ballantine), webt Dr. Clarissa Pinkola Estes einen reichen Teppich aus Mythen und praktischer Magie in ihrem hispanischen Erbe und vielen anderen Kulturen der Welt. Wenn du dich danach sehnst, außerkörperliche Techniken zu untersuchen, die von den alten Ägyptern gelehrt wurden, dann besorg dir Joan Grants Buch *Winged Pharaoh* (Berkley Medallion). Von jeder Kultur unserer Erde, die uns Aufzeichnungen hinterlassen hat, sind uns Legenden von Spurensuche und Gestalttherapie überliefert; und selbst von den Zeiten, aus denen es keine schriftlichen Überlieferungen gibt, zum Beispiel von den Neandertalern, existieren noch Gerüchte. Die Bibel ist voll von christlichen und jüdischen Sehern, die in ihren Visionen den Bereich ihrer fünf Sinne weit überschritten. Die meisten christlichen Heiligen, so weiß man, bewegten sich durchaus auch in den ungezähmten Gefilden der Psyche. Entmystifizieren wir nun dieses Aus-dem-Körper-Hinausgehen.

Jemanden aufspüren ist im Grunde nur eine Konzentrationsübung. Wenn wir ein verschwundenes Tier aufspüren wollen, betreten wir seinen Körper und reisen gleichzeitig in unserem eigenen Astralleib. Wir werden die Ping-Pong-Sichtweise benutzen, wenn es ums Detail geht. (Das heißt, wir blicken abwechselnd aus den Augen des Tieres und visualisieren es von außen.)

Ich entdeckte *Remote Viewing* per Zufall. Bevor ich nach dem verheerenden Erdbeben in Los Angeles eine entlaufene Katze aufspürte, nahm ich an, die einzige brauchbare Methode bei der Spurensuche sei die Gestaltmethode: die Welt aus der Perspektive des Tieres zu sehen. Diese Illusion musste ich aufgeben, als ich einmal eine getigerte Katze von außen beobachtete. Meine Wahrnehmung schwebte oberhalb der Straße, wo die Katze unter einem halb verfallenen Gebäude hockte. Später erfuhr ich von der Katzenbesitzerin, dass die Katze blind war. Was ich auch immer tat, ich sah nicht durch ihre Augen. Das weckte mich auf. Mir wurde klar, dass ich die ganze Zeit die Methode des *Remote Viewing* angewandt hatte.

Wenn ich es kann, kannst du es auch. Beginne jetzt mit deinem eigenen Tier und übe, bevor es ernst wird. Wenn du nicht weißt, wo dein Tier gerade jetzt ist, wirst du keine Bestätigung auf all deine Fragen erhalten können, aber du wirst zumindest einen teilweisen Beweis bekommen. Setz dich mit deinem Notizbuch – weit entfernt von deinem Tier – hin und frag dein Tier, was es von seinem Standpunkt aus sieht und was es unter seinen Pfoten fühlt. Gestatte dir zu „raten". Erlaube dir, dich zu „irren". Lass einfach deine Fantasie wandern. Schreib die Antworten zu deinen Fragen nieder, dann suche dein Tier. Hattest du die richtigen Informationen von ihm erhalten?

Übung: Spurensuche

Wenn du einen Hund hast, schick ihn mit einem deiner Freunde auf einen Ausflug. Bitte deinen Freund, den Ausflug so zu gestalten, dass du bestimmte Dinge sicher identifizieren kannst: ein Besuch bei menschlichen Freunden, unverwechselbare Anhaltspunkte der Landschaft, bestimmtes Futter, eine unbekannte Umgebung. Notiere vor oder während des Ausflugs die Antworten zu folgenden Fragen:

Was siehst du?

Was riechst du?

Welche Menschen siehst du?

Bei wem bist du? Welche Farbe hat ihr Haar?

Wohin gehst du?

Macht es dir Spaß?

Ist das Fenster geschlossen?

Seid ihr weit gefahren?

Wie hat der Boden draußen ausgesehen?

Hast du etwas Besonderes gefressen?

Hast du besondere Spiele gespielt? Mit welchen Spielzeugen?

Welche Bäume hast du draußen gerochen?

Wenn dein Freund mit deinem Hund zurückkommt, leg ihm einige deiner Fragen vor. Zeig ihm deine Notizen und vergleicht.

Wenn du eine Katze hast: Lass einen Freund deine Katze besuchen, während du nicht zu Hause bist. Bitte deinen Freund, ein paar Leckerbissen, Spielzeug und Musik mitzubringen. Stimm dich zur festgesetzten Zeit auf deine Katze ein und schreib die Antworten auf folgende Fragen nieder.

Wer besucht dich in diesem Augenblick?

Gefällt er dir?

Was siehst du?

Brachte er dir etwas Besonderes zum Fressen?

Brachte er dir besonderes Spielzeug mit?

Was hast du gehört?

Ein verschwundenes Tier finden

Ein verschwundenes Tier fragst du immer zuerst: „Bist du verletzt?" Bevor du nach seinem Aufenthaltsort suchst, scanne es und suche nach körperlicher Verletzung. Die üblichste Todesart für einen Hund oder eine Katze ist, von einem Auto angefahren zu werden. Stell die Frage „Wurdest du überfahren?" Oder, wenn es Nacht ist: „Scheinwerfer?" Dadurch kannst du vielleicht herausfinden, ob dein Tier schon im Jenseits ist. Selbst wenn das der Fall ist, kann es dir gelingen, seine Geschichte zu hören. Die göttliche Essenz stirbt niemals. Du kannst mit folgenden Fragen fortfahren:

Was siehst du?

Was hast du als Letztes gesehen, als du das Haus verlassen hast?

Durch welche Tür bist du hinausgelaufen? Gartentür? Haustür?

Bist du nach links oder rechts gelaufen?

Wechsle an diesem Punkt zur Ping-Pong-Sichtweise über. Geh hinauf in die Vogelperspektive, wo du durch *Remote Viewing* den Überblick hast. Lenke dazu deine Aufmerksamkeit auf das Chakra, das sich etwa 25 Zentimeter über deinem Körper befindet. Ich nenne es das Mondchakra, weil es über unseren Köpfen kreist. Eine vollständige Meditation zur Aktivierung dieses Chakras wird im nächsten Kapitel folgen. Benutze das Mondchakra jetzt, um deinen Körper zu verlassen und die Vogelperspektive einzunehmen.

Kannst du ausmachen, wo Norden ist? Süden? Osten, Westen? Du schwebst über deiner Nachbarschaft. Bitte von diesem Standpunkt aus das Tier, seinen Weg zu rekonstruieren. Vielleicht siehst du, wie sich unter dir seine Fährte hinzieht: zur Tür hinaus, über eine rote Ziegelsteinmauer, einen Häuserblock nach Norden, nach rechts, über eine große

Straße und so weiter. Benutze deine Ortskenntnisse und stell die Fragen, die dich weiterbringen können.

Benutze jetzt die Ping-Pong-Sichtweise: Betritt wieder den Körper des Tieres. Bitte es, dir seine Schritte zu zeigen. Bitte es, das Gedächtnis seiner Sinne zu benutzen und dir seinen Weg zu zeigen.

Frage:

Was hast du gesehen? (Efeu, ein Schwimmbad ...)

Was hast du gefühlt? (Kalten Ziegelstein unter den Pfoten, als es auf die Mauer sprang, Angst, als es die Straße überquerte ...)

Was hast du gerochen? (Benzin, Abgase ...)

Was liegt auf dem Boden? (Kiefernnadeln, Bergahornsamen, Kinderspielzeug, kalter Gehsteig ...) Beton oder Gras?

Hast du andere Tiere gesehen? (Enten, Hunde, Vögel, Insekten ...)

Während der Spurensuche sind die Fragen unbedingt erforderlich. Verzweifle aber nicht, wenn du keine Reaktion bekommst. Sende Bilder aus, damit sie korrigiert werden können. Wenn das Tier das Bild akzeptiert, wird das Bild in deinem Geist verstärkt und scheint an Größe, Gewicht oder Klarheit zuzunehmen. Wenn du um einen Geruch bittest, wirst du bei einer Ja-Antwort einen starken Duft verspüren. Wird das Bild abgelehnt, dann verdampft es im Raum und verblasst ins Nichts. Eine Ja-Antwort kann ein aufgeregtes Flattern in deinem Bauch erzeugen oder das friedliche Gefühl der Gewissheit. Ja-Antworten rufen in mir ein Gefühl von Beschleunigung, von Erregung und extremer Geschwindigkeit, hervor. Ja-Antworten rasen mit zunehmender Geschwindigkeit, wie eine Lawine. Wenn du spürst, dass du auf einer sehr schnellen Achterbahn sitzt, dann weißt du, dass es gilt und dass du erfolgreich „eingestimmt" bist.

Fahren wir fort:

Siehst du Blumen? Welche Farbe haben sie?

Welche Formen haben die Blätter auf dem Boden?

Wie viele dunkle Nächte sind vergangen, seit du von zu Hause fort bist?

Bist du hungrig? Durstig? Hast du Nahrung gefunden?

Bist du allein?

Sind andere Menschen um dich?

Hast du nachts ein Obdach?

Wo versteckst du dich?

Was kannst du in diesem Augenblick sehen?

Kannst du mir etwas Ungewöhnliches zeigen? (Suche nach Orientierungspunkten: Straßenschilder, Hausnummern, Fahnenstangen, Schulen, Zebrastreifen für Schulkinder, gestaltete Gärten, Boote am Pier, Brücken, Entwässerungsgräben und so weiter.)

Bist du im Territorium eines anderen?

Weißt du, wie du nach Hause kommst?

Warum bist du nicht nach Hause zurückgekommen?

Warum bist du weggegangen?

Bist du unglücklich in deinem Haus?

Nur noch selten nehme ich beruflich die Spurensuche auf, weil es mich emotional zu sehr belastet, und oft kann ich es nicht vertreten, ein Tier an einen Platz zurückzubringen, wo es nicht hinwill. Hauskatzen können im Territorium einer anderen Katze in die Enge getrieben werden oder in einer Garage oder Mansarde in die Falle gehen. Glückliche Tiere laufen selten davon (außer bei Erdbeben oder am vierten Juli – ein Tag, an dem in ganz Amerika die Hölle los ist). Die meisten Hunde, die ich im Lauf der Jahre aufspüren sollte, waren nicht glücklich. Die Probleme sind immer die gleichen: Wenn ein Hund acht Stunden am Tag eingepfercht wird und nicht oft genug oder weit genug laufen kann, wird er eines Tages um sein Leben rennen wollen. Hunde sind zum Laufen geschaffen. Nichts trägt mehr zur Gesundheit und Wohlsein eines Hundes bei als Auslauf.

Auch Einsamkeit ist häufig ein Grund, wenn ein Hund verschwindet. Hunde sind Rudeltiere und fühlen sich in einer Gruppe von zwei oder mehr Artgenossen wohler. Ein einzelner Hund ist normalerweise ein einsamer Hund. Du weißt ja, dass sich die Hunde in einer Wohngegend durch Bellen miteinander verständigen. Sie lernen einander nur über ihre Stimmen kennen und würden gern einmal den Hund von Angesicht zu

Angesicht treffen, mit dem sie sich monatelang und jahrelang nur durch den Zaun unterhalten haben. Wenn sie Gelegenheit finden, laufen sie davon, um andere Hunde ausfindig zu machen, oder sie werden von anderen einsamen Hunden weggezaubert.

Katzen, die normalerweise eingesperrt sind, wollen hinaus. Katzen, die nachts eingesperrt sind (um keine Missverständnisse aufkommen zu lassen: meine sind es auch), könnten die Gelegenheit nutzen, dem Haus zu entkommen und ein paar Nächte draußen unter dem Sternenhimmel und im Mondschein mit den Nachttieren zu flirten. Nach einigem Handeln musste ich die Ausgangssperre von Mr. Jones einmal pro Monat – bei Vollmond – verlängern. Eine Katze braucht den Mondschein wie ein Fisch das Wasser. Katzen sind Nachttiere. Daran werden wir auch beim besten Willen nichts ändern können, auch wenn die Kojoten eine echte Bedrohung darstellen.

Herumstreifende Katzen kommen normalerweise nach Hause zurück, sobald sich der Streit im Haus gelegt hat, die Bauarbeiter fort sind, der Lieferant abgefahren ist oder die jeweilige Störquelle entfernt ist. Meine Faustregel ist: „Warte drei Tage, bevor du in Panik gerätst." Wenn du gut mit den Techniken der Spurensuche vertraut bist, dann suche für deinen eigenen Seelenfrieden nach Spuren. Manchmal zeigen sich Katzen erst drei Wochen später, unbeschadet, rätselhaft selbstgefällig und auffällig fett. Andererseits haben sie ein Recht, nach draußen zu gehen, wenn sie wollen. (Vor Jahren verlor ich meinen besten Kater, Tucker, an zwei Teenager auf der anderen Straßenseite. Der Klugscheißer verließ mich einfach wegen zwei jüngerer Frauen. Ich war untröstlich, respektierte jedoch seine Entscheidung. Ich hatte eine neue Katze von der Straße geholt, von der ich dachte, dass sie Tuckers Freundin war, nur um herauszufinden, dass es ein Junge war, und ach je, was für eine Schweinerei ...) Das Leben der meisten Stadtkatzen ist ziemlich dumpf, und so denke ich, dass sie das Recht auf einen gelegentlichen Ausgang haben. „Aber die Autos! Die Autos!" wirst du protestieren. Ich weiß. Ein Vogel im Käfig ist kein Vogel. Vögel sollten fliegen, Hunde rennen und Katzen die Welt sehen, wenn sie möchten.

Übe jeden Tag die Spurensuche, wenn keine Bedrohung und kein Anlass zur Sorge vorliegt. Schließ deine Augen und frag dich: „Wo ist mein Tier?" Lokalisiere es durch *Remote Viewing*. Sieh es von außen. Geh dann zur Ping-Pong-Perspektive über. Schau aus seinen Augen. Steht es oder liegt es? Ist es wach oder eingeschlafen? Ist Gras unter seinem Körper oder Erde? Holzboden oder Fliesen? Ein Teppich, eine Bettdecke? Welche Farbe? In welchem Zimmer? Geh jetzt und sieh nach, ob dein Tier da ist, wo du es vermutet hast. Wenn du dieses Verfahren jeden Tag übst, wirst du mit der Zeit die Spurensuche beherrschen.

Affirmationen zum Klären von Negativität

Um außerhalb deines Körpers zu reisen, musst du deinen Glauben an Raum und Zeit aufgeben. Du musst sehr bewusst im Augenblick präsent sein. Hier einige Affirmationen, die dir helfen, deinen Geist zu klären:

Ich lasse die Vergangenheit los.

Alle Zweifel, Misserfolge und Enttäuschungen sind jetzt Vergangenheit.

Der gegenwärtige Moment ist kristallklar.

Der gegenwärtige Moment hält unendlich viele Möglichkeiten bereit.

Alles kann in diesem Augenblick geschehen. Die Gegenwart ist nicht vorbestimmt.

Die Zukunft ist offen für Veränderung. Ich bin im gegenwärtigen Moment völlig frei.

Ich bin frei von jeglicher Beschränkung. Alle beschränkenden Gedankenmuster sind Vergangenheit.

Ich gebe gern negative Muster auf, die sich ständig wiederholen und Schmerz verursachen.

Es gibt nichts im gegenwärtigen Augenblick außer der Stille und dem Licht.

Es gibt nichts in mir außer dem sanften, zärtlichen Summen des Lebens.

Ich erkenne, dass die Antwort auf alle meine Fragen in mir liegt.

Ich freue mich, zu meinem unendlichen Potenzial zu erwachen.

Ich kann alle meine früheren Erfolge übertreffen und noch darüber hinausgelangen.

Ich bewege mich von Herrlichkeit zu Herrlichkeit, während sich mein Drittes Auge öffnet und mir die Einsichten zufließen.

Remote Viewing: Das vollständige Bild

Wir stellen uns zuerst auf das göttliche Ganze ein und richten dann unsere Aufmerksamkeit auf einen Teil des Ganzen. Dieser Prozess erfolgt nicht von dir zum Tier, sondern von dir zu Gott/Göttin zum Tier. Gott/Göttin ist unser Ausgangspunkt, und die göttliche Intelligenz ist unser Mittler.

Ohne ein Bewusstsein des makrokosmischen Ganzen, ohne das Wissen, dass wir ein Teilchen einer größeren göttlichen Wesenheit sind, können wir unsere Identität keinen Augenblick lang hinter uns lassen, und doch steht genau das an, wenn wir uns mit dem Geist eines anderen Wesens verbinden wollen.

In diesem Zustand der Gnade fühlen wir, dass wir uns bewegen, dass wir fliegen. Wir sind nur Zellen im Körper des Göttlichen und haben unsere eigene Identität, so wie die Zellen in unserem Körper ihre eigene Identität haben. Diese Zellen können einen SOS-Ruf an dein Gehirn senden. Ein verletzter Finger teilt dem Gehirn seinen Schmerz mit, und dieses schickt der Haut sofort Hilfe, um die Wunde zu heilen. Wir bekommen diese Hilfe auch, wenn wir beten. Unsere Gedanken strecken sich zum Göttlichen hin aus, und weil wir durch ein kosmisches Nervensystem verbunden sind, erreichen unsere Gebete ihr Ziel. Ohne das Bewusstsein des göttlichen Körpers um uns herum können wir unser Bewusstsein nicht innerhalb dieses Körpers bewegen. Um unser Bewusstsein aus unserem eigenen Körper und Ego zu navigieren, müssen wir unser Bewusstsein für die Erde um uns herum entwickeln.

Übung Meditation: Durch Hingabe an die Erde die implizite Ordnung entdecken

Du siehst, das Schöne an der Wissenschaft ist, dass sie auf Kommunikation angelegt ist. Nun, je sorgfältiger und klarer ich etwas definieren kann – und der Grund, warum wir quantifizieren wollen ist nicht, weil wir uns für Quantitäten interessieren, sondern weil es sich damit viel klarer kommunizieren und mitteilen lässt als ohne Quantitäten. Alle Wissenschaft basiert auf dem Prinzip des Sich-Mitteilens, und wir müssen Dinge definieren. Wenn mir ein Buddhist sagt, dass er eine erhabene Erfahrung hatte oder das Licht gesehen hat, und ich keine Ahnung habe, worüber er spricht, dann kann ich nicht daran teilhaben. Aber wenn er mich dazu bringt, die gleiche Erfahrung zu machen, dann fängt es an, Wissenschaft zu werden.

Dr. Karl Pribram

Setz dich auf die Erde. Wenn du keinen Garten hast, geh in einen Park. Die Erde muss direkt unter dir sein, dich stützen. Die Erde reicht in dich hinein. Du reichst in sie hinein wie eine grüne, wachsende Pflanze. Die Gerüche der Erde, das Rauschen des Windes in den Bäumen erfüllen dich. Dein Geist ist erfüllt vom Grün. Deine Gedanken werden von der Weite des Himmels hinweggefegt, vom Sauerstoff, der dir in den Kopf steigt. Ergib dich der Schwerkraft. Denk an die Größe der Erde – die Weite des Planeten. Lass die Ehrfurcht zu und auch die Angst, klein zu sein wie eine Ameise, schwach wie ein Grashalm, der aus der Erde spitzt. Unsere Verletzlichkeit zu akzeptieren, ein paar Augenblicke unsere eigene scheinbare Belanglosigkeit zu fühlen – das ist ein großer Schritt nach vorn. Du bist nur ein winziges Tier auf einem riesigen wirbelnden Ball im Weltraum, inmitten von Milliarden und Abermilliarden winziger Tiere. Lass die Angst zu. Dies ist nicht deine Bestimmung. Es ist nur der Anfang. Das Bewusstsein von unserer Winzigkeit ist ein notwendiges Übel. Es hilft uns, die Größe des lebenden, atmenden Planeten zu schätzen. Demut öffnet die Tür. Wie Alice im Wunderland zunächst klein werden muss, bevor sie groß werden kann, lernen wir, klein zu werden. Das ist der erste Schritt.

Du wirst dein Ego und deine Identität schrumpfen lassen, bis sie sich unter die Tür ducken können, die sich zum Kosmos öffnet. Dein Körper ist ein winziger Grashalm, den die Schwerkraft an der mächtigen Erdoberfläche festhält, aber du bist nicht dein Körper. Wenn du dich so klein fühlst, dass sich dein Körper in Erde auflöst, dass er vollkommen verschwindet, wird dein Ego die Waffen strecken, und es wird etwas in dir zerplatzen.

Plötzlich hast du die Schwelle überquert. Du kannst ohne Körper reisen. Du hast die Grenzen deines eigenen Geistes verlassen, bist frei, nach Belieben im Geist Gottes, im Geist der Welt und des Universums zu reisen. Jetzt kannst du mit dem Ganzen kommunizieren und direkt Fragen stellen. Einige Antworten können dabei überflüssig werden und filtern sich aus. Es gibt Ereignisse in unserer Zukunft, die wir nicht kennen dürfen, aber die Menge der Informationen, die dir hier zugänglich sind, wird dich erstaunen. Hier kannst du direkt mit Gott/Göttin sprechen. Das *Du,* das du kennst, wird zum klaren, körperlosen Fragesteller. Wenn die Schwelle überschritten ist, können wir einen ausreichend großen Anteil unseres bewussten Geistes wiedererlangen und ihn für unsere Suche nach anderen Lebewesen bei uns behalten.

Viel Gerede über Trance

Jeden Tag verbinde ich mich in der Meditation draußen mit der Erde, um mich zu zentrieren. Diese Übung trainiert den Geist, bis dir dieser Prozess in Fleisch und Blut übergegangen ist. Ohne Praxis können nur wenige Menschen ihren Geist zum Schweigen bringen, und noch weniger haben das Bewusstsein, eine Zelle im Körper Gottes zu sein. Erst wenn du diese Paradigmenverschiebungen in dir vorgenommen hast, wirst du frei sein, außerhalb deines Körpers in deinem Höheren Selbst zu reisen.

Mein Büro ist meine Couch. Ich lege meine Füße hoch und mache es mir in meinen Flanellpyjamas bequem, umgeben von halbleeren Essensverpackungen aus Schnellrestaurants und schmutzigen Teetassen. Begraben unter grau getigerten Katzen gehe ich schweigend an meine Arbeit. Mit einem Heft und einem guten Schreibstift auf den Knien jongliere ich über den schlafenden Katzen Fotos von Schaupferden und Gorillas und lasse mich in mein Höheres Selbst gleiten. Es ist nicht mühsamer, als den Knopf am Radiogerät zu betätigen. Während die Listen mit den Fragen der Tierbesitzer über Fotos und Katzen baumeln, stelle ich die Fragen mit dem bewussten Geist, lausche aber mit meinem Höheren Selbst. All das ist in der Tagesarbeit eingeschlossen.

Natürlich waren nicht alle meine Spurensuchen auch glänzende Erfolge. Die meisten Tiere, denen ich nachging, wurden getötet und befinden sich nun auf der Anderen Seite, aber zwei meiner liebsten Geschichten möchte ich dir erzählen. Die Katze im Holzstoß lieferte mir die unmittelbarste Genugtuung, weil alle drei Beteiligten – die Katze, ihre Besitzerin und ich – erfolgreich miteinander telepathisch kommunizierten.

Die Katze im Holzstoß

Evelyn, eine schöne Irin, kam völlig aufgelöst und tränenüberströmt zu mir. Sie arbeitete lange Stunden als Krankenschwester, aber ihre Freizeit verbrachte sie am liebsten mit ihrer Hauskatze Tabitha, die ihre größte Freude war. Tabitha war aus freien Stücken Hauskatze und wagte sich nie nach draußen. Männer, die eine neue Couch ins Haus trugen, jagten ihr eines Tages einen solchen Schrecken ein, dass sie zur Tür hinauslief und nun bereits seit drei Tagen verschwunden war. Weil Tabitha noch nie draußen gewesen war, war Evelyn verzweifelt.

Der erste Hinweis, den ich ihr gab, war logischer, nicht psychischer Art, und diesen Ratschlag gebe ich immer als Erstes jedem, dessen Katze verschwunden ist. Die beste Zeit, nach einer verlorenen Katze zu suchen, sind die frühen Morgenstunden – so gegen zwei oder drei Uhr. Wenn die Katze ängstlich und verwirrt ist, wird sie einen Ort finden, wo sie sich während der Tagesstunden versteckt und den sie nur sehr widerwillig verlässt. Sie wird erst dann herauskommen, wenn sie denkt, dass die Luft rein ist. Oft werden Katzen im Revier einer anderen Katze in die Enge getrieben und würden beim Herauskommen in einen offenen Kampf geraten. Dies trifft besonders auf Hauskatzen zu, die kein eigenes Revier haben. Wenn sie fliehen, finden sie sich automatisch in einem fremden Revier wieder, da irgendwelche Banden das ganze Terrain schon unter sich aufgeteilt haben.

Ich studierte das Foto der süßen Tabitha, und es gelang mir sofort, Kontakt zu ihr aufzunehmen. Ich fragte nach ihrem Lieblingsfutter, und sie antwortete: *Thunfisch.* Ihre Stimme war schwach und zögerlich. Ich wusste, dass sie lebendig war, aber in Schwierigkeiten steckte.

„Bist du verletzt?", fragte ich, als ich ihren Körper nach Verletzungen abtastete.

Nein, aber mir tut alles weh, sagte sie. Tabitha zeigte mir ihren Rücken und ihre Hüften.

„Gekämpft?", fragte ich.

Ja, sagte sie. Zweimal blitzte das Bild einer großen dunklen Katze auf, die Tabitha die Straße hinunterjagte. Angst schnürte mir den Brustkorb zu.

„Kannst du mir zeigen, was du siehst?", fragte ich. Plötzlich veränderte sich meine Wahrnehmung. Ich sah durch ihre Augen ein blauweißes Haus auf der anderen Seite der schmalen Straße.

Sie sagte, dass sie an großen gelben Kinderspielzeugen auf der anderen Seite des Zauns vorbeigekommen war, als sie nach einem Versteck suchte. Sie konnte mir nicht sagen, was es genau war. Sie wusste es nicht. Als ich sie um Bilder bat, beschwor sie ein riesiges verwirrendes Konstrukt aus grünen Metallstangen und einem gelben Fahrzeug herauf, das einem Miniaturauto ähnelte. Sie wusste nicht, wie sie es nennen sollte. Ich folgerte, dass es sich um Kinderschaukeln und ein gelbes Dreirad handelte.

„Zeig dich von außen", verlangte ich. Sofort änderte sich meine Perspektive: Ich sah einen Eisenrost, durch den sie geklettert war. Tabitha hockte jetzt unter einem Haus. Über dem Rost war eine Treppe und darunter ein großer Holzstoß. Sie benutzte das Brennholz als Sichtschutz.

„Kannst du nach Hause kommen?", fragte ich sie.

Nein, ich kann nicht herauskommen. Er lässt mich nicht. Sie fürchtete sich entsetzlich vor ihm.

„Wie sieht er aus?" Sie sandte mir das Bild eines großen schwarzen Katers.

Kann Frauchen mich holen? Ich bin hungrig und will nach Hause.

„Ich werde versuchen, Frauchen zu dir zu bringen, aber du musst den ganzen Tag dort bleiben", sagte ich. Tabitha war einverstanden. Als ich Evelyn die Nachricht überbrachte, hellten sich ihre Augen auf.

„Ich glaube, ich kenne das Haus! Es liegt hinter meinem, ein paar Häuser weiter unten! Und ich glaube, ich habe sogar den schwarzen Kater gesehen!" Ich fragte Tabitha, welche Richtung sie beim Herausrennen nahm: *hinter das Haus.*

Evelyn beklagte, dass sie arbeiten musste und ihre Schicht im Krankenhaus bis zehn Uhr nachts dauern würde. Sie konnte also nicht vor elf Uhr zu Hause sein, um nach Tabitha zu suchen. Ich sagte Tabitha, dass ihr Frauchen um elf Uhr nachts zur Stelle wäre und sie den Mut finden müsse, aus ihrem Versteck zu kommen. Ich schlug Evelyn vor, eine offene Thunfischdose mitzubringen, damit Tabitha den Duft wahrnehmen könne.

Am nächsten Morgen kam Evelyn noch unglücklicher und unausgeschlafener zu mir als am Tag zuvor. Ihre Schicht im Krankenhaus hatte länger gedauert, und als sie nach Hause kam, hatte sie die Verabredung um elf Uhr verpasst. Sie konnte das Haus mit dem Holzstoß nicht finden, sah aber das Dreirad und entdeckte, dass die ‚Schaukeln' in Wirklichkeit ein Kletterturm waren. Sie verbrachte über eine Stunde damit, auf und ab zu gehen und nach Tabitha zu rufen, aber die Katze kam nicht heraus. Mir sank das Herz in die Hosentasche. Langsam verlor ich den Mut.

Glücklicherweise konnte ich mich wieder mit Tabitha verbinden. Sie sagte, sie habe nicht auf Evelyn warten können, weil er sie weggejagt hätte. Ich setzte mich mit dem tyrannischen Kater in Verbindung und befahl ihm, Tabitha in Ruhe zu lassen, aber er war sehr stolz und trotzig.

Sie gehört nicht in meinen Garten, sagte er. Ich stimmte ihm zu und versprach, dass sie seinen Garten diese Nacht verlassen würde, wenn er sie gehen ließe. Er hatte nichts mehr dazu zu sagen und brach die Verbindung eingeschnappt ab. Ich fragte Evelyn:

„Wann ist der beste Zeitpunkt für dich? Welche Zeit ist realistisch? Je später, desto besser, denn sonst wird sie es nicht wagen, herauszukommen."

„Halb eins", antwortete sie. Wir setzten diese Zeit fest, und ich überbrachte Tabitha die Botschaft, dass ihr Frauchen um Punkt halb eins zur Stelle sein würde. Tabithas Aufgabe bestünde darin, unter dem Haus hervorzukommen und aus Leibeskräften zu miauen.

Am nächsten Tag kam Evelyn feierlich wie ein Engel zu mir. Mit Tränen der Erleichterung in den Augen sagte sie, sie hätte beim ersten Mal vor dem falschen blauweißen Haus gerufen. In dieser Nacht habe sie dann das andere blauweiße Haus mit dem Holzstoß und den Kinderspielzeugen über dem Zaun entdeckt, wie ich es beschrieben hatte. Als Evelyn rief – der Thunfisch war bereit –, sprang Tabitha hinter dem Holzstoß hervor, rannte auf ihr Frauchen zu und miaute hysterisch. Evelyn nahm Tabitha in die Arme und trug sie heim. Es war eine ruhmvolle Heimkehr – und für mich ein ganz besonders befriedigender Fall.

Der Herumtreiber

Caitlin rief mich voller Verzweiflung an; ihre Katze war seit über einer Woche verschwunden. Die Umstände erschienen mir so grässlich, dass ich mich bereit erklärte, einen Hausbesuch zu machen, anstatt auf ein Bild zu warten. Ich fuhr zum Haus der Frau, das weit draußen in einem Vorort in Orange Country lag, um mir Fotos von einem großen fetten orangefarbenen Kater namens Sal anzusehen. Sal war vorlaut, spitznasig, ein rothaariger Herzensbrecher, ein Mann für drinnen und draußen, der auf der Suche nach Liebe und Futter die Nachbarschaft frei durchstreifte. Sal war ein Herumtreiber. In den vielen Jahren, die er und Caitlin zusammenlebten, war er immer mal wieder für ein paar Tage verschwunden, aber noch nie so lange. Sein Frauchen war außer sich. Sal war die Liebe ihres Lebens.

Caitlin war eine charismatische Frau mit einem warmen, weit offenen Gesicht, das jetzt tränenüberströmt war und in dem die schlaflosen Nächte ihre Spuren hinterlassen hatten. Sie stand ganz offensichtlich unter Druck. Emotional beladene Situationen wie diese erschweren ein Reading enorm. Es ist nicht immer leicht, sich aus der Angst des Klienten herauszuhalten und die Antworten deutlich zu sehen. Die dichten Schwingungen, die von einem in Panik geratenen Klienten ausgehen, können die Situation vernebeln.

Ich saß angespannt auf ihrer mit Katzenhaaren bedeckten Couch und durchwühlte besorgt einen Stapel Katzenfotos, um das Bild herauszufinden, das die meiste Energie von Sal enthielt. Eins fesselte meine Aufmerksamkeit, und ich machte mich bereit zur Kontaktaufnahme.

Einleitend fragte ich wie üblich nach seinem Lieblingsfutter, bevor ich ihm die entscheidende Frage stellte: „Wo zum Teufel bist du?"

Schweinekotelett und Speck. Die Worte stürzten herein wie Gangbusters. Von einem solchen Lieblingsfressen hatte ich bis dahin noch nie gehört. Wenn diese Antwort richtig war, wusste ich, dass ich Sal am Telefon hatte. Als sein Frauchen es mir bestätigte, jubelte mein Herz. Sal nahm Gestalt an in meiner Vorstellung. Wenn er menschlich wäre, dann wäre er ein Arbeiter und ein Bowling-Ass, eine Art Fred Flintstone, der gern in seinem Hinterhof in einem Vorort von New Jersey grillt. Lachend teilte ich dies Caitlin mit, die schnell bestätigte, dass Sal eine laute, direkte Art hatte. Ihr wurde ein wenig leichter zu Mute, und so versuchte ich, den Kontakt entspannt fortzusetzen. Ich bekam ganz deutlich den Eindruck, dass Sal noch in der Welt der Lebenden weilte, zumal er heißhungrig war; eine solche Beschwerde kommt nie von der Anderen Seite.

Ich tat betont ungezwungen, als ich auf die hochexplosive Frage zusteuerte. Nach ein paar eher banalen Fragen wollte ich wissen, was er sehen konnte. Mit Hilfe der Gestalt-Methode blickte ich aus seinen Augen, aber außer einem fürchterlichen Durcheinander konnte ich in dem schemenhaften Dunkel nichts ausmachen. Ich war in großer Sorge, dass Sal irgendwo gefangen war, wo er nicht sein sollte, vielleicht in einer Mansarde oder in einer Garage. Ich stocherte nach irgendwelchen Fingerzeigen:

„Sal, was riechst du?"

Staub. Auto. Ich bin sehr durstig. Ich sorgte mich, dass er sterben würde und versuchte, die Panik niederzukämpfen.

„Sal, kannst du mir sagen, was unter deinen Pfoten ist?"

Ich weiß nicht, antwortete er. Schließlich arbeitete ich mich zu der einen Frage vor, die zählte:

„Sal, weißt du, wo du bist?"

Ich weiß nicht. Es ist dunkel. Ich bin sehr durstig. Kannst du mir etwas Wasser bringen?

„Du musst mir helfen und zeigen, wo du bist, damit wir dich holen können. Dann wirst du eine Menge Wasser bekommen."

Ich werde es versuchen. Ich werde sehr schwach. Ich muss essen, und ich bin so durstig. Als ich den Gestalt-Check vornahm, fühlte ich, dass Sals Lebenskraft im Schwinden war. Es ist schwierig, telepathisch zu kommunizieren, wenn du verzweifelt bist, und so betete ich um Führung und versuchte, mich zu beruhigen. Die richtigen Fragen zu stellen, macht 90 Prozent des Ringens aus. Ich suchte nach einer Strategie, die mich zu ihm führen würde. Ich machte Notizen, während ich mich auf Sals Bild fixierte.

„Kannst du mir den letzten Gegenstand nennen, den du gesehen hast, bevor du in der Dunkelheit verschwunden bist?", fragte ich. Gott sei Dank, das war die Million-Dollar-Frage! Sal war sofort bereit, das letzte Haus zu beschreiben, das er von außen gesehen hatte. Er zeigte mir eine Art

Luftaufnahme von seiner Wohngegend und sagte mir, wo ungefähr das betreffende Haus lag. Ich drängte ihn, mir den genauen Weg zu beschreiben, den er nahm, als er aus der Haustür ging. Während ich mit dem Gestalt-Check fortfuhr, strich ich zwanzig Zentimeter über dem Gehsteig dahin. Sal führte mich einen Häuserblock in südliche Richtung, bog nach links ab, ging einen halben Block weit und überquerte dann die Straße. Im Garten nebenan stand eine riesige Trauerweide. Sal beschrieb das Haus: aufeinander geschichtete Glasbausteine, weißer Backstein, Holz mit blauweißem Rand, hübsche Blumen in einem Garten, die dicht am Boden wuchsen.

Da ist ein Regenbogen im Vorgarten, sagte er und entfaltete das Bild einer Reihe schöner Pastellfarben. Ich konnte mir daraus keinen Reim machen und notierte einfach alles. Dann zeigte er mir eindringlich die Garagentür. Sie war weiß.

„Sal, bist du da drin?", fragte ich. Ich wartete nicht auf seine Antwort.

Als ich dies Caitlin mitteilte, riss sie mich von ihrer Couch hoch. „Wir müssen die Nachbarschaft absuchen. Wir müssen ihn finden!", schluchzte sie.

Wir folgten Sals Anweisungen. Caitlin sagte, sie glaube, das Haus mit der Trauerweide und das Haus nebenan zu kennen.

Weshalb ich Sal dann so sehr ins Herz schloss, war nicht die fehlerlose Beschreibung des blauweißen Rands, der ins Haus eingebauten Glasbausteine oder der Stiefmütterchen, die entlang der mit weißen Ziegelsteinen abgesteckten Auffahrt wuchsen. Als ich vor dem Haus stand, sah ich etwas, was mich laut aufschreien ließ. Sals Regenbogen war im Vorgarten! Meinen erstaunten Augen bot sich der Anblick einer Art Skulptur. Es war ein Esel, der einen Leiterwagen zog, und die Stäbe des Wagens waren in verschiedenen Pastellfarben bemalt. Jeder Stab hatte eine andere Farbe.

„Der Regenbogen! Dort ist der Regenbogen! Ist das zu glauben? Hier ist es! Hier ist es!", schrie ich. Caitlin und ich schlugen an die Haustür. Keine Antwort. Wir klingelten immer wieder an der Türklingel. Wir liefen zur Garagentür und riefen Sal, zuerst ruhig, um ihn nicht zu erschrecken. „Sal, Süßer, bist du dort drin?" Nichts. Wir klopften, wir schlugen, dann schrien wir, dann heulten wir, bettelten. Wir hämmerten und weinten, weigerten uns, aufzugeben. Ich wusste, dass er nicht tot war, obwohl er nichts als Dunkelheit sehen konnte. Auf der Anderen Seite sehen Tiere immer Bäume und Blumen und Menschen. Sal konnte nur Schemen erkennen. Er hatte von einem Durcheinander und von einem Auto gesprochen. Er musste dort drinnen sein! Ich war verwirrt, denn falls Sal dort drinnen war, musste er auf unser Rufen antworten, und wenn er noch so schwach war. Ganz konfus und schrecklich enttäuscht stand ich vor dem Haus, unfähig, weitere Übermittlungen zu empfangen. Meine Telefonverbindung war tot.

Wir klingelten nun an anderen Häusern. Nachbarn sagten uns, die Besitzer des Regenbogenhauses seien vor ein paar Tagen in Urlaub gefahren. Wir berieten uns, ob wir die Feuerwehr anrufen oder die Tür mit einem Beil einschlagen sollten, aber wir hatten keine Beweise – nur die Ahnung eines verrückten Tiermediums.

Langsam verließ uns der Mut. Alle unsere Anstrengungen waren vergebens gewesen. Lange nach Einbruch der Dunkelheit gaben wir schließlich auf.

Ich ging nach Hause, aber die Sache ließ mich nicht los. Es machte mich wütend, dass ich eine so klare Auskunft bekommen hatte, die zu nichts führte.

In meinem Geist suchte ich weiter nach Sal, aber ich sah stets die gleiche Szene: schemenhaftes Dunkel, ein Durcheinander, eine Art Auto, etwas Öl, und ab und zu eine Spur von Staub oder Abgasen. Ich wusste, er konnte nicht tot sein! Ich fühlte ihn immer durstiger, tödlich schwach werdend. Er musste irgendwo gefangen sein – lebendig! Aber jedes Mal, wenn ich fragte, wo er war, zeigte er mir die Fassade des Hauses mit dem Regenbogen im Garten. Ich wusste, dass mir die Zeit davonlief.

„Gib nicht auf, Sal. Gib nicht auf, Süßer", flehte ich ihn an.

Tag und Nacht spürte ich nach Sal, und Caitlin ging wieder und wieder zum Regenbogenhaus. Ich bat Sal dringend zu miauen, aber Caitlin hörte keinen Mucks durch die Tür. Ich bestand darauf, dass Sal noch bei Bewusstsein war.

Zwei Nächte vergingen, dann veränderten sich die Übermittlungen dramatisch. Sal sandte mir Visionen, wie er durch hohe Gräser unter enormen Bäumen herumschlich. Er sprang ausgelassen in einer idyllischen bewaldeten Umgebung umher und jagte Schmetterlinge. Er zeigte mir frische Luft, wogende weiße Wolken am Himmel und sorgen-

freie, lachende Menschen. Als ich die Szenerie erhielt, brach ich zusammen und heulte. Es sah ganz nach der Umgebung aus, die Katzen mir
beschreiben, wenn sie auf der Anderen Seite sind. Ich war sicher, dass Sal
nun tot war.

Weinend, wünschten wir Sal das Beste und versuchten, ihn freizugeben.
Caitlin war völlig verstört. Sie meldete sich bei ihrer Arbeitsstelle krank
und legte sich ins Bett. Ich schickte Caitlin Blumen, um ihr mein Mitgefühl auszudrücken. Dieser Fall hatte mich so tief berührt, wie in meinem
ganzen Leben noch nichts. Mir war, als hätte ich meinen eigenen Mr.
Jones verloren.

Ich weiß nicht, wer von uns beiden aufgeregter und schockierter war, als
Caitlin am nächsten Tag einen Anruf von den Leuten im Regenbogenhaus erhielt. Als sie mich anrief, um mir das zu sagen, zuckte ich zusammen und hielt den Atem an. Vielleicht waren die Leute aus dem
Urlaub zurückgekehrt und hatten eine tote Katze in ihrer Garage gefunden. Falsch! Die Leute riefen aus der Mitte von Kalifornien an. Sie
hatten eine lebende Katze in ihrem Kofferraum gefunden! Ein mürrischer
Sal hatte in ihrer Garage herumgestöbert, als sie ihr Urlaubsgepäck einluden, und hatte sich dann in den Kofferraum sperren lassen. Als er schließlich freigelassen wurde, sprang er wirklich ausgelassen im hohen Gras
unter gewaltigen Bäumen herum. Die Familie war im Sequoia National
Park. Er hatte mir Mammutbäume beschrieben! Seine Gastgeber fanden
seinen Namen und Caitlins Telefonnummer auf seiner Kennmarke.

Sal genoss seinen schönen Urlaub auf dem Land und kehrte nach einer
Woche zu seinem völlig durchgedrehten Frauchen zurück, die so froh
war, ihn zu sehen, dass sie darüber vergaß, ihn zu schelten. Der kleine
Teufel hatte sich herrlich amüsiert, während wir durch die Hölle gingen.
Nach diesen Qualen benötigten Caitlin und ich erstmal einen Urlaub!

Kapitel 8:
Sternenlicht-Vision – Auf den Flügeln der Liebe in die Traumzeit

Manchmal floss mir Information zu, wenn ich jemandem helfen wollte; dann wurde mein Bewusstsein, dass ich nicht wusste, was zu tun war, zum Gebet. Wenn ich mich meiner Hilflosigkeit stellte, schienen die rechten Ideen und Worte zu kommen. Und manchmal, wenn ich gerade in liebevollen Gefühlen badete und die Energie des offenen Herzens mich überflutete, schien ich einfach Glück zu haben, und die Weisheit erschien wie ein glänzender Pfennig auf dem Gehsteig.

Belleruth Naparstek
Verfasser von *Health Journeys*

Süßer Kummer

„Habe ich ihn zu lange behalten? Ließ ich ihn zu früh gehen?" – „Sollte ich ihn einschläfern oder von alleine gehen lassen? Wann?" Solche Entscheidungen gehören zu den quälendsten, die wir je treffen müssen. Tieren auf die Andere Seite hinüberzuhelfen ist vielleicht der wertvollste und bittersüßeste Aspekt meiner Arbeit. Ich versuche, mein Herz zu öffnen und den Ozean des Mitgefühls durch mich fließen zu lassen, aber es brennt jedes Mal wie Salzwasser auf einem frisch aufgeschürften Knie. Der brennende Schmerz, die Ehrfurcht und das ekstatische Gefühl lassen auch mit der Erfahrung nie nach.

Ich habe ein paar Richtlinien gefunden, die dir behilflich sein können. Tiere beklagen sich selten, dass wir zu lange warten, bevor wir sie einschläfern. Diejenigen, die an entkräftenden Krankheiten, Blindheit, Diabetes oder Nierenversagen leiden – besonders wenn täglich Flüssigkeiten oder Insulin gespritzt werden müssen –, haben selten mehr ein eigenes Interesse am Leben. Sie bleiben für uns. Wie oft habe ich schon zu hören bekommen: *Ich kann noch nicht gehen. Meine Leute sind nicht bereit.* Wenn ich jedes Mal zehn Pfennig dafür bekommen hätte, wäre ich inzwischen eine steinreiche Frau. Selten beklagen sich Tiere: *Sie hat mich zu früh eingeschläfert. Ich wollte noch mehr leiden.* Sie warten, bis wir bereit sind, bis sie *sicher* sind, dass wir den Schmerz überleben können. Sie bleiben viel viel länger, als sie wollten. Ja, sie können dir sagen, wie lange sie bleiben wollen. Sie können dir sagen, ob sie Hilfe benötigen oder ob sie glauben, allein aufsteigen zu können. Ihr könnt über Strategien verhandeln, Zeichen vereinbaren – Hinweise, dass sie bereit sind, hinüberzugehen.

Ich handelte einmal folgende Bedingung für Darian aus, einen sehr weisen Psychiater: Wenn seine Hündin Isis bereit wäre, hinüberzugehen, würde sie den Kopf auf ein bestimmtes Kissen legen. Ich gab diese Nachricht wiederholt an Isis weiter, bis ich mir sicher war, dass sie verstanden hatte. Als Isis' Tage gezählt waren, holte Darian dieses Kissen. Isis schreckte davor zurück wie vor einer Klapperschlange. Schließlich starb sie ohne Hilfe zu der von ihr selbst gewählten Zeit, während einer schönen Zeremonie, die Darian durchführte. Ihr Geist verließ den Körper, als Darian auf der Stereoanlage das Lied spielte: „Wir alle kommen aus der Göttin und kehren in sie zurück."

Den erinnerungswürdigsten Aufstieg, dem ich jemals beiwohnte, hatte ein Pferd, das in meinen Armen eingeschläfert wurde. Juliet hatte an unheilbarem Krebs in einem ihrer Hinterläufe gelitten und musste monatelang auf drei Beinen stehen. Ihre hübsche und aufgeklärte Besitzerin Victoria bat mich, Juliet zu fragen, wann sie bereit wäre zu gehen. Juliet erzählte mir, dass sie *nur wegen ihrer Besitzerin* blieb, und wenn ich Victoria auf ihren Abschied vorbereiten könnte, würde sie sofort gehen. Ich besuchte Juliet an zwei aufeinander folgenden Tagen. Wir kamen überein, dass sie nicht aufstehen würde, wenn sie bereit war zu sterben. Ihre Besitzerin stimmte dieser Vereinbarung zu. Während ich Victoria in ihrem Haus tröstete, fand ich gerahmte Bilder von ihrer couragierten Mentorin, einer lieben alten Rodeo-Reiterin und fanatischen Pferdeliebhaberin, die schon auf der Anderen Seite war. Ich sah ihren fröhlichen Geist ums Haus stolzieren. Sie wartete – mit fliegenden Fransen und klirrenden Sporen.

Am folgenden Morgen war Juliet nicht willig aufzustehen. Victoria bestellte den Tierarzt und mich zum Haus, wo ich an Victorias Stelle Juliets Kopf hielt, denn Victoria war untröstlich und konnte nicht zusehen. Welch ein Geschenk von Juliet! Mit Tränen verschwommenen Augen sah ich, wie Juliet aus ihrem Körper sprang. Aus dem Körper des ermatteten Pferdes hüpfte ein verspielter weißer Geist, der sofort von Victorias Mentorin empfangen wurde. Sie tanzten, wieherten, hüpften und lachten fröhlich im Hinterhof umher. Sie vollführten Sprünge einer freudigen Katz- und Mausjagd und verschwanden dann nach einem spiralförmigen Aufstieg in einer weißen Wolke. Warum kann ich so etwas sehen? Weil ich es will. Und wenn du es wirklich lernen willst, kann ich es dich lehren.

Die Arbeit des Mediums: Sternenlicht-Vision

Meine Erfahrung zeigt, dass unsere verstorbenen Freunde ihre Zeit teilweise mit unseren menschlichen Vorfahren auf der anderen Seite und teilweise mit uns hier auf der Erde verbringen, und so können sich einfließende Informationen auch auf gegenwärtige Situationen im eigenen Leben beziehen. (*Mir gefällt deine neue Frisur, dein neues rotgeblümtes Kleid und wie du die Wohnzimmermöbel arrangiert hast.* Oder, Schreck lass nach: *Dein neuer Mitbewohner ist ein richtiger Blödmann!*)

Viele prominente Medien im zwanzigsten Jahrhundert – u. a. auch der legendäre Edgar Cayces, den das *Journal of the American Medical Association* den „Vater der ganzheitlichen Medizin" nannte – vertraten die Meinung, dass Tiere eine Art Kollektivbewusstsein besitzen, in das sie sich nach dem Tod auflösen. Diese Medien bescheinigen uns, dass nur die menschliche Spezies ihre Autonomie des Geistes nach dem Tod behält und im Kreislauf von Geburt und Wiedergeburt auf die Erde zurückkehrt. Dazu sage ich: Na klar! Und der Mond ist aus Käse gemacht! (Schweizer Bergkäse vermutlich.) Welche Arroganz anzunehmen, dass wir so anders sind als unsere Brüder und Schwestern: die Delfine, Löwen, Adler, Elefanten und unsere nächste Verwandtschaft, die anderen Primaten. Jedes Geschöpf auf diesem Planeten hat eine unsterbliche Seele. Unser Körper ist das Fahrzeug, unsere Seele der Fahrer. Mein ganzes Leben lang habe ich den Glauben an das kollektive Bewusstsein geschluckt, bis ich mit dieser Arbeit anfing. Die Tiere bewiesen mir, dass ich irrte.

Die Seele eines jeden Lebewesens bleibt noch lange nach dem Tod intakt, individuell, einmalig, bewusst, wach. Unsere Seelen sind nicht nur vage Energieeindrücke von dem, was wir auf der Erde waren; sie sind lebendiger denn je. Vor zehn Jahren hätte mir die Grundlage für eine solche Aussage gefehlt. Damals war ich so skeptisch, wie du vielleicht jetzt bist, aber in all den Jahren, in denen ich mich mit Wesen auf der Anderen Seite unterhielt, ließ ich mich von der Autonomie der Tiere und Menschen überzeugen. Die Geister haben mir ihr Leben auf der Anderen Seite sowie das tägliche Leben ihrer Betreuer in vielen bunten und genauen Details gezeigt – Großmütter, die Tortenböden backen, Großväter, die Pfeife rauchen (was ich sogar während des Readings riechen kann), Großtanten, die Geige spielen. Ich kann einfach nicht in Abrede stellen, dass unsere Geister und alle Geister überall *ewig bewusst* sind.

Leben Tiere immer mit Menschen auf der Anderen Seite? Nein. Ich sah in Trance und in Träumen riesige Schutzgebiete, ganze Dimensionen, in denen es nur Tiere gab. Hier, in diesen seligen Gefilden, habe ich gelegentlich einen Menschen bemerkt, der aber nur als Steward fungiert und dessen einzige Aufgabe es ist, sich um die Tiere zu kümmern und über sie zu wachen. Der heilige Franz von Assisi könnte einer dieser Engel für Tiere gewesen sein, der die Erde kurze Zeit besucht hat (Ich vermute das auch vom zweifachen Nobelpreisträger Albert Schweitzer). In den folgenden drei Geschichten werde ich schildern, wohin die Geister von Tieren gehen, wenn sie bei uns bleiben, wohin sie gehen, wenn sie uns verlassen, und wie wir andere menschliche oder tierische Geister herbeirufen können, um sie zur Anderen Seite zu geleiten.

Der Kritiker aus dem Sessel:
Nörgelei von der Anderen Seite

Diese Geschichte beschreibt mein erstes Zusammentreffen mit Monnica Sepulveda, einer begnadeten Intuitiven, die unter den 100 Top Medien in Amerika aufgelistet ist (*The 100 Top Psychics in America* Simon & Schuster), und die mir sehr schnell zur inspirativen Freundin wurde. Zur Zeit dieses Readings hatte ich keine Ahnung, was sie beruflich tat. Ich erhielt einen Brief aus Nordkalifornien mit Fotos von Monnicas drei schönen Katzen Lady, Rocky und Nikki. Obwohl der Brief und die Rückseiten der Bilder Informationen über die Katzen enthielt, ignorierte ich einige Tage lang alle Anmerkungen, um mich allein auf die Fotos zu konzentrieren. Als es Zeit für meinen Telefontermin war, erklärte ich Monnica, dass ich versuchte, während des Readings keine bewusste Information durchfiltern zu lassen. Die Sprecherin der Katzen war Lady, eine hinreißende langhaarige weiße Katze, deren Stimme gut zu ihrem Körper passte: reich, voll und aristokratisch.

Sag Frauchen, dass ich sie niemals verlassen habe. Manchmal gehe ich zu Großmutter Lala, aber zumeist bleibe ich bei Frauchen.

„War Lady von zu Hause ausgerissen?", fragte ich mich.

„Wie heißt die Großmutter?", fragte ich.

„Lady, wo sitzt du in Großmutters Haus?" Lady zeigte mir eine weiche, sehr dick gepolsterte Couch, wo sie auf Großmutters Schoß saß, während Großmutter strickte oder häkelte. Dort hatte sie Lala ganz für sich allein, weit weg von allen anderen Katzen. Als ich Monnica diese Botschaft weitergab, antwortete sie:

„Ja, Lala häkelte. Und natürlich sind dort andere Katzen. Ich bat meine Großmutter im Geist darum, auf all meine Katzen aufzupassen." Da dämmerte es mir schließlich, dass Lady auf der Anderen Seite war. Ihre Stimme war so stark zu mir durchgedrungen, dass mich das sehr überraschte. Ich hatte tagelang mit der Katze geredet, und mir war nicht klar geworden, dass sie *tot* war!

„Sie hat all deine Katzen", sagte ich. „Ja, deine Großmutter hat da eine ganz schöne Schar beieinander." Ich sah überall im Haus Katzen; sie lagen überall herum. Monnica fragte:

„Wie geht es ihr? Bitte frag, was ihr an dem Morgen passierte, als sie einschlief. Sie wachte auf und war gelähmt."

Diese dummen Jungs! Sie fahren immer so schnell! Sie spielte einen Autounfall nach, bei dem ihre Hüfte in Mitleidenschaft gezogen, ein Wirbel gebrochen und die untere Wirbelsäule ausgerenkt wurde. *Billy fuhr mich an oder einer von Billys Freunden. Einer dieser TeenagerRowdys am anderen Ende der Straße. Zwei Tage später war ich gelähmt.*

„Das ist unmöglich!", erwiderte Monnica. „Sie ging niemals aus dem Haus! Sie fiel zwei Tage vor ihrer Lähmung aus einem Bücherregal. Es kann kein Auto gewesen sein."

„Sie sagt, es war ein Auto." Ich bat die Katze, die Sache zu klären.

„Lady, war es das Bücherregal oder ein Auto?"

Ja. Diese Jungs fahren immer so schnell! Sie zeigte mir eine verzögerte Reaktion. Der Fall vom Bücherregal verschlimmerte die Verletzung, die sich Lady vor Jahren bei dem Autounfall zugezogen hatte, und führte dazu, dass die bis dahin haarfeine Fraktur ganz aufbrach. Ich teilte Monnica die Nachricht mit.

„Sie sagt, dass der Unfall passierte, als sie jünger war, und dass ihr immer die untere Rückseite wehtat, wenn sie versuchte, das Katzenklo zu benutzen. Deshalb gab es damit öfter Probleme." Monnica antwortete: „Jetzt, wo du es sagst, fällt es mir wieder ein. Sie hatte tatsächlich ein Inkontinenzproblem. Ich versuchte, etwas dagegen zu tun, aber schließlich gab ich es auf. Ich wusste nicht, was ich noch hätte tun können. In den ersten Jahren, als wir sie hatten, ging sie wirklich hinaus, und es gab ein paar Teenager, die am anderen Ende der Straße wohnten."

„Das war es", sagte ich zu ihr. „Sie zeigt mir einen Aufprall. Der Unfall könnte passiert sein, als sie dem Auto auswich und auf den Randstein prallte."

Wir gingen zu einer anderen Katze über. Ich las aus Monnicas Brief: „Ich hatte einen Kater, Sunny, den ich sehr liebte. Er starb am 10.06.1980. Wie geht es ihm?"

„Lady, ist Sunny bei dir?", fragte ich.

Bei Oma, aber Opa liebt ihn, antwortete sie. Ich sah den Mann mit dem Kater auf dem Schoß.

Ich fragte Monnica: „Ist dein Großvater auf der Anderen Seite?"

„Ja", antwortete sie.

„Er liebt Sunny. Sunny lebt bei ihm."

Ich las im Brief: „Ich kümmerte mich um Oliver, einen streunenden Kater, bis er starb. Hat er mir irgendetwas zu sagen?" Ich bat Oliver, sich zu zeigen, und obwohl ich kein Bild von ihm hatte, hörte ich bald eine andere Stimme.

Sag ihr Dank. Sag ihr, dass ich sie liebe. Sag ihr, dass ich sie vermisse ... und ihre Hausschuhe. Er lachte und zeigte mir eine Katzenhöhle in einem Paar Schuhen aus Schaffell. Ich teilte es Monnica mit.

„Ich machte ihm einen Schlafplatz aus Schaffell", sagte Monnica. Sie war nicht mehr länger fähig, ihre Gefühle zu kontrollieren.

„Er war ein Streuner, den ich in seinen letzten Lebensmonaten aufnahm. Er war sehr krank." Sofort zeigte er sich mir. Er war jetzt ein jugendlicher spitznasiger Rotschopf, kein bisschen krank, sondern keck und großspurig.

Sag ihr, dass ich wieder mein altes Selbst bin, sagte Oliver.

Ich tat es und versuchte, sie zu trösten: „Er ist so jung und verspielt! So humorvoll! Er hat so viel Persönlichkeit!" Ich kehrte zu Lady zurück, um mit ihr über Rocky und Nikki zu sprechen, die zwei anderen Katzen auf den Fotos, denn ich wollte Monnica etwas Zeit geben, damit sie sich etwas sammeln konnte.

„Lady, wie heißt du mit deinem Katzennamen?", fragte ich.

Queeny, antwortete sie.

„Ich nannte sie immer die Queen!", flüsterte Monnica unter Schluchzen.

„Und Nikkis?", fragte ich.

Bullet oder Dart, sagte Lady.

„Und Rocky?", fragte ich. Hier unterbrach mich Nikki.

Ich nenne ihn Squish. Er lachte herzlich. Es war offensichtlich eine Beleidigung, ein vertraulicher Witz unter Katzen. .

„Nikki, Kumpel, wie verträgst du dich mit Rocky?", fragte ich.

Rocky ist faul und verzärtelt. Sofort fiel Rocky ein, um sich zu verteidigen.

Nikki gerät völlig außer Rand und Band. Er reißt Frauchens Pflanzen aus, sagte Rocky.

Rocky ist Frauchens Baby, ein richtiges Muttersöhnchen, gab Nikki zurück.

Monnica bestätigte: „Oh ja, Nikki frisst meine Pflanzen. Ich nehme an, dass er das Chlorophyll braucht. Und Rockys Kosename ist Baby Rocko, und ich finde auch, dass er ein bisschen verwöhnt und faul ist."

Ladys Gestalt blitzte kurz auf; sie saß im Fenster neben der Küche und regelte dort von ihrem hohen Thron aus die Aktivitäten der jungen Katzen. Sie mischte sich ein wie ein Schiedsrichter:

Ich passe auf, dass Nikki sich benimmt. Nikki ist ein Futterdieb! Er jagt Vögel und bringt sie herein. Ich sage: „Nein, Nikki! Frauchen gefällt das nicht! Frauchen hasst das!" Aber Nikki lacht nur. Nikki ist mit Rocky verfeindet.

Ich war völlig erstaunt, dass eine tote Katze in dem selben Fenster saß wie einst im Leben und Jungkatzen anschnauzte wie ein Feldwebel und ihnen Befehle erteilte. Noch von der Anderen Seite spielt sie die im Sessel sitzende Kritikerin und kommandiert die zwei lebenden Katzen herum!

Monnica bestätigte, dass Nikki früher jagte, aber sie erlaubt es nicht, und ja, sie hatte einen neuen Freund. Nikki fühlte sich gezwungen, sich zu verteidigen:

Ich bekämpfe die ganze Negativität im Haus. Erzähl Frauchen, dass ich ihre Kanäle rein halte und jeden Geist wegjage, der ums Haus schleicht, wenn sie ein Reading beendet hat.

„Ein Reading?", fragte ich ihn. „Was macht Frauchen?"

Sie ist Hellseherin wie du, antwortete Nikki.

„Monnica, wusstest du, dass Nikki deine psychische Polizei ist?", fragte ich.

„Es überrascht mich nicht", antwortete sie.

Alle, die sich ihre kritischen Verwandten auf der Anderen Seite vom Leib halten möchten, sollten ihre psychischen Sinne nicht leichtfertig öffnen. Co-Abhängigkeit endet offensichtlich nicht am Grab.

Himmel in Oklahoma

Auch wenn wir nur die besten Absichten haben, stoßen unseren Tieren manchmal schlimme Dinge zu. Wenn unsere Tiere aus irgendwelchen Gründen umziehen müssen, setzen wir sie einem großen Risiko aus. Ich erzähle die folgende traurige Geschichte, weil ich es für wichtig halte, die Konsequenzen zu erkennen, wenn wir Tiere verlassen – selbst wenn wir meinen, in ihrem besten Interesse zu handeln. Du wirst hier Zeuge des tiefen Mitgefühls und der Liebe, die unsere Tiere für uns haben.

Beth, einer strahlenden Meditationslehrerin, verdanke ich viel von meinem Wissen über das Öffnen des Herzchakras. Beth rief an, als sie hörte, dass ich mit verstorbenen Tieren kommuniziere, und erzählte mir ihre Geschichte. Sie hatte vor drei Jahren einen Hund verloren, und die Situation war nie wirklich geklärt worden. Ich bekam sehr schnell das Bild von einem riesigen, weißen, flauschigen, blauäugigen, langhaarigen Hund. Beth bestätigte, dass Asia ein riesiger weißer blauäugiger englischer Hirtenhund war. Als Beth nach Los Angeles zog, war sie gezwungen, Asia wegzugeben, da sie keinen Hund in ihrem neuen Zuhause halten durfte. Beth hoffte, dass das neue Heim nur eine vorübergehende Lösung war, aber in der Zwischenzeit musste sie Asia bei Verwandten lassen. In Beths Abwesenheit entwickelte Asia unerklärliche Krämpfe, die kein Tierarzt diagnostizieren konnte. Der Zustand wurde so akut, dass Beth Asia einschläfern musste. Natürlich war Beth verstört und hatte nie Frieden mit ihrem schlechten Gewissen schließen können.

Als ich mich mit Asia in Verbindung setzte, hörte ich deutlich ihre Stimme. Vielleicht half mir Asias dringender Wunsch, sich mit Beth in Verbindung zu setzen, sie zu hören. Asia eröffnete das Gespräch:

Ich starb an gebrochenem Herzen. Wenn ich nicht zusammen mit Frauchen wohnen konnte, wollte ich nicht mehr leben. Ich erklärte Beth, dass sich Tiere wie wir vor Schmerzen fürchten, aber keine Angst vor dem Tod haben. Sie haben eine viel bewusstere Beziehung zu ihrem Körper. Ich meine hier nicht die Tiere, die ums Überleben in der Wildnis kämpfen oder Tiere in Schlachthäusern, sondern Haustiere, die oft eine eher nachdenkliche Haltung gegenüber dem Tod entwickeln. Manche Tiere können kraft ihres Willens sterben – sie können Organe veranlassen abzuschalten. Asia zeigte mir einen angeborenen Herzdefekt; ihrer Meinung nach hatte das schlechte Funktionieren der Herzklappe die Konvulsionen verursacht. Ich erzählte Beth: „Sie dachte, dass du sie aus deinem Herzen ausgeschlossen hattest, und wurde Opfer ihres eigenen Herztraumas. Der Hund starb buchstäblich an einem gebrochenen Herz."

Asia zeigte mir Beths Großmutter und ein einladendes Bauernhaus in einer Prärie auf der Anderen Seite. Mit ihren Augen sah ich, wie sie ausgelassen durchs hohe Gras und an Schmetterlingen vorbei tollte. Ich übersetzte für Beth:

„Asia sagt, dass sie hier sehr glücklich ist und dass sie auf dich warten wird. Hier sieht es nach Weizenfeldern aus – wie in der Prärie in Oklahoma ..."

„Meine Großmutter war aus Oklahoma!", rief Beth. Sollte Beth auch nur den geringsten Zweifel daran gehabt haben, dass ich ihren Hund gefunden hatte, so verschwand er in diesem Augenblick. Im Geist sah ich, wie mir Beths Großmutter zuwinkte. Eine Welle liebevoller Eindrücke durchflutete mich.

„Deine Großmutter war eine Tierliebhaberin", sagte ich zu Beth.

„Ja", bestätigte Beth. „Sie hatte jahrelang einen Hund, den sie vergötterte."

„Sie hat jetzt Asia. Deine Großmutter kochte gern. Sie bäckt noch immer Torten."

„Meine Großmutter war eine wunderbare Köchin – sie hat so gern gebacken!"

„Asia springt in der Küche umher, hat die Zehennägel auf den Fliesen, ist äußerst überaktiv."

„Asia war immer überaktiv, bis sie schließlich älter wurde."

„Wie alt wurde sie?", fragte ich.

„ Elf", antwortete Beth.

„Asia ist sehr stolz darauf, so lange gelebt zu haben. Deine Großmutter wurde auch sehr alt."

Wir sind sehr alt, weißt du. Wir sind sehr alte Damen!

„Meine Großmutter lebte neunundneunzig – fast hundert Jahre", erwiderte Beth.

„Sag ihr, dass es mir leid tut", flüsterte Beth. „Sag ihr, ich konnte sie einfach nicht mit mir nehmen."

Asias Antwort trieb mir die Tränen in die Augen. *Ich liebe sie, liebe sie, und ich verzeihe ihr völlig. Ich will nicht, dass sie sich länger schuldig fühlt,* sagte Asia. Sie zeigte mir das Szenario ihrer Einschläferung, nach der sie sich etwas unorientiert auf der Astralebene wiederfand – wie jemand, der an einer Drogenüberdosis stirbt. Aber Beths Großmutter fand sie und führte sie ins Licht.

Sag ihr, dass ich ihre Großmutter liebe, aber dass Beth mein auserwählter Mensch ist. Ich bin ihr viele lange Jahre gefolgt. Sag ihr, als sie mich einschläfern ließ, befreite sie mich von dem Missbehagen, die Kontrolle über viele meiner Organe zu verlieren. Andere Wehwehchen begannen mich damals zu plagen. Hüftdysplasie, Probleme mit den Nieren und der Harnblase. Wenn sie mir nicht geholfen hätte hinüberzugehen, wäre ich am Ende inkontinent und verkrüppelt gewesen. Ich hätte das nicht gewollt. Sag ihr, dass ich ein langes, glückliches Leben führte, und ich will, dass sie aufhört, sich schuldig zu fühlen. Ich schlafe nachts zwischen ihren Füßen. Frag sie, ob sie weiß, dass ich dort bin.

„Ja! Sie schlief immer an meinen Füßen, zwischen meinen Beinen. Manchmal fühle ich noch die Wärme ihres Körpers."

Erzähle ihr, dass ich in den Morgenstunden bei ihr bin, sagte Asia.

„Ja!", bestätigte Beth. „Der Morgen war immer unsere besondere Zeit zusammen!"

Sag ihr, dass ich noch immer bei ihr bin. Ich bin die meiste Zeit um sie herum, sagte Asia.

Ich tat es und versicherte ihr:

„Manchmal ist es gut, unsere Freunde auf der Anderen Seite zu haben, wo sie die Rolle von Engeln einnehmen können. Du kannst sie um Hilfe rufen oder ihre Kraft beschwören."

Beth rief mich später an und dankte mir dafür, dass ich ihr geholfen hatte, die Kluft zu überbrücken und die Schuld zu bereinigen, die sie drei Jahre geplagt hatte. Sie löste schließlich ihren Kummer im Wissen auf, dass Asia in guten Händen war.

Der Geist auf der Treppe

Einer meiner ersten Hausbesuche galt Bette und Julie, zwei hübschen Frauen, die sich eine Wohnung teilten. Sie baten mich, mit ihren Katzen, Titania und Persephone zu reden. Die Frauen sorgten sich besonders um Titania, eine zwölf Jahre alte Diabetikerin, und wollten wissen, wie sie Titania die letzten Jahre ihres Lebens angenehmer machen konnten. Die beiden sagten mir am Telefon, dass Titania wegen Hautkrebs in Behandlung war und dass das Medikament die Bauchspeicheldrüse beschädigt hatte, was den Diabetes hervorrief.

Schon als ich den Termin ausmachte, hörte ich Titanias Stimme in meinem Kopf. Ich holte mir schnell einen Stift.

Nadeln! Nadeln! Nadeln! Ich bin so müde. Meine Haut tut überall weh, wo ich gestochen worden bin! Ich bin innerlich so müde. „Du machst dich bereit, Abschied zu nehmen, nicht wahr?", fragte ich sie.

Ja. Aber ich sorge mich sehr um meine Frauchen. Sie lieben mich so. Es wird sehr schwer für sie sein. Besonders für die dunkelhaarige. Sie sandte mir ein warmes liebevolles Gefühl mit dem Schattenbild dieser Frau.

„Wirst du bald sterben?", fragte ich.

Ja. Das ist der Grund, warum ich dir meine Frauchen zuführte. Ihre Worte gaben mir einen Stich.

Wenn überhaupt jemand diese Macht des göttlichen Eingreifens beherrschte, dann eine alte siamesische Katze. Titania sprach, als sei sie die Weisheit selbst; es schien mir, als spräche ich mit einem weiblichen Buddha, einer Quan Yin in Katzengestalt. Ich wusste, dass Titania mich mit ihren Frauchen in Verbindung gebracht hatte, um ihnen den Übergang zu erleichtern – nicht sich selbst, sondern ihren *Frauchen*.

Ich sprach dann erst wieder mit Titania, als ich sie persönlich kennen lernte. Nachdem sie mich in ihrem Heim willkommen geheißen hatte, saß sie zu einer Kugel gerollt einen Meter von meinem rechten Knie entfernt außerhalb meiner Reichweite. Ich saß mit gekreuzten Beinen auf dem Fußboden und respektierte den Abstand. Aber Persephone stieg mir auf den Schoß und knetete aufgeregt meinen Magen.

Titania wartete nicht, bis ich ihr Fragen stellte. Sie wiederholte ihre Klage: *Ich bin so müde von den Nadeln.*

Ich antwortete: „Ich weiß, mein Schatz. Es tut mir leid." Ich fragte ihre Frauchen, wie lange sie schon zuckerkrank sei, hörte aber Titanias Stimme schon in meinem Kopf, bevor ihre Frauchen antworten konnten: *Zwei Jahre.*

„Hat keine von euch Probleme mit dem Blutzucker?", fragte ich Bette und Julie.

Da beide verneinten, fragte ich Titania, ob ihre Blutzuckerprobleme psychologische Wurzeln hätten.

„Titania, was hat dein Diabetes zu bedeuten?"

Zucker ist Liebe. Ich gebe so viel Liebe, ich gebe die ganze Zeit all meine Liebe an meine Menschen ab. Da bleibt nicht genug Liebe für mich übrig. Deshalb macht mein Körper Zucker. Zu viel Zucker.

Ich begann mit dem Gestalt-Check. „Ihre inneren Organe fühlten sich sehr ermüdet an." Titania warf ein: *Sage ihnen, dass die Spritzen meinen Magen verderben.*

„Sie erbricht die ganze Zeit", stimmte Bette zu.

Ich sagte Titania, ich sei erschüttert und traurig, dass noch nichts Besseres gegen Diabetes entwickelt worden ist. Sie sagte, sie verstehe, was diese Spritzen bewirken sollten, und dass sie funktionierten, aber für sie hätten sie unangenehme Nebenwirkungen.

Bette stellte die gefürchtete Frage: „Bereitet sie sich aufs Sterben vor?"

„Ja, aber das bereitet ihr keine Sorgen. Tiere verbinden nicht das Negative damit, wie wir Menschen."

Ich kenne Julie am längsten. Zehn Jahre, sagte Titania. Als ich Titanias Worte wiederholte, antwortete Julie: „Ja, zehn Jahre."

„Mensch, diese Katze versteht sich wirklich gut auf Zahlen", sagte ich und seufzte. „Die meisten Tiere kriegen das nicht so gut hin."

Erzähl ihr, dass ich sie sehr liebe und dass ich beunruhigt bin, wie sie es aufnimmt, sagte Titania. Als ich das tat, fing Julie an zu weinen. Bette fiel ein: „Frag sie, was wir tun können, um es ihr erträglicher zu machen."

Ich möchte hier einen Schlafplatz aus den Sweatshirts meiner Frauchen mit ihrem Geruch, und ich wünsche mir eine Socke aus Katzenminze zum Schlafen.

Ich schlafe an Bettes Füßen, unterbrach Persephone.

„Ja! Das ist richtig", sagte Bette. Dann machte Persephone einen Witz: Sie zeigte mir Schuhe, die stark nach Leder rochen, und dann, wie sie die Schuhe bepinkelte.

„Oh nein, Bette!", schrie Julie. „Deine Stiefel! Fühlt Persephone sich vernachlässigt?" Persephone antwortete selbst:

Ja, wenn sie nicht anfangen, mir mehr Aufmerksamkeit zu geben, werde ich ihre neuen Schuhe ruinieren. Sag ihnen, dass ich einen Freund will, wenn Titania gegangen ist. Titania und ich haben uns darauf verständigt. Ich bekam den Eindruck, dass Titania und Persephone dies viele Male durchgesprochen hatten. Persephone war jung und quicklebendig und bestand darauf, dass die neue Katze männlich sein musste.

„Aber wir haben uns geschworen, dass wir keine Katzen mehr wollten!“, quengelte Bette.

„Na, komm schon“, sagte ich. „Ihr müsst! Es wäre ungerecht Persephone gegenüber. Sie wäre so einsam. Und außerdem haben sie es bereits entschieden.“ Ich sagte den beiden Frauen, wie sehr ich dafür bin, Tiere paarweise zu halten. Auch eine Katze und ein Hund zusammen sind besser als ein einzelnes Tier. Ein Tier wird zur Geisel im Haus, wenn es ohne ein anderes Mitglied seiner eigenen Spezies auskommen muss. Es ist nicht gerecht, Tiere außerhalb ihrer natürlichen Umgebung zu isolieren und sie zu einem Leben zu zwingen, wo sie verrückt vor Langeweile werden. Sie müssen eine Beziehung zu anderen Geschöpfen ihrer eigenen Art entwickeln können, nicht nur menschlich-tierische Beziehungen. Nur weil wir Katzen nicht miteinander sprechen hören können, heißt das nicht, dass sie dies auch nicht tun. Ich kannte Katzen und Hunde, die sogar mit eingesperrten Vögeln sprachen, und diese Freundschaften waren tausend Mal besser als überhaupt keine Freundschaften. Natürlich gibt es Ausnahmen, aber die meisten Tiere sind soziale Geschöpfe.

Julie flüsterte Bette zu: „Nun, da ist doch diese Katze, von der dir dein Freund erzählt hat ...“

Bette nickte zustimmend. „Du hast Recht. Wir werden eine andere Katze nehmen.“ Ich spendete stillen Beifall. Meine Überzeugung veränderte vielleicht Persephones Leben. Dies waren die Momente, die mir die meiste Befriedigung gaben.

„Titania sagt, dass du auch Schmerzen im Herzen hattest. Herzprobleme?“, fragte ich Bette.

„Nein.“

Herzschmerzen. Herzenskummer. Titania sandte diese Worte.

„Oh, diese Art von Herzproblemen. Sie hat völlig Recht!“, sagte Bette. Titania fuhr fort:

Ich möchte auf ihrer Brust schlafen. Ich könnte ihr Herz mit meinem Herzen heilen. Das Herz war bei dieser klapprigen alten Katze tatsächlich intakt; dieses Herz war so voll von Liebe, es war einfach verblüffend. Sie lag einen Meter von mir zu einer Kugel zusammengerollt, lächelte, schnurrte und glitt in eine tiefe Trance hinüber.

„Amelia, du kannst ihre Stimme in deinem Kopf hören, nicht wahr? Wie klingt ihre Stimme?", fragte Bette.

„Sehr, sehr alt!" Wir schüttelten uns vor Lachen. Worauf sich Titania aufsetzte, ihre Beine streckte und lachte, sich dann wieder niederließ und die Pfoten unter ihrem Körper verstaute.

„Sie ist eine weise alte Seele, nicht wahr?", fragte Bette. Titania antwortete selbst: *Es gibt wenig im Leben, was ich nicht erlebt hätte. Ich habe viel in der äußeren Welt gesehen, und ich weiß alles über die menschliche Natur. Ich habe ein langes, glückliches Leben gehabt und ich liebe meine Frauchen sehr. Sag es ihnen bitte.* Ich war nur zu glücklich, das zu tun.

„Hat sie Schmerzen?", fragte Julie.

„Sie sagt, wenn ihr etwas gegen ihre Magenprobleme tun könntet ... das ist alles, worum sie euch bittet. Sie ist eine sehr glückliche alte Dame und ein sehr kraftvolles altes Weib. Sie sagt, dass sie enorme Heilkräfte hat. Deshalb möchte sie auf deinem Brustkorb schlafen."

„Sie ist sehr weise, sie ist beinahe magisch ... ich weiß nicht, wie ich es ausdrücken soll", sagte Bette seufzend.

„Ja, sie ist wirklich eine Schamanin", stimmte ich zu.

Bette wechselte aufgeregt das Thema: „Etwas ist letzte Woche passiert. Wir notierten die Zeit: Am 22. März um 4:45 Uhr. Normalerweise miaut Titania nur uns laut an, aber da miaute sie wie toll etwas auf der Treppe an, was wir nicht sehen konnten. Hat sie dich gesehen?" Ich fragte sie, ob sie mich auf der Astralebene gesehen hatte.

Nein. Ich sah einen großen hellen flauschigen Hund mit einem großen flauschigen Schwanz. Ich fragte die Frauen, welche von ihnen einen Hund auf der Anderen Seite hätte.

„Er ist etwa sechzig Zentimeter lang, hat Schlappohren, ist langhaarig, hellfarben und hat einen flauschigen Schwanz", erklärte ich.

„Das ist mein goldener Retriever!", schluchzte Bette. „Ich habe darum gebeten, dass er Titania abholt, wenn ihre Zeit gekommen ist. Wie viel Zeit hat sie noch?"

Ein paar Wochen, sagte Titania.

„Wie werden wir wissen, wann Titania bereit ist zu gehen?", fragte Bette. „Bitte sie, uns nicht zu verlassen, wenn ich nicht daheim bin! Oder wenn keiner von uns zu Hause ist!"

Titania sandte mir das Bild, wie sie am Fußboden scharrte und laut zu schreien begann, um ihre Absicht anzukündigen. Ich fragte sie, ob sie warten könne, bis sie beide zu Hause wären, damit sie sich verabschieden konnten. Ich sandte die Nachricht und fügte hinzu: „Sie wird es euch wissen lassen."

Der Hund war schon gekommen, um Titania in die Welt der Geister zu geleiten. Bald nach der Lesung erhielt ich einen netten Brief und ein Geschenk von den Frauen. Sie schrieben, dass Titania friedlich hinübergegangen sei, als beide zu Hause waren. Dass sie die Gelegenheit hatten, mit ihr zu reden bevor sie fortging, war eins der kostbarsten Geschenke, das ihnen jemals gegeben worden war.

Reinkarnation

Ich hatte keine Ahnung, dass Tiere sich reinkarnieren, bevor ich mit dieser Arbeit begann. Die Tiere bewiesen es mir. Der Rottweiler von Stacy, einer TV-Darstellerin, sagte mir, dass er schon früher bei seinem Frauchen gewesen sei, als sie noch ein Kind war. (Von allen Leuten, mit denen ich schon einmal in einem der protzigen Restaurants in Beverly Hill zu Mittag gegessen habe, ist Stacy die einzige, die einer Stubenfliege einen eigenen Teller mit chinesischem Hühnersalat anbot, und ich muss gestehen, die Großzügigkeit wirkte wie ein Zauber. Die Fliege verließ auf der Stelle Stacys Teller zugunsten ihres eigenen.) Stacys gepflegter Rottweiler sagte, er sei ihr alter kleiner zottiger goldener Terrier, und beschrieb Stacys Brüder, das Haus, in dem sie aufwuchs und seinen Tod. Stacy bestätigte jedes seiner Worte und erhob den Anspruch, schon immer den leisen Verdacht gehabt zu haben, dass dies ihr alter Hund aus der Kindheit sei.

Ein anderer Hund sagte mir, dass ihm sein *alter Tierarzt* besser gefiel. Er ließ sich sogar über das graue Haar des großen Mannes und seine Brille aus. Seine Besitzerin war schockiert und begeistert zugleich und berichtete, *dieser* Hund habe niemals den von ihm beschriebenen Tierarzt gesehen. Der grauhaarige Tierarzt war der Tierarzt ihres alten Hundes, der gestorben war, bevor sie diesen fand. Reinkarnation habe ich nicht nur durch meine eigene Forschung entdeckt; ich hörte Hunderte von Geschichten von Tierbesitzern, die felsenfest davon überzeugt waren, dass ihre früheren Tiere zu ihnen zurückgekommen sind. Nach meinen Talkshows wurde ich von Unmengen von Zuschauern umringt, und jeder schwenkte das Bild eines Tieres und wollte wissen: „Ist dies der gleiche Hund? Ich *weiß* einfach, dass mein neuer Hund mein alter Hund ist! Wissen Sie, mein alter Hund führte immer einen bestimmten Tanz auf, wenn ich ein bestimmtes Lied sang ..."

Oh, die merkwürdigen Vorkommnisse sind unendlich, die Zufälle unleugbar, die Ähnlichkeiten so haargenau: die gleichen Züge, die gleichen Spiele, die gleichen Küsse, die gleichen Gewohnheiten, die gleichen Geschmäcker, die gleiche Leidenschaft für Spargel.

„Könnte es sein, dass wir nur unsere Wünsche auf sie projizieren?", wirst du fragen. „Können sie die Bilder in unserem Geiste sehen und sie einfach übernehmen?" Sicher, aber dann ahmen sie Ähnlichkeiten nach, die wir bereits vergessen haben. Oscar, eine meiner vier Kätzchen, teilt „noch" Dutzende von Gewohnheiten und Talenten mit seinem Vorgänger: Er erscheint aus dem Nichts, wenn ich das Bett mache, und attackiert die Laken, er kann noch immer eine abgeschlossene Katzentür öffnen, knabbert noch immer an meiner Halskette, weckt mich mit einem Kuss auf, frisst die Blumenkisten kahl, schläft mit heraushängender Zunge und ist noch immer ein fähiger Masseur. Egal, welcher Teil meines Körpers schmerzt – Hals, Schulter, Kreuz oder Knie –, Oscar wird sich auf den schmerzhaften Fleck konzentrieren und ihn wie wild massieren. Keins der anderen Kätzchen teilt eine dieser Eigenheiten ... aber einer meiner alten Kumpel war genauso.

Man fragt mich oft, ob Tiere die Spezies wechseln, und obwohl andere Tiermedien schwören, dass sie es tun, kam mir das nur selten vor. Tiere können sich zwar in verschiedenen Formen verkörpern, aber ich habe herausgefunden, dass sie eine Vorliebe für eine besondere Form haben und dabei zu bleiben scheinen. Ich kann auch nicht die Überzeugung anderer bestätigen, dass Tiere menschliche Geister sind, die sich noch in der Ausbildung befinden. Ich leugne nicht, dass es Tieren möglich ist, sich als Menschen zu inkarnieren – ich würde es Rodney und Mr. Jones schon zutrauen (sie erklärten, in Ägypten Löwen gewesen zu sein) –, aber

241

darauf bin ich bei meinen Reisen einfach nicht oft gestoßen. Pferde kommen normalerweise als Pferde zurück, Schwäne als Schwäne, und so weiter. Das Folgende ist eine meiner denkwürdigsten Geschichten. Sie handelt von einer wundervollen kleinen Katze ... die versprach, wiederzukommen.

Shakespeare beobachtet eine Operation

Dr. Eileen Nichols, eine Tierärztin, setzte sich mit mir in Verbindung, nachdem ihre herrliche norwegische Katze Shakespeare seit fünf Tagen in Beverly Hills verschwunden war. Dr. Nichols hatte täglich den Straßendienst, Tierheime, Tierasyle und andere Tierärzte angerufen, aber keinen Hinweis auf Shakespeares Aufenthaltsort erhalten.

Am Morgen, nachdem ich Shakespeares Foto bekommen hatte, erschienen die Umrisse einer schönen grau gestreiften Katze, die auf meinem Brustkorb stand. Ich lag noch im Bett.

„Shakespeare, bist du auf der Anderen Seite?", fragte ich.

Ja.

„Wie ist das passiert?"

Sie schickte Bilder eines schlimmen Autounfalls.

„Warum bist du von zu Hause fortgelaufen?", fragte ich.

Ich ging die Nacht zuvor hinaus und mir passierte nichts, deshalb probierte ich es wieder, diesmal allein. Aber in der zweiten Nacht jagte mich ein Hund, ein großer schmutziger weißer Hund. Ich sah eine Filmszene: Eine Katze war zwischen einen Hund und ein Auto geraten; sie nahm das Risiko auf sich und rannte vor das Auto. *Sag Frauchen, dass ich sie liebe. Sag ihr, dass es mir leid tut. Es tut mir so leid.*

Ich fuhr anderentags zu Dr. Nichols Haus, um die Nachricht zu überbringen. Als ich die junge Tierärztin so weinen sah, war mir klar, dass sie Tiere über alles liebte und dass sie diese Katze mehr als alles in der Welt geliebt hatte. Ich kannte das Gefühl genau: Shakespeare war ihr Mr. Jones. Er war ihr Sonne, Mond und Sterne zugleich. Wir beschlossen, uns mit Shakespeare wieder in Verbindung zu setzen. Der geliebte Kater schaltete sich ein:

Jetzt bin ich frei im Auto und fahre mit ihr jedes Mal nach Palm Springs, wenn sie fährt. Ich gehe mit ihr zur Arbeit. Sag ihr, dass ich sie jetzt überall hin begleite. (Die Tierärztin hatte zwei Praxen – eine in der Stadt und eine in Palm Springs, wo sie zwei Tage pro Woche verbrachte.) Schweigend bat ich Shakespeare um einen Beweis.

Sag ihr, dass sie vorgestern ein großes schwarzes Dobermann-Weibchen operierte. Sie schnitt den ganzen Torso des Hundes auf. Ich sah die Operation in allen gespenstischen Einzelheiten und beschrieb den Einschnitt, der über die ganze Länge des Hundetorsos ging. Dr. Nichols schluchzte: „Es war eine Autopsie ... vorgestern bei einem weiblichen schwarzen Dobe..."

Sag ihr, dass ich dort war. Ich schaute bei allem zu, machte Shakespeare geltend.

Nun bot sich mir ein bemerkenswerter Anblick: Eine langhaarige gestreifte Mieze stand auf dem Operationstisch neben dem Hund!

„Shakespeare! Gib mir noch etwas!", bettelte ich.

Ihr Kleid! Sie hat ein neues weißes Kleid mit rosafarbenen Blumen. Sag ihr, dass es gut aussieht. Sag ihr, sie soll es nicht weggeben! Als ich es tat, hörten Dr. Nichols Tränen zu fließen auf.

„Oh, mein Gott!", rief sie. „Eine Freundin schenkte mir gerade zwei Kleider! Ein schwarzes und ein weißes mit rosa Blumen. Ich gab das schwarze weg, behielt aber das rosa-weiße!"

Sag ihr, sie soll es behalten. Es gefällt mir an ihr, sagte Shakespeare.

„Wird Shakespeare zu mir zurückkommen?", fragte Dr. Nichols.

Ja. Vielleicht schon im Oktober. Sag ihr, es wird über ihre Praxis in Palm Springs sein. Jemand wird ein Kätzchen aussetzen oder ich werde durch jemanden kommen, den sie dort kennt. Ich werde eine flauschige schwarzweiße Katze sein. (Er zeigte mir stolz seine herrlichen neuen schwarzweißen Stiefel.)

„Wie werde ich ihn erkennen?", fragte die Ärztin. Ein komisches Bild erschien mir im Geist: „Er wird deine Wimpern und Augenbrauen lecken", sagte ich.

„Shakespeare hat das immer getan!", rief Dr. Nichols aus.

Erzähl ihr, dass ich ihr Ohr liebkosen und Ma-ma sagen werde, Ma-ma
...

„Ja! Shakespeare hat das immer getan. Sag ihm, dass ich immer ein schwarzweißes Kätzchen wollte!" Die Tränen der Qual verwandelten sich in Freudentränen. Shakespeare zeigte mir seine Vorderpfoten. Er hatte sechs Zehen daran.

„Er wird Polydaktylie haben", sagte ich.

„Ich wollte schon immer eine Mieze mit Polydaktylie, sag es ihm!" Ich musste es Shakespeare nicht sagen. Er wusste es bereits.

Die Heilkraft von Zimmerkatzen

Trotz der Tragödien, die mit Katzen und Autos vorkommen können, glaube ich fest daran, dass Katzen die Erde unter ihren Pfoten fühlen müssen. Ich weiß, dass die Tierschützer da anderer Meinung sind, die keine Katzen an Haushalte vermitteln, wo Katzen nach draußen dürfen. Ich verstehe die Logik dieser Einschränkung, besonders in der Stadt, wo es nicht nur viel Verkehr gibt, sondern auch ein hohes Risiko, sich bei anderen Katzen mit infektiösen Krankheiten anzustecken. Hier in Los Angeles kommt noch die Bedrohung durch hungrige Kojoten dazu. Glaub mir, wenn ich dir sage, dass ich die menschliche Perspektive verstehe. Aber die menschliche Perspektive ist nicht mein Hauptanliegen – mein Hauptanliegen ist die Perspektive der *Katzen*.

Alle Jubeljahre einmal treffe ich eine Katze, die nicht nach draußen will. Normalerweise sind es Katzen, die früher auf der Straße lebten und schon früh im Leben traumatisiert wurden. Sie haben ihren Teil an der Außenwelt gehabt und sind völlig zufrieden, auf einer weichen Couch zu sitzen und zum Fenster hinaus zu schauen, aber das sind Ausnahmen. Alle Tiere sind dazu geschaffen, die Erde unter den Füßen zu haben, den Wind im Fell und den Sonnenschein im Gesicht zu spüren, die Bäume zu genießen, in der Erde zu graben, an Blumen zu schnüffeln, mit anderen Tieren zu spielen, Insekten zu untersuchen.

Ich habe einen Zusammenhang zwischen Zimmertieren und Krankheiten gefunden. Zum Teil hat dies mit den Zimmergiften zu tun, denen Hauskatzen ständig ausgesetzt sind: vom Formaldehyd in den Teppichen bis hin zu Farben, Gips, Lack und Schadstoffen in der Luft, die von Klimaanlagen herumgewirbelt werden. Natürlich spielt auch die Qualität der Nahrung und des Wassers eine Rolle, und das Gleiche gilt für die menschlichen Emotionen, die sie absorbieren. Aber am meisten beschweren sich Zimmerkatzen über die tödliche Langeweile. Einige sagen, dass das Leben für sie nicht lebenswert ist, wenn sie nicht nach draußen können.

Wenn wir Katzen als Geiseln in Häusern halten, lähmen wir ihre Lernprozesse. Ihr Leben hat auch über die menschlichen Besitzer hinaus eine Bedeutung und einen Zweck. Beziehungen zu anderen Katzen sind für sie unentbehrlich, auch wenn dies heißt, gelegentlich in einen Kampf verwickelt zu werden. Kannst du dir vorstellen, von deiner ganzen Spezies abgesondert zu sein und dein Leben in einer Höhle mit Bären zu fristen? Selbst, wenn ihr zu zweit in der Bärenhöhle wärt, würdet ihr euch bald unendlich überdrüssig werden und euch nach anderer menschlicher Gesellschaft sehnen. Katzen sind von Natur aus neugierig, und die Erforschung anderer Lebensformen und der Umwelt halten eine Katze nicht nur beschäftigt, sondern auch gesund. Katzen brauchen ein interessantes Umfeld, um gesund zu bleiben. Das heißt, sie brauchen eine Welt, die voll ist von anderen Lebewesen.

Viele kranke und sterbende Hauskatzen baten mich, ihre Besitzer für sie zu fragen: *Kann ich nicht nach draußen gehen und ein Weilchen im Gras sitzen? Sag Frauchen, dass ich nicht gesunden werde, bis ich im Gras sitzen kann.* Das führt mich zu einer weiteren Theorie: Katzen brauchen nicht nur Kontakt zu anderen kriechenden und fliegenden Geschöpfen; es gibt darüber hinaus auch eine Beziehung zwischen der Katze und der Erde selbst, die jeder Beschreibung trotzt. Wie das alte Sprichwort sagt, haben Katzen neun Leben; ihre Kräfte zu heilen sind geradezu übernatürlich zu nennen. Diese Heilkräfte sind im Körper einer Katze gegenwärtig, auch wenn die Katze in einem menschlichen Haus eingepfercht ist, aber die Magie entfaltet sich erst draußen, wenn die Katze Erde unter ihren Pfoten haben darf. Ich meditiere immer draußen und stelle mir zwei Polaritäten vor, die mich energetisieren, polarisieren und mich an den Planeten binden: Die Energie des Himmels tritt von oben in mich ein, und von unten ziehe ich Energie aus der Erde. Meine Katzen haben mich das gelehrt. Wenn Menschen an Katzen herumgedoktert haben, erzählen mir diese oft, dass sie sich von selbst heilen könnten, wenn sie nur allein im Gras sitzen dürften ... und ich glaube ihnen.

Ich lebte über ein Jahr in einer Wohnung, wo Mr. Jones überhaupt keine Erde hatte, nicht einmal einen Quadratzentimeter Dreck in einem Hinterhof. Ein armseliger Kräuterkasten, den er sehr liebte und eine tägliche Patrouille im Hof, bei der er sich an jeder einzelnen Topfpflanze rieb, genügten ihm nicht. In diesem Betondschungel fingen seine Nieren an, sich alarmierend schnell zu verschlechtern. Mr. Jones beklagte sich unablässig über den Mangel an Natur und war davon überzeugt, dass er sich in einem Haus mit Garten erholen könnte. Ich suchte einen neuen Tierarzt auf, der mir zwei Jahre vorher erklärt hatte, dass Mr. Jones keine drei Monate ohne seine tägliche Spritze überleben würde. Mr. Jones bestand jedoch darauf, dass er lieber nicht leben wollte, als täglich eine Spritze zu bekommen. Wenn er nicht mehr ohne Spritzen leben konnte, müsste ich ihn eben gehen lassen. Mein Leben setzte aus, als ich Mr. Jones' Todesurteil vernahm. Auch mein Wissen über Reinkarnation und die Heiligkeit des Todes linderten meine Qual nicht. Es konnte einfach noch nicht seine Zeit sein. Es fühlte sich nicht richtig an.

Nach kurzer Zeit fand ich ein Haus mit großem Garten in einem Vorort, der außerhalb des Kojotenterritoriums lag, und wir zogen alle ein. Mr. Jones genas wunderbar, wie er es vorhergesagt hatte. Neunundzwanzig Monate sind seit seinem prophezeiten Todestag vergangen. Er ist völlig damit beschäftigt, sein neues Territorium abzupatrouillieren, und ist fröhlich wie ein Kätzchen. Er entfernt sich nie weit vom Haus und hält sein Versprechen, von der Straße wegzubleiben und nach Hause zurückzukehren, wenn er gerufen wird. Die meiste Zeit verbringt er selig dösend im Hinterhof auf dem Rasen. Er versichert mir, dass der Umzug sein Leben gerettet hat.

Katzenbesitzern, die ihre Katze wirklich nicht nach draußen lassen können – z. B. wenn sie in einem Hochhaus in Manhattan wohnen –, lege ich ans Herz, soweit es ihnen möglich ist, eine natürliche Umgebung zu simulieren. Einige Firmen stellen Katzengehege her, die für Hochhaus-Balkons geeignet sind und die verhindern, dass Stadtkatzen sich zu Tode stürzen, wenn sie auf Tauben Jagd machen. Katzen lieben Blumen (Rodney vergötterte Rosen) und durchdringend riechende Kräuter und halten sich für unübertreffliche Gärtner, sogar bei Topfpflanzen. Ein Balkongarten wirkt immer lebensspendend auf deine Katze, ebenso alle Hauspflanzen, die du in deinem Heim unterbringen kannst. Versteh bitte, dass Katzen auf die Energie anderer Lebewesen angewiesen sind, die man ihnen einfach nicht vorenthalten sollte. Je mehr Zeit sie draußen verbringen, desto zufriedener werden sie sein.

Katzen und die Jagd

Ich hatte ein sehr interessantes Gespräch mit Jake, einem Chiropraktiker, der mit Tieren arbeitet. Jake war gekommen, um Mr. Jones' Hals und Schwanzknochen einzurenken. Offensichtlich scheinen die zwei Extreme des Rückgrates Schwierigkeit mit der Zusammenarbeit zu haben. Wenn das Steißbein herausspringt, passiert das Gleiche mit der Achse an der Schädelbasis. Wenn Tiere ein bisschen hinken oder auf einer Hinterpfote stärker auftreten, liegt das Problem oft nicht am Fuß oder an der Hüfte, sondern am Steißbein, dem letzten Wirbel, an den sich der Schwanz anschließt. Katzen, die misshandelt oder am Schwanz aufgehoben wurden, haben manchmal dieses Problem. Beim Hals ist es nicht leicht, sofort die Diagnose zu stellen. Ich finde das Problem nur, wenn Tiere sich über Kopfschmerzen beklagen.

Jake sagte mir, dass er Katzen zwar mag – und Katzen mögen ihn, was mir mehr bedeutet als alles, was er zum Thema sagen könnte –, dass er aber immer auch auf der Hut vor ihnen war, weil er ein Vogelliebhaber ist. Er fragte, wie ich mit dem Jagen zurecht käme. Ich habe mit Hunderten von Katzenbesitzern über dieses Thema diskutiert, und immer dreht es sich um die gleiche Frage: Was kann man tun? Wie stoppt man sie? Ich reagiere hier nicht sehr verständnisvoll.

„Tu nichts", ist meine Antwort. Ich habe ein moralisches Dilemma mit Tieren, die ihre Beute nicht schnell töten, aber normalerweise ist das bei Katzen nicht der Fall. Ich sagte zu Jake: „Hör auf, dich mit dem Opfer zu identifizieren. Wenn du dich mit der *Katze* identifizierst, wirst du alles sofort verstehen." Dann erzählte ich ihm folgende Geschichte.

Der Flug der Taube

Jedes Mal, wenn meine Katzen getötet hatten oder wenn ich mir einen dieser erstaunlichen Dokumentationsfilme über Großkatzen auf der Jagd ansah, identifizierte ich mich ausschließlich mit dem Opfer, bis ich schließlich eine Erfahrung hatte, die meinen Ausblick völlig veränderte.

Als ich eines Tages eine Reihe von einem Dutzend Tauben auf einer Mauer hinter meinem Haus bewunderte, erblickte ich aus den Augenwinkeln plötzlich Mr. Jones' graues Fell. Mr. Jones kletterte auf den Hügel, der von der Mauer abgestützt wurde. Als ich die Vögel betrachtete, verschwand plötzlich einer wie eine auf dem Karnevalsschießstand getroffene Ente. Der Vogel fiel so schnell hinunter, dass die beiden Vögel neben ihm nicht einmal fortflogen. Nach ein paar Sekunden schauten sie sich einander neugierig an, als würden sie sagen: „Marge, hast du Bob gesehen? Ich dachte, er sei hier."

Mr. Jones erschien vor mir mit der Taube im Maul. Ich machte den Gestalt-Check. Der Vogel war sofort an einem Halsbruch gestorben. In meiner Katze erlebte ich einen so überirdischen Zustand, wie ich ihn selten gefühlt habe, aber was ich im Vogel fühlte, war sogar noch erstaunlicher. Mein Bewusstsein pendelte hin und her zwischen Katze und Vogel. Ich fühlte und sah den weißen Geist des Vogels aus dem Körper flattern und hinein in den Kopf der Katze, wo er in der göttlichsten Ekstase verweilte, die ich mir je vorgestellt hatte. Für den Bruchteil eines Augenblicks waren Vogel und Katze eins – sie kommunizierten in einem Zustand verzückter Vereinigung.

Es gab keine Feindseligkeit in dem Vogel, der fast keine Zeit gehabt hatte, sich vor Schmerzen zu fürchten, bevor sein Geist freigegeben wurde. Der Vogel wechselte von einer natürlichen Form in eine andere hinüber und fühlte weder Schmerz noch Angst beim Übergang. Er erlebte kein Trauma. Es war Entzücken – eine energetische Kommunikation zwischen den Tieren. (Ich will nicht sagen, dass Tiere keine Furcht empfinden, wenn sie gejagt werden. Natürlich fürchten sie sich; deshalb kämpft ja jede Tierspezies um ihr Überleben. Aber ich habe über die Jahre mit vielen Haustieren über den bevorstehenden Tod gesprochen. Sie alle sahen dem Tod gelassener entgegen als die Menschen, die ich gekannt habe.) Ich blieb bei der Katze, als sie den Vogel fraß. In wenigen Momenten war der ganze Vogel aufgefressen; keine einzige Feder blieb übrig. Beim Gestalt-Check schmeckte ich den Vogel so, wie Mr. Jones ihn schmeckte, und ich glaube nicht, dass wir etwas Vergleichbares im Bereich der menschlichen Erfahrung haben, was sich mit diesem Genuss messen ließe. Welten entfernt von allem Dosenfutter und getrockneter Katzennahrung! (Ich habe mich oft gefragt, warum es kein Katzenfutter mit Sperlings- oder Mausgeschmack gibt.) Es findet also ein göttlicher

Austausch statt, eine energetische Transaktion, die in erster Linie für die Existenz des Jägers wichtig ist, aber ich hatte niemals geträumt, dass auch die Beute an der überirdischen Seligkeit teilhat. Liebe scheint nicht nur in der *Übernahme* anwesend zu sein, sondern auch in der *Hingabe*.

Joseph Campbell sagt, dass Leben sich von Leben nährt. Vielleicht behagt uns das nicht, aber es ist ein Gesetz, dem wir uns nicht entziehen können, solange wir auf der Erde leben. Auch wenn wir Salat und Karotten essen, ist es womöglich gar nicht das Materielle an der Nahrung – Vitamine, Mineralien –, das uns nährt, sondern das darin enthaltene *Leben,* der *Geist* der Nahrung, der ein Teil von uns wird. Dies gilt umso mehr für unsere Katzen. Ich glaube nicht, dass wir hier sind, um Mutter Naturs Welt zu verändern, sondern um aus ihr zu lernen. Dazu gehören auch unangenehme Erfahrungen, vor denen wir die Augen verschließen. In Wirklichkeit ist es unser Mangel an Verständnis, der unser Unwohlsein erschafft. Wir sehen oft nicht, was wirklich vor sich geht. Von dem Tag an, als ich den Gestalt-Check bei Mr. Jones machte, hörte ich auf, Katzen wegen des Jagens zu verurteilen. Natürlich will ich, dass sie schnell und sauber töten und nicht mit ihrer Beute spielen, aber ich glaube, dass die schnelle Tötung das Normale ist und nicht die Ausnahme.

Häng deiner Katze keine Glocke um. Es gibt nichts, was Katzen mehr verabscheuen als Glocken, die jede ihrer Bewegungen verraten. Was könnte sadistischer sein, als einem Geschöpf mit den empfindlichsten Ohren der Welt eine Glocke umzuhängen? „Aber ich will wissen, wo sie ist!", argumentieren die Menschen. Diesen Leuten antworte ich, wenn deine Katze dich wissen lassen will, wo sie ist, wird sie es tun. Katzen sind keine Spielsachen und keine Sklaven. Sie haben ein Recht auf Würde und eigene Willensfreiheit.

Katzen sind besser geplant und gebaut als Menschen, und das löst sicherlich Gefühle der Eifersucht und Unzulänglichkeit beim Menschen aus. Kannst du dir vorstellen, dass du die Knie beugst und mit einem Sprung eine Höhe erreichst, die achtmal deiner Körpergröße entspricht? Das würde bedeuten, dass du mühelos auf das Dach eines vierstöckigen Gebäudes springen könntest. Dort könntest du dann von Dach zu Dach schnellen und Beute mit dir hinunternehmen, die fünfmal so groß ist wie du. Bis auf deine bloßen Hände und Zähne bräuchtest du keine Waffe dazu. Hast du Filme von Geparden gesehen, die fünfundsechzig Meilen in der Stunde rennen, um eine Antilope zu fangen, die größer ist als sie? Katzen wurden für die Jagd geschaffen. Dafür leben sie. Ihnen dieses Vergnügen zu versagen heißt, sie zu Tode zu langweilen. Ich unterhalte meine Katzen mit so viel kuscheligem und gefiedertem Spielzeugersatz wie nur möglich. Aber wenn das unvermeidliche Töten ab und zu geschieht, lasse ich die Katze in Ruhe. Ich war nicht begeistert, als Billie meinen einzigen Specht fing oder als Oscar eins meiner Eichhörnchen vom Baum holte und es in seine Höhle zog; aber es sind *Katzen,* und es ist das Leben!

Tiere und Karma

Edgar Cayce, der „Schlafende Prophet" von Virginia Beach, glaubte, dass Menschen, die sich an irgendeinem Tier vergehen – unter anderem auch durch schmerzhafte Laborversuche –, schlechtes Karma anhäufen. Im Laufe der Zeit habe auch ich das festgestellt.

Karma häuft sich an, wenn wir anderen Lebewesen schaden – auch indirekt, wenn Menschen Tiere essen, die unnötigerweise gelitten haben, oder wenn Frauen Pelz tragen und Kosmetik und Haushaltsprodukte kaufen, die an Labortieren getestet wurden. Wenn wir die Gewalt in unserer Kultur einfach ignorieren, spalten wir uns ab, und wenn wir uns abspalten, wenden wir uns von *uns selbst* ab. Wenn wir uns abspalten, geben wir unsere Macht ab: an die Medien, an die Fleischindustrie, die Schlachthäuser, die kosmetischen Magnaten, die Zulieferer. Das ist der Grund, warum die meisten Menschen nicht hellfühlig und hellsichtig sind. Das ist der Grund, warum die meisten Menschen nicht mit Gestalt, *Remote Viewing* und ihrer Sternenlicht-Vision umgehen können. Wir haben so viele Aspekte, die wir nicht sehen und nicht fühlen *wollen.* Wenn wir uns abspalten, verschließen wir uns in dem Versuch, den Schmerz auszuklammern, vor der Wahrheit. Wir machen uns zu einem tauben, ohnmächtigen Nichts und verlieren uns im hübschen Geflacker unserer Fernsehgeräte. „Aber ich kann da nichts tun", hört man die Menschen argumentieren. „Gefoltertes Fleisch gibt es überall. Alle unsere Erzeugnisse sind an Tieren getestet worden! Ich kann die Welt nicht verändern." Ich dachte auch einmal so. Einen Monat lang habe ich jeden Sonntag im Bett über das Elend der Tiere geweint, aber wie gesagt retten wir damit kein einziges kleines Pelzköpfchen.

Wir wurden alle in eine Welt geboren, in der abscheuliche Verbrechen an Tieren die Norm sind, ohne dass wir scheinbar etwas dagegen tun könnten. In meinen mehr als dreißig Jahren auf diesem Planeten wurde ich nie von den Politikern gefragt, wie Tiere behandelt werden sollten. Alle Verbrechen an Tieren – die Farmhaltung zu Nahrungszwecken unter erbärmlichen Bedingungen, die Versuche für die kosmetische und medizinische Forschung, die Tötung im Dienst der Mode – all das konnten die Wähler in meiner Lebenszeit niemals mitentscheiden. Ich hatte das Gefühl, dass mir die Hände seit meiner Geburt und noch länger gebunden waren. Ich höre die Nachricht laut und klar: „Niemanden kümmert es, was *du* denkst. *Deine Stimme zählt nicht!*"

Drangsaliert von seelenlosen Konglomeraten kaufen wir uns in die Illusion der Ohnmacht ein. Wir werden einer Gehirnwäsche unterzogen und lassen uns durch Werbung aus allen Richtungen verwirren, die uns einredet: „Du bist hilflos. Du bist in der Minderheit. Du könntest mich ebenso gut kaufen. Welche Rolle spielt schon ein weiteres totes Kaninchen, ein Huhn, eine Kuh, eine Katze oder ein Fuchs? Du hattest ein Beefsteak zum Abendessen. Du trägst Lederschuhe. Du bist ein Heuchler! Was bedeutet schon eine weitere gequälte Maus oder ein Affe? Was spielt das für eine Rolle? Gib auf!"

Ich verrate dir ein Geheimnis: Es ist wichtig. *Du* bist wichtig. Nein, wir können nicht perfekt sein, aber wir können uns nach besten Kräften bemühen.

Natürlich reizt es, besonders günstig einzukaufen und gleichzeitig zu denken: *Es ist einfach zu viel. Es geht nicht anders.* Aber es geht anders, und wenn du danach handelst, wirst du den befreienden Trend verstärken. Es kommt Hilfe für die Tiere. Die Welt entwickelt sich langsam, aber sie entwickelt sich. Vor ein paar Jahren nahm die Suche nach einem tierversuchfreien Shampoo noch viel Zeit in Anspruch. Da es mutige Gruppen gibt, die sich für die ethische Behandlung von Tieren einsetzen, und tierliebende Verbraucher achtsam einkaufen, machen sich jetzt allmählich die tierversuchsfreien Produkte in den Regalen der Drogerien breit. Wir sind alle bereits Verbraucher. Hol dir deine Macht zurück, wenn du eine Wahl triffst.

Viele tierversuchfreie Erzeugnisse sind immer noch schwer zu bekommen, und viele andere Erzeugnisse tragen keinen Hinweis und sind deswegen verdächtig, zum Beispiel Bleiche, Silberpolitur, Weichspüler, Holzpolitur, Fliesenreinigungsmittel und alle Formen von Haushaltsreinigern und Desinfektionsmitteln. Eine gute Faustregel: Wenn auf der Verpackung nicht deutlich steht: „Nicht an Tieren getestet", dann geh davon aus, dass sie es sind. Viele Reformhäuser führen jetzt tierversuchfreie Waschmittel, Weichspüler und Haushaltsreiniger. Ein vollständiges Verzeichnis von amerikanischen Kosmetikfirmen, die nicht mit Tieren experimentieren, findest du am Ende dieses Buches.

Die Gräueltaten an Tieren im Namen der medizinischen Wissenschaft stellen ein anderes ethisches Dilemma dar. Ich befragte die Nationale Anti-Vivisektions-Gesellschaft über den operativen Eingriff, den ich am wenigsten verstehe: Hornhaut-Verpflanzungen. Gibt es irgendeinen chirurgischen Eingriff, der Tierversuche rechtfertigen kann? Nein. Die Forschung auf dem Gebiet der Hornhaut-Verpflanzungen geriet wegen der irreführenden Ergebnisse unnützer und abscheulicher Tierversuche um 90 Jahre in Rückstand. Die gute Nachricht ist, dass Wissenschaftler realisierbare Alternativen finden. Zum Beispiel haben kanadische Wissenschaftler „ein anatomisch vollständiges menschliches Hornhaut-Gegenstück" aus „unsterblichen menschlichen Zellen und einer künstlichen Matrize" hergestellt. Sie beabsichtigen nun, diese künstliche Hornhaut für Arzneimitteltests zu benutzen, bei denen kein einziges Tier geopfert werden muss.

Die Fantasien von heute sind die Wissenschaft von morgen. Wenn die Hornhaut-Verpflanzung in vitro ohne Tierexperimente erforscht wurde, könnte es da nicht sein, dass die restliche moderne Forschung rückständig ist? Über gegenwärtige vom Lord Dowding Fund gesponserte Forschungsprojekte ist zu lesen: „Langsam aber sicher erkennen Universitäten und Forschungsinstitute den wahren Wert der Forschung die ohne Tierversuche auskommt. Dies bezieht sich nicht nur auf die moralische Grundlage, sondern auch auf ihre Überlegenheit in Bezug auf Genauigkeit und Gültigkeit. Wenn die herkömmliche, auf Tierversuchen beruhende Forschung durch Computer-Simulation ersetzt wird, entstehen uns enorme Vorteile im Hinblick auf Lebensrettung, praktische Aspekte und Kosteneinsparung."

Dank der Genies an Apple-Computern erringen Multimedia-Software-Programme aufregende tierversuchsfreie Siege. Hier die ermutigende Zusammenfassung der guten Nachrichten:

Eine vom Lord Dowding Fund finanzierte und 1989/90 von der Liverpool John Moores Universität durchgeführte Pilotstudie verwendete Rechnersimulationen, damit im Unterricht für kardiovaskulare Physiologie und Pharmakologie keine Tiere getötet werden müssen. Dieser Erfolg inspirierte Dr. Stevens und Kollegen an der Pharmazieabteilung der Universität Wales, die Zahl der Tiere, die im Pharmakologieunterricht für Examenskandidaten unnütz getötet werden, zu reduzieren.

Nach der Installation eines Rechnerzimmers und dem Kauf von Software von Sheffield-Bioscience, die vom Lord Dowding Fund finanziert wurde, konnte Dr. Stevens praktische Computer Software-Pakete entwickeln, mit denen sich die Zahl der in den ersten zwei Studienjahren verwendeten Versuchstiere dauerhaft um 80 Prozent senken ließ. „Multimedia"-Software ermöglicht dies durch die Kombination von Animation, Klang und Videomaterial in einer interaktiven Demonstration. Simulationen sind damit realistischer geworden, als dies in der Vergangenheit möglich war.

Inzwischen wurden weitere Simulationen entwickelt, u. a. ein Versuch, die Anzahl der Ratten zu reduzieren, die eigens zur Sektion in Schulen getötet werden, für die der „The Rat Stack" (Apple Macintosh) Ende 1989 freigegeben wurde. In dieser Simulation können Teile der Rattenanatomie abgelöst oder ersetzt und mit Information beschriftet oder auch für das Detailstudium der Gewebe vergrößert werden.

Es besteht also Hoffnung. Mit dem kontinuierlichen Erfolg von Multimedia-Software-Programmen in den nächsten paar Jahrzehnten, können und sollten Computer-Simulationen die Tierquälerei vollkommen ersetzen. Der Apple-Rechner hat sicherlich seinen Slogan verdient: *Think differently!*

Halte die Balance: Spende!

Niemand kann dir vorschreiben, beim Kauf eines Parfüms darauf zu achten, ob es an Tieren getestet wurde, aber ich schlage vor, dass du deine eigene Integrität wahrst. Du musst dein Handeln mit deinem eigenen Gewissen vereinbaren können, und das funktioniert vielleicht ganz anders als meins oder das deines besten Freundes. *Bewusstes Wählen* ist ein erster Schritt. Dann sind wir nicht mehr auf Automatik geschaltet, essen nicht mehr einfach das, was uns unsere Mütter gegeben haben, kaufen uns keine Schminke, nur weil sie uns im Fernsehen gezeigt wird. Wir holen uns unsere Macht zurück, indem *wir bewusst genug* werden, eine eigene Wahl zu treffen. Wenn wir das tun, was in unserer Möglichkeit liegt – Schritt für Schritt, Tag für Tag –, dann besteht etwas Hoffnung, dass unsere Kinder nicht der Gewalt und den Gräueln der Welt ihrer Eltern ausgesetzt werden.

Ich gebe zu, als Texanerin aß ich die meiste Zeit meines Lebens Steaks. Ich habe immer mit Milch gefüttertes Kalbfleisch wegen der furchtbaren Tierquälerei boykottiert, aber erst als Tiermedium verzichtete ich völlig auf Rindfleisch. Ich werde niemals den Moment vergessen, an dem ich diese Entscheidung traf. Ein Freund hörte eines Abends Nachrichten. Ich kam dazu und bekam das Ende einer Sendung über verseuchtes Fleisch in Schlachthäusern mit. Als ich das Zimmer betrat, blickte ich in die Augen eines Kalbes auf dem Bildschirm. Es war so krank und schwach, dass es nicht aufstehen konnte, und sollte trotzdem zum Verzehr geschlachtet werden. Ich fing einen Blick aus großen braunen erschreckten Augen auf, die durch die Kamera flehten: *Bitte hilf mir. Warum hilfst du mir nicht?* Meine Knie gaben unter mir nach. Ich brach auf der Couch zusammen und löste mich in einem Meer von Tränen auf. Jahrelang habe ich dagegen angekämpft, Fleisch aufzugeben aber, als mich die Augen dieses Babys durchbohrten, machte es Klick. „Jetzt reicht's", sagte ich zu Gott. „Keine Kühe mehr, keine Schweine, keine Lämmer, keine Enten ... nie, nie wieder. Wenn du Vegetarier/in bist, kannst auch du den Moment der Klarheit identifizieren – den Moment, an dem du „aufgewacht" bist und etwas in dir eine dramatische und ständige Veränderung verursachte.

Broschüren von PETA waren für mich die Schocktherapie, die ich brauchte, um auf Kosmetik zu verzichten, die auf Tierversuchen basiert. Das Bild eines Hasen mit halb abgebranntem Fell genügte mir, um bestimmte Make-up-Marken zu boykottieren. Man musste es mir nicht zweimal sagen. Dieses Lernen ist ein schmerzhaftes Erwachen, ein grobes Erwachen, das uns die Augen für die Herzlosigkeit unserer Gesellschaft öffnet, aber Aufklärung ist unsere einzige Hoffnung. Natürlich komme ich oft in Bedrängnis. Manchmal kann ich keine Plastikschuhe finden, die zu meinem neuen rosafarbenen Kostüm passen. Auch ich gebe der Bequemlichkeit der seelenlosen Einkaufszentren nach und kämpfe dann mit dem Dilemma: Wie halte ich die Balance?

Die beste Antwort auf die eigenen Gebete ist manchmal eine Antwort auf die Gebete der anderen. Wenn du mit deinem Verhalten in Konflikt gerätst – und das passiert uns allen –, kannst du das mit Spenden wieder ausgleichen. Wenn du dich mies fühlst, weil du dir beim Essen etwas vormachst, dann spende einer Organisation wie z. B. der Anti-Vivisektions-Gesellschaft, den Menschen für die ethische Behandlung von Tieren, dem ARK-Trust, einem Tierschutzverein, der Gorilla Foundation oder der National Human Society oder Fauna & Flora International. Wenn du die Vierbeiner aus deinem Speiseplan gestrichen hast, aber noch gefiederte Tiere isst, dann arbeite einmal in der Woche ehrenamtlich bei einem Tier-Rehabilations-Zentrum. Wenn dir der Lederbesatz am neuen Geldbeutel Schuldgefühle bereitet, dann führe die Hunde aus dem Tierheim spazieren. Die Hunde werden dich dafür lieben.

Wir leiden alle *jetzt* in unserem täglichen Leben an unserem Unvermögen, mit unseren pelzigen Freunden zu kommunizieren. Nur wenn wir sie schätzen und schützen, können sie uns die unendliche Freude schenken, die sie uns schenken wollen. Wir haben immer die Wahl. Wir haben die Macht, ganze Industrien zu fördern oder zu schwächen.

Hellsehen, dieser höhere Zustand der Wahrnehmung, erlaubt uns, unsere Optionen deutlicher wahrzunehmen: das Licht und die Dunkelheit. Hellfühlen erlaubt uns, Freude und Leid deutlich und intensiv zu empfinden. Höhe und Tiefe deiner psychischen Fähigkeit wird von deiner Bereitschaft bestimmt, die Wahrheit deutlich zu sehen, auch wenn sie noch so unangenehm ist. Wenn unsere Unschuld der Preis ist für den Zutritt zum Shangri-La der Psyche, dann kauft uns Ehrlichkeit die Fahrkarte, und Mut ist unser Sicherheitsgurt.

Übung Loslösung:
Eine Übung in Dankbarkeit

Was tust du, wenn du meinst, dich in einer telepathischen Kommunikation verfahren zu haben?

Danke Gott ... wortwörtlich. Es gibt vier Methoden, um die höhere Ebene zu erreichen, auf der alle Lebewesen Zugang zu allen anderen Lebewesen haben. Die erste ist die Stille in der Meditation; damit haben wir uns bereits eingehend befasst. Das zweite Verfahren besteht im Ausschalten der linken Gehirnhälfte durch die Beschäftigung der rechten, also durch Trommeln, Tanzen, Malen, Schwimmen, Klavier, Tennis usw. Der dritte Weg ist die Erhöhung der eigenen Schwingung durch Lachen, indem du an etwas denkst, was dich laut lachen lässt. Und die vierte und vielleicht wichtigste Methode ist Dankbarkeit. Dankbarkeit öffnet das Herz. Demut ist der Schlüssel zum magischen Königreich. Sei geduldig, verehre und vergöttere die Tiere, dann wirst du sie hören können. Die Dimension des Hellhörens nährt sich durch stille Ehrfurcht. Ungeduld richtet nichts aus in diesem Zustand der Gnade. Ich sage immer zu den Tieren: „Ich kann ewig auf deine Antwort warten." Ohne diese tiefe Ehrfurcht – diese alles umfassende stille Dankbarkeit – ist Hellhören meiner Meinung nach nicht zu erlangen. Die Göttin wahrhaft zu lieben heißt, ihre Schöpfungen zu verehren. Hellhören ist ein stilles Gebet, auf das die Schöpfungen der Göttin tatsächlich antworten.

Manchmal bin ich geistig zu sehr aufgewühlt, um in diese höhere Ebene hinübergleiten zu können. Dann vollführen meine Sorgen und Ängste einen Rodeo in meinem zerebralen Korral, und ich kann mein Herz nicht finden. In solchen Zeiten vollbringt Dankbarkeit Wunder. Wenn ich mich hinsetze, um zu meditieren und ein Tier zu lesen, aber stattdessen nur im eigenen Saft schmore, nehme ich meinen Fokus vom Tier und zähle mindestens zwanzig Dinge auf, für die ich dankbar bin. Wenn du es ernst meinst, wird dies dein Herz sofort für die telepatische Kommunikation öffnen. Und wenn ich „ernst" sage, meine ich nicht nur so eine Art vages Dankbarkeitsgefühl. Ich meine damit: die Augenlider fest schließen und chanten „Dank sei Gott für fließendes Wasser! Danke! Danke! Danke! ... bis die Tränen die Wangen hinunterlaufen. Du glaubst, ich mache Spaß? Hast du schon einmal versucht, ohne fließendes Wasser zu leben? Die

Dinge, für die du dankbar bist, brauchen nichts Monumentales zu sein. Ich lernte diese Technik von Reverend Beverly Gaard, meinem Meditationslehrer des Dritten Auges, auf dessen Liste stand: „Eine Ameise, ein Blatt, ein Zweig" ... Meine Liste an diesem Morgen sieht etwa so aus.

Dreiundzwanzig Dinge, für die ich dankbar bin:

eine heiße Tasse Kaffee

eine gute Pinzette

Holzschuhe für den Garten

Ohrstöpsel

Zimtrollen

Zimmerrohre

Nagelknipser

Farbe von Winsor & Newton

zwei funktionierende Beine

blühende Gardenien

Frieden im Land

Wahlrecht für Frauen

dass Korsetts außer Mode sind

dass Füße einschnüren außer Mode ist (*wirklich*)

Antibiotika

Klimaanlage

Räucherstäbchen

Jazz

Wäschetrockner

scharfer Rasierapparat

Maiskolbenhalter

Vivaldis Vier Jahreszeiten

Warme Socken

Ich möchte dich daran erinnern, dass du deine Achtsamkeit *bist.* Dankbarkeit verursacht eine Paradigmenverschiebung. Zähle deine Segnungen und voilà! Plötzlich ist dein Glas nicht mehr halb leer. Nachdem ich meine dreiundzwanzig Dinge, für die ich heute dankbar sein kann, aufgelistet hatte, las ich Kurt Vonneguts *Timequake,* wo ich diese Passage fand:

> Mein Onkel Alex Vonnegut, ein in Harvard ausgebildeter Lebensversicherungskaufmann ... lehrte mich etwas sehr Wichtiges. Er sagte, wenn die Dinge wirklich gut liefen, sollten wir sicherstellen, dass wir *es bemerken.*

> Er redete über einfache Angelegenheiten, nicht über große Errungenschaften: vielleicht eine Limonade an einem heißen Nachmittag im Schatten zu trinken oder den Duft einer nahe gelegenen Bäckerei zu riechen, oder jemandem zuzuhören, der ganz allein im Nebenhaus hervorragend Klavier spielt.

> Onkel Alex drängte mich, bei solchen Festen laut zu sagen: „Wenn dies nicht schön ist, was ist dann schön?"

Später lässt sich Vonnegut über seine Lieblingsszene in seinem Lieblingsstück aus – es ist auch meine Lieblingsszene in meinem Lieblingsstück: *Our Town* von dem verstorbenen Thornton Wilder.

> Was mich in der Nacht wirklich berührte, war Emilys Abschied in der letzten Szene, nachdem die Trauernden sie beerdigt hatten und den Hügel hinunter ins Dorf zurückgegangen waren. Sie sagt: „Auf Wiedersehen, auf Wiedersehen, Welt. Auf Wiedersehen, Grover's Corners ... Mama und Papa. Auf Wiedersehen Uhrengeticke ... und Mamas Sonnenblumen. Und Essen und Kaffee. Und frisch gebügelte Kleider und heiße Bäder ... und schlafen und aufwachen! Oh, Erde, du bist zu wunderbar, als dass irgendjemand dich erkennen könnte!

> Erkennen Menschen jemals das Leben, während sie es leben? – jede, jede einzelne Minute?"

Ich arbeitete einmal mit einer riesigen orangefarbenen Katze, Uncle Henry. Sein Frauchen Layla schickte mir ein Bild von Seiner Majestät, wie er auf dem Rücken in einem Liegestuhl am Pool lag – wie Rodney Dangerfield am Pool im Flamingo-Hotel. Ich arbeitete etwa ein Jahr lang mit

Uncle Henry, dem Unglücksraben, der sich ständig wegen des einen oder anderen Klamauks in Schwierigkeiten manövrierte und sein Frauchen fortwährend zur Weißglut brachte. Er war neugierig, mürrisch, schlecht gelaunt, egoistisch und dickköpfig – wie ein Kater eben sein sollte. Ich war völlig vernarrt in ihn. Dann kam der Anruf, der mein Herz zerriss. Layla hatte gerade ihr Auto aus der Zufahrt gefahren und nicht gesehen, dass Uncle Henry hinter einem der Räder schlief. Sie hatte ihn überfahren und getötet. Ich werde niemals diesen Anruf vergessen und die Höllenqual in der Stimme der armen Frau. Layla war untröstlich und weinte so laut, dass ich kaum ein Wort verstand. Sie fühlte sich besonders schuldig, weil sie böse auf ihn gewesen war und ihn am gleichen Tag gescholten hatte.

Wenn dieses Buch für dich auch nur ein wenig Weisheit enthält, dann lass es diese sein: Wir sind zerbrechlich. Unsere Zeit hier ist begrenzt. Wir müssen die Zeit nutzen und jeden zarten, flüchtigen Moment schätzen, den wir gemeinsam teilen.

Nachdem du mindestens zwanzig Dinge aufgelistet hast, für die du dankbar bist, lenke deinen Fokus auf das Tier zurück, mit dem du dich in Verbindung setzen willst.

Mit dieser Identifikation der universellen Dankbarkeit schau in das herrliche Gesicht deines Tieres und sag laut: „Ich liebe dich. Ich liebe dich. Ich liebe dich. Ich bin so dankbar für diese Gelegenheit, dich zu lieben. Ich bin so dankbar, dass du diese Gelegenheit hast, mich zu lieben. Das Leben hat uns zusammengeführt, damit wir lernen, wie wir miteinander kommunizieren sollen. Wenn dies nicht schön ist, was dann?"

Während du all diese liebevollen Schwingungen trinkst und dich an der Erweiterung deiner Herzensglut ergötzt, wende deine Kommunikationstechniken wieder an.

Sternenstaub wahrnehmen: „Gespenster" sehen

Wir Menschen sind nichts weiter als Schwingung. Tiere sind nichts als Schwingung. Pflanzen sind nichts weiter als Schwingung. Dein Couchtisch, dein Haus, dein Auto sind nichts weiter als Billionen von kinetischen Elektronen, die hauptsächlich Raum sind – Raum zwischen einem Atom und einem anderen, Raum in jedem Atom, zwischen dem

Atomkern und dem Elektron. Diese Atome gruppieren sich so nah beeinander, dass sie die Illusion von dichter Masse bilden, aber in Wirklichkeit ist das, was als Materie erscheint, in der Hauptsache nichts anderes als unsichtbare vibrierende wirbelnde Lichtpunkte. Und woraus besteht ein Atom? Woraus besteht der Atomkern? Woraus bestehen die Elektronen? Wir wissen es nicht. Wir geben vor, es zu wissen. Unsere Wissenschaftler haben dem inkarnierten Gott einen Namen gegeben: *Energie.* Ich nenne es *Sternenstaub.*

Sind die Atome in deinem Körper lebendiger als die Atome in deinem Couchtisch, welche einstmals sogar die Atome in einem lebenden Baum gewesen sein können? Nein, die Atome sind gleich lebendig. Die Energie ist auswechselbar. Du magst argumentieren: „Wir sind lebendig und der Tisch nicht." Der Unterschied zwischen der Anhäufung von wirbelnden Atomen, die du deinen Couchtisch nennst und der Ansammlung von wirbelnden Atomen, die du deinen Körper nennst, ist, dass dein Körper eine zusätzliche Schicht von Bewusstsein hat, einen Piloten im Cockpit, – das *Du,* das du *Du* nennst. So sind die körperlichen Körper, mit denen wir alle herumrennen, der leibhaftige Gott in seinem eigenen Recht, aber wir haben noch eine andere Lebensdimension, die in uns arbeitet, eine Dimension, die kein Wissenschaftler auf der Erde jemals hat erklären können. Der physische Körper ist an und für sich bereits etwas Irrsinniges. Aber der innere Pilot – der Geist, der Sprecher – entzieht sich uns fast völlig. Die Fähigkeit, den Astralkörper zu sehen und zu hören, ist die Fähigkeit, sich mit dem Piloten zu unterhalten, egal, ob er gegenwärtig ein Flugzeug fliegt oder nicht.

Mit anderen Worten: Unsere Körper sind Radios, die Frequenzen aufnehmen und auf die sie mit Gesundheit oder Krankheit reagieren, was davon abhängt, auf welcher Schwingungsrate sie operieren, aber der Geist innerhalb des Körpers funktioniert als Radiostation, fähig, Dutzende, vielleicht sogar Hunderte, unterschiedlicher Frequenzen am Tag zu senden und zu empfangen. Die meisten Leute sind zufrieden mit einem oder zwei Programmen, die sie in ihrem mentalen Frequenzbereich ausgesucht haben, aber wir können den Frequenzbereich verändern.

Der Unterschied zwischen Menschen und Couchtischen ist, dass Menschen die Fähigkeit haben, zu *wählen,* was sie spielen, was sie hören und was sie sein werden.

Astralkörper sind unsichtbar für das nackte Auge. Warum? So wie wir keine fluoreszierenden sich bewegenden Lichter sehen können, weil sie mit einer Frequenz von 60 Hertz schwingen, übertreffen Astralkörper die Geschwindigkeit, der das menschliche Auge folgen kann, aber sie sind nur in diesem Sinn „unsichtbar". Wir können diese Energiefrequenzen auf andere Art spüren.

Wenn dein Chef dich fertig macht, erlaubst du ihm, deinen Kanal für den Rest des Tages auf eine negative, niedrigere Vibration zu schalten. Glücklicherweise gibt es auch das Gegenteil: Du lässt dich von einem Freund hinaufschalten, der glücklich, fröhlich, machtvoll ist und auf einer höheren Frequenz schwingt. Und das ist ansteckend. Einige Leute geben dir das Gefühl, eine entladene Batterie zu sein, während andere dich auf-laden. Um körperlose Wesen wahrzunehmen, musst du lernen, auf einer höheren Frequenz zu vibrieren. Astralkörper wohnen in einer Dimension mit höheren Schwingungen, und du kannst lernen, deine Schwingung zu erhöhen, um ihnen zu begegnen. Sowohl das Herz als auch das Dritte Auge funktionieren in dieser Dimension, aber hier in dieser Traumzeit sind deine Augen nutzlos. In der letzten Übung wirst du lernen, deine Frequenz zu erhöhen, um Tiere auf der Anderen Seite zu treffen – u. a. auch menschliche Tiere. Ich nenne dieses Phänomen Sternenlicht-Vision: die Fähigkeit, Sternenstaub zu sehen.

Übung Sternenlicht-Vision: Dein innerer Regenbogen

Setz dich still mit dem Foto des verstorbenen Tieres hin, mit dem du Ver-bindung aufnehmen willst. Unsere menschlichen Verwandten auf der Anderen Seite kümmern sich fast immer für uns um unsere Tiere, deshalb sind unsere verstorbenen Tiere normalerweise leicht zu finden. Wenn un-sere Tiere nicht bei unseren Ahnen wohnen wollen oder umgekehrt, können sie ihre Zeit mit einem Freund der Familie verbringen oder eines der astralen Schutzgebiete für Tiere bewohnen. Egal wo sie sind, du kannst sie lokalisieren und Neuland erforschen.

Sobald du diese Übung mit deinen eigenen verlorenen Tieren beherrschst, kannst du eine fortgeschrittene Übung versuchen, bei der du Bilder mit einem deiner Freunde tauschst. Bis dahin arbeite mit einem Tier, das ein-

mal bei dir lebte, mit einem alten Freund, dem du dich besonders verbunden fühlst. In diesem Fall werden starke Emotionen eher helfen, als
dass sie deine ersten Versuche stören. In dieser Übung ist die Liebe zwischen dir und dem Tier eine Brücke durchs Universum.

Wenn du bequem draußen sitzen kannst, wird die Erde dich umarmen,
stützen und dich zentrieren, während der offene Himmel über dir deine
oberen Chakren öffnet und deinen Geist dazu bringt, in die Höhe zu
steigen.

Entlasse alle Spannung aus deinem Körper und konzentriere dich auf
deinen Atem. Richte deine Aufmerksamkeit auf die Fußsohlen. Spüre,
wie deine Füße wie Wurzeln in die Erde hineinreichen. Äste wie Lichtstrahlen gleiten deine Wirbelsäule hinunter in deine Beine und tief in die
Oberfläche der Erde. Nimm dir einen Moment Zeit und genieße das Gefühl, geerdet zu sein. Deine Wurzeln aus Licht halten dich sicher und
sanft auf Mutter Erde. Spüre schnell jedes Chakra, während wir durch
den Körper hinaufsteigen. Jedes Chakra ist ein wirbelndes Energierad mit
Licht und Klang. Gib jedem Rad einen Schubs. Von außerhalb des
menschlichen Körpers drehen sich die Chakren entgegen der Uhrzeigerrichtung. Von deiner eigenen inneren Position hinter deinen eigenen
Chakren wirst du sie in Uhrzeigerrichtung wirbeln, von links nach rechts.
Während sie sich drehen, geben sie eine schöne Musik von sich, die an
den Klang von Glocken erinnert.

Das Basischakra ist rot und summt vor Leben. Der Ton ist tief und reich.
Sieh die Farbe einer reifen Tomate. Wenn du graue oder schwarze
Schatten in dem Rot siehst, lass es sich drehen, bis sich der Ton in ein
blendendes, vibrierendes Rot wandelt. Wenn die Farbe düster ist, füge
mehr Farbe hinzu. Stell dir Rosen vor, frisch gepflückte Äpfel, Mohn.
Wenn der Klang dünn ist, dreh die Lautstärke auf. Verändere den Ton,
bis er tief widerhallt. Dies ist die erste Note auf deiner Tonleiter. Meiner
entspricht dem mittleren C auf dem Klavier.

Das Nabelchakra ist orange und glüht vor Freude. Die Note liegt einen
Ton höher. Gib ihm einen kleinen Schubs und lass die Angst aus dir heraus. Wirble jede festsitzende Emotion hinaus, alte Wunden und Schmerz,
die du nicht länger in deinem Bauch festhalten musst. Stell dir Kürbisse,
Orangen und helle orangefarbene Geranien vor. Fühle die Schwingung
des D.

Das Milzchakra ist gelb und wirbelt mit Licht. Die Note liegt einen Ton höher. Stoß es sanft an und lass alle begrenzenden Überzeugungen los, die du über dich hast. Entlasse jegliche Gedanken wie „ich sollte" und „wenn ich nur nicht so wäre". Befreie die Schuld und wirble sie aus deiner Schüssel wie Schokoladenkuchenteig aus den Schlägern eines Teigmixers. Die Ängste fliegen fort. Sieh gelbe Butterblumen, Schmetterlinge und Weizenfelder. Höre die Note E.

Das Herzchakra ist grün und sprudelt vor Liebe. Wie ein Wasserfall von smaragdgrünem Licht fließt es über in einem Chor von Liebe, Frieden – ein stilles Lied des Seins. Gib dem Rad einen Stoß und sonne dich in dem lebenspendenden Grün. Denke an hohes, nasses Gras, Regenwälder, Spinat, Spargel und junge Erbsen. Lass die Schwere in deinem Herzen los. Lass die Schatten fortfliegen. Sing leise die Note F.

Das Halschakra ist blau, heiter und gelassen. Wie der blaueste Himmel nach einem Sommerregen ist das Blau nicht in dir enthalten. Es dehnt sich aus, um den Himmel über dir einzuschließen, die Luft um dich herum und das tiefe blaue Meer. Wenn du möchtest, öffne deine Augen, blicke hinauf und sauge den Himmel ein. Denk an Glockenblumen, Vergissmeinnicht und kobaltblaue Gewässer. Atme das Blau mit jedem Atemzug ein. Betritt das Blau. Der Ton ist das G.

Das Dritte-Auge-Chakra ist violett und schimmert im Raum. Blicke mit geschlossenen Augen sanft nach oben. Du könntest eine weiße Kugel sehen, die wie ein Stern eine Lavendelleinwand umkreist. Du könntest die kleine Lavendelkugel verfolgen, die wie ein Karussellpferd kreiselt. Wenn sich die Kugel in die falsche Richtung dreht, richte die Kraft deines Willens darauf, dass sie stillsteht. Schubse sie in die andere Richtung und bring sie auf den richtigen Kurs zurück. Wenn die Flugbahn verlassen ist und ihre Umlaufbahn wackelig oder uneben ist, sieh geduldig zu, wie sie perfekte Kreise dreht. Denk an violette Weintrauben, Amethyste, afrikanische Veilchen und Orchideen. Der Ton ist hoch, stark und durchdringend. Vibriere den Ton A.

Das Kronenchakra ist weiß, es strahlt vor Weisheit. Der Ton ist noch höher, kristallklar und glockenrein. Greif danach. Summe oder sing ihn und halte die hohe Frequenz. Aus deinem Scheitel erstrahlt ein weißes Licht. Die Krone öffnet sich wie eine Lotusblüte und entfaltet ihre Blütenblätter im Sonnenschein. Wenn Blumen singen könnten, würde es so klingen.

Hier gibt es keine Sehnsucht, kein Leiden und kein Streben. Es gibt nur Haben und Wissen und Dankbarkeit. Ewige Dankbarkeit. Danke der Göttin für das Leben, das sie dir geschenkt hat. Du bist eine ihrer kostbarsten und geliebten Schöpfungen. Verströme die Note H.

Jetzt steigen wir noch höher, heraus aus dem traditionellen Chakra-System und aus dem Körper. Über der Krone lokalisieren wir den ersten Satelliten, der über deinem Kopf wie ein glänzender Mond schwimmt. Stell dir eine weiße Sphäre vor, die etwa fünfundzwanzig Zentimeter über deinem Kopf kreist. Sie kann sich wie an einer Schnur frei hinauf und hinunterbewegen und reicht bis ins Universum hinaus. Das nächste Chakra ist deine Verbindung zu den Sternen.

Das Mondchakra ist weiß, es prickelt vor Erwartung. Du wirst bewacht. Du wirst geliebt. Fühle das Summen der mit Licht gefüllten Aktivität, prall mit Prismen der Farbe, wie Sonnenlicht auf frisch gefallenem Schnee. Die weißen Sternenflocken funkeln in allen Farben des Regenbogens. Dieses Chakra besitzt Flügel. Von hier aus können wir fliegen. Der Ton steigt wie das Rohr einer Piccoloflöte. Hör das hohe C. Dies ist die vierte Dimension, eine Realität ohne Grenzen.

Noch höher ist ein anderes Chakra, ein kreisender Stern, der im Nachthimmel wie ein Koloratursopran singt. Neunzig Zentimeter über deinem Kopf ist es noch ein Teil von dir und verbindet dich mit dem Kosmos durch einen Strahl aus Sternenlicht. Dies ist der Eingang zur fünften Dimension. Höre das hohe D läuten wie eine helle Glocke, wenn es die Dunkelheit durchbricht, und katapultiere dich schließlich noch höher hinaus. *Von hier kannst du überall hingehen.*

Hoch in der Galaxie über der Erde befindet sich dein höchstes Chakra, das dich mit deiner ewigen Essenz verbindet. Dies ist die sechste Dimension, die virtuelle Domäne und die Welt zwischen den Welten in einem Reich jenseits von Raum und Zeit. Friede jenseits allen Verstehens. Dennoch bist du hier. Es ist ein Teil von dir. Höre das hohe E unerschrocken erklingen, während Engelstimmen hoch oben über deinem Kopf im Chor jubeln. Die Töne lodern mit vibrierendem Klang und erfüllen das ganze Universum mit Gesang. Du hast gerade die Traumzeit auf den Flügeln der Liebe betreten.

Während du diese drei offenen Energiewirbel über deinem Kopf wahrnimmst, lenke deinen Fokus hinunter zu deinem physischen Körper und blicke durch deine Augen. Vielleicht fühlst du dich jetzt anders: schwindelig oder benebelt, vor Elektrizität prickelnd, rätselhaft friedlich oder vor Hochgefühl summend. Dir war nicht bewusst, dass du so groß bist, oder? Jedes Wesen auf diesem Planeten erstreckt sich bis tief in die Erde hinein und weit über die Sterne hinaus.

Schau dir jetzt das Bild deines Tieres an. Nimm deinen Stift und stell die Frage: „Wo bist du?"

Schließe deine Augen. Kläre deinen Geist. Konzentriere dich auf dein Herz. Wenn du fertig bist, *gib vor,* das Tier zu sein.

Wie sieht die Welt um dich herum aus?

Wie fühlt sich der Boden unter deinen Füßen an?

Riechst du irgendetwas Besonderes?

Welche Temperatur hat die Luft?

Welche Farben siehst du?

Welche Substanzen fühlst du?

Wer ist bei dir?

Betritt die Stille und lausche nach Worten. Vielleicht bekommst du einen Namen, vielleicht siehst du einen Anfangsbuchstaben oder hörst ihn innerlich. Du könntest etwas sehen, was einem deiner Verwandten gehörte, zum Beispiel die Uhr deines Großvaters, die Brille deiner Großmutter, ein Schmuckstück oder Teil eines Geschirrservices, das dir deine verstorbene Tante gab. Vielleicht bekommst du Laute, die im Namen vorkommen, oder hörst einen Spitznamen, den du als Kind hattest. Vielleicht bekommst du ein Wort, das mehrere Bedeutungen hat: den Namen June, den Monat June (Juni). Vielleicht hörst du ein Wort, das sich auf den Namen eines Verwandten reimt. Vielleicht siehst du eine Farbe, fühlst oder riechst dein Tier. Du könntest seine Stimme hören, ein leises Gebell, Miauen, Zwitschern oder Wiehern. Es liebt dich noch. Es ist noch hier. Nichts vergeht.

Wenn du diese Meditation im Haus gemacht hast, öffne deine Augen und lass deine Aufmerksamkeit im Zimmer umherwandern. Wenn deine Augen am Klavier hängenbleiben, könntest du für den Bruchteil einer Sekunde einen Verwandten am Klavier sitzen sehen. Wenn sich deine Augen für einen Sessel entscheiden, könntest du für einen Augenblick deinen verstorbenen Onkel in seinem Schaukelstuhl mit deinem geliebten

Tier auf dem Schoß sehen. Lass sie dein Gehirn benutzten, um ihre Botschaften zu senden. Auf diese Art lernst du, Gegenstände zu identifizieren und Assoziationen zu machen. Frag dein Tier: „Wie sieht dein Haus aus?"

Du wirst wahrscheinlich mehr als einen Menschen in ihrem „Haus" herumlaufen sehen. Oft sind es nicht die Häuser, in denen deine Ahnen starben, sondern die Orte, wo sie aufwuchsen. Die Menschen werden holografisch die glücklichsten, bequemsten Umgebungen schaffen, die sie auf der Erde hatten. Manchmal manifestieren sie sogar Fantasien – was sie zu erleben hofften, aber niemals schafften. (Wenn ich Amerikaner und ihre Tiere lese, sehe ich immer wieder Szenen, die mich an Norman Rockwell erinnern. Tante Clara wollte schon immer an der Küste wohnen, und nun bekommt sie endlich ihren Wunsch auf der Anderen Seite erfüllt.)

Hunde gehen manchmal zu dem Geist des größten Hundeliebhabers, Katzen zu Katzenliebhabern. Manchmal, aber nicht immer. Manchmal treffen sie eine merkwürdige Wahl, dann wollen sie den betreffenden Geist lehren, sie zu lieben (wie sie es auch hier auf der Erde tun), oder sie möchten ganz einfach die „einzige Katze im Haus" sein. Normalerweise entwickeln Menschen mehr Mitgefühl mit Tieren, sobald sie auf der Anderen Seite eintreffen.

Wenn du eine Lesung mit einem verstorbenen Tier machst, versuche herauszufinden, bei welchem Verwandten sie sind. Stell ihnen bestimmte Fragen:

Wird in dem Haus Musik gespielt? Spielt jemand tatsächlich Musik oder kommt sie von einem Tonträger? Welche Instrumente hörst du? Hörst du Gesang? Welcher Musikstil wird gespielt? Aus welcher Zeit? Kannst du Worte ausmachen?

Frag jetzt deinen tierischen Freund:

Welche Form hast du angenommen?

Wo schläfst du? Bei jemandem auf dem Schoß? Was macht sie, während du schläfst? Häkeln? Sticken? Lesen?

Womit sind die Leute beschäftigt?

Haben sie einen Beruf?

Welche anderen Tiere sind bei dir?

Wenn es nicht dein Tier ist, kannst du vielleicht fragen: Woran bist du gestorben? Wenn es deins ist, willst du vielleicht fragen: Hattest du Schmerzen? Jetzt ist die Gelegenheit, alte herzzerreißende Angelegenheiten zu klären. Stell die Fragen, die du fragen musst:

Bist du böse auf mich?

Ließ ich dich zu früh gehen?

Hielt ich dich zu lange fest?

Nun können Tränen fließen. Die Tiere verzeihen so leicht, sie sind so wohlwollend; ich kenne keine Person, die diese Sitzungen nicht erleichtert verließ. Das Gewicht wird dir von den Schultern genommen, wenn du weißt, dass dir verziehen wird, dass du noch geliebt wirst. Fühl dich jetzt frei zu fragen:

Verbringst du noch Zeit mit mir?

Wann?

Wo schläfst du gern bei mir zu Hause?

Die Tiere besuchen uns häufig in den frühen Morgenstunden, schlafen auf unseren Betten, aber sie verlassen uns, sobald wir aufwachen. Die beste Zeit, deinen alten Freund einmal zu Gesicht zu bekommen, ist beim Einschlafen oder beim Aufwachen, bevor du dich bewegst oder einen Ton von dir gibst.

Wie kommst du mit meinen lebenden Tieren aus?

Wer ist sonst noch bei dir?

Kommst du zu mir zurück? Wenn ja, wann?

Hier fängt der Verhandlungsprozess an. Du kannst Tiere nicht überreden, zur Erde zurückzukehren, bevor sie gewillt und bereit sind, aber du kannst zum Beispiel mit ihnen aushandeln, dass sie erst dann zurückkommen, wenn der neue Hund gestorben ist, wenn die Kinder erwachsen sind, wenn du in ein Haus mit größerem Garten umziehst. Du kannst vielleicht sogar Zeichen aushandeln, um dein reinkarniertes Tier wiedererkennen zu können.

Wie werde ich wissen, dass du es bist?

Wo werde ich dich finden, oder wirst du mich finden?

Du kannst deine Befragung nach Belieben weiterführen, aber es gibt hier einige Fragen, die immer wieder gestellt werden:

Wie sieht deine Welt auf der Anderen Seite aus?

Kannst du mir ein Geheimnis anvertrauen, damit ich weiß, dass du es wirklich bist?

Hast du eine Nachricht für mich?

Hast du einen Ratschlag für eins meiner lebenden Tiere?

Falls du eine klare Verbindung hast, ist dies eine ausgezeichnete Gelegenheit, Ratschläge für das Verhalten und medizinischen Rat zu bekommen. Wenn du deine Sitzung beendet hast, leg einen Leckerbissen für deinen Freund aus. Er wird vielleicht nicht in der Lage sein, das Futter zu fressen, aber sie schätzen ganz sicher den Geruch. Stell ihm einen Teller mit seinem Lieblingsfutter hin. Sollte es eins deiner lebenden Tiere fressen, so ist das auch in Ordnung. Dein Geisttier kann den Geschmack mittels Gestalt durch das lebende Tier genießen. Du kannst deinem Besucher auch einen Schlafplatz richten. Räume die Fensterbank deiner verstorbenen Katze frei, hol die alte Decke deines Hundes hervor.

Sei die nächsten paar Tage aufnahmebereit. Du könntest später Botschaften erhalten, die deinen Kontakt nochmals bestätigen. Du könntest eine Zeitschrift aufschlagen und das Bild eines Hundes sehen, der deinem gleicht. Du könntest auch in einer Werbesendung oder in der Stadt eine Nachricht erhalten. Einer deiner menschlichen Freunde könnte spontan eine Bemerkung machen, die dich und deinen tierischen Freund betrifft. Du könntest ein Lied im Autoradio hören, das die Anwesenheit deines Freundes nochmals bestätigt. Sei aufmerksam. Beobachte sehr aufmerksam. Lass deine Sinne sich einstimmen und deine Frequenz sich *erhöhen*. Vergiss nicht, dein Freund kann sich nur dann in deine Welt einschalten, wenn du offen und aufmerksam bist. Botschaften gibt es überall, und die Tiere senden ihre Liebe. Es geht immer um Liebe. Und wenn du unerwartet einen Anruf von jemandem erhältst, der dir unbedingt ein Kätzchen oder Hündchen oder Pferd abgeben möchte, denk nicht darüber nach! Sag einfach: „Ja!" Es ist wahrscheinlich dein Freund, der gerade für dich das Universum durchquert hat.

Auroras Protest

Ich werde dich nicht anlügen. Ich weiß nichts über Heilung durch Handauflegen. Ich weiß nicht, warum es funktioniert, aber hier ist die Geschichte von meinem ersten Versuch, und er war Spitze. Ich war eingeladen worden, Experimente mit dem meisterlichen Dr. John Craige durchzuführen – Gott segne ihn. Dieser Tierarzt ist seiner Zeit um Lichtjahre voraus. In seiner ganzheitlichen Klinik traf ich Aurora, einen wunderbaren Miniatur-Collie mit einem Krebstumor in der Größe eines Apfels, der aus ihrem Bauch hervorkam. Dr. Craige informierte mich darüber, dass sich der Krebs auf andere Organe ausbreiten kann, auch wenn er in einem Organ beseitigt wird. Auroras Tumor war in der Bauchspeicheldrüse. In wenigen Fällen, die ich gesehen habe, waren die Ursachen der Erkrankung so offensichtlich psychisch wie bei Aurora. Das Phänomen der Osmose-Krankheit ist ein großes Rätsel. Es lässt sich schwer definieren, aber es lässt sich unmöglich ignorieren. Aurora war in viele psychische Dynamiken ihrer Besitzerin, Erika, verwickelt und lebte sie aus. Sie lag teilnahmslos auf dem kalten Metalltisch vor mir, Erika an ihrer Seite.

„Aurora, was verursacht diesen Krebs?", fragte ich.

Ich bin Erikas Mutter, deshalb muss ich ihn haben, antwortete sie.

„Erika, wie alt warst du, als deine Mutter starb?", fragte ich.

„Drei", erwiderte Erika.

Ich bin auch ihr Vater.

„Wie alt warst du, als dein Vater starb?", fragte ich Erika.

„Neun."

Einer ihrer Elternteile starb an Krebs, sagte Aurora.

„Welchen Elternteil hast du durch Krebs verloren?", fragte ich.

„Meinen Vater", antwortete Erika.

„Ich bekomme durchgesagt, dass einer von ihnen Alkoholiker war. Woran starb deine Mutter?", fragte ich.

„Alkoholismus", erwiderte Erika.

„Die Bauchspeicheldrüse steuert den Blutzucker", sagte ich. „Die Situation deiner Mutter kann also mit Auroras zusammenhängen. Sie scheint die Krankheiten deiner Eltern widerzuspiegeln, weil sie glaubt, dass *sie* dein

Elternpaar ist. Ich weiß, es klingt verrückt, aber unsere Tiere spiegeln viel von dem wider, was in unserem Inneren vor sich geht."

„Aurora, warum lebst du das aus?", fragte ich.

Ich bin ihre beiden Eltern. Ihre Eltern wurden krank, deshalb muss ich auch krank werden.

„Wie können wir dir helfen, diese Gedanken aufzugeben?", fragte ich.

Erika ist mit einem dunkelhaarigen Mann zusammen, der mich hasst. Er ist ein kalter, gefühlloser Mann. Er behandelt sie nicht gut. Ich weiß, dass sie es besser haben könnte.

„Wie lange bist du mit deinem Freund zusammen?", fragte ich.

„Mit meinem Verlobten? Vier Jahre", antwortete Erika.

„Aurora sagt, dass der Mann sie hasst."

„Oh ja, das tut er! Er ist sehr eifersüchtig", stimmte Erika zu.

„Aurora sagt, dass du es besser haben könntest, dass dieser Mann nicht sehr empfindsam dir gegenüber ist."

„Oh, das habe ich schon so oft gehört. Meine Freunde sagen mir das immer", versuchte Erika abzuwehren.

„Es ist erstaunlich, wie häufig unsere Tiere unsere emotionalen Probleme widerspiegeln", sagte ich.

Damit sie diese erkennen können, sagte Aurora.

„Aurora glaubt, dass sie dein Kindheitstrauma tragen muss, bis du es angehst. Sie sagt, dieser Freund spiegelt einige deiner psychischen Probleme wider, mit denen du dich seit deiner Kindheit nicht befasst hast. Meiner Meinung nach sind Leute, die Tiere nicht lieben, unserer Liebe nicht würdig, weil alle unsere Tiere Gefäße bedingungsloser Liebe sind. Ich weiß, dass du ein Vermögen für Auroras Behandlung ausgibst. Aber wenn du wirklich etwas für Auroras Heilung tun willst, solltest du ein bisschen mehr in deine eigene Gesundheit stecken, zum Beispiel in Seminare für positives Denken, Gruppenarbeit oder Selbsthilfebücher."

„Aurora, gibt es da noch jemand anderes für dein Frauchen?", fragte ich."

Ja! Er hat blondes Haar, und er ist Lehrer. Aurora sandte mir das Bild eines Mannes, der in einem Klassenzimmer lehrte, und ich beschrieb ihn Erika.

„Aurora sagt, er hat sandblondes Haar, Brille, einen stämmigen Körperbau und dass er eine Art Lehrer oder Dozent ist", sagte ich.

Erika war verblüfft: „Ich träumte gestern Nacht von einem blonden Mann, der Lehrer war!" Ihre Augen füllten sich mit Tränen. „Heute Morgen bin ich aufgewacht und dachte zum ersten Mal in meinem Leben: *Vielleicht ist dort draußen wirklich jemand anderes für mich!* Ich habe nie an so etwas geglaubt, aber dieser Traum war so eindringlich! Bitte frag Aurora, ob sie sich erholt."

Nur wenn sie ihren Freund verlässt. Wenn sie ihn heiratet, werde ich sterben. Wenn sie ihn aufgibt, werde ich den Krebs aufgeben, sagte Aurora.

Der Tierarzt betrat den Raum, um mit uns über den kraftlosen kleinen Hund zu reden. Erika sagte, dass sich Aurora seit Tagen kaum bewegt habe. Sie könne nicht einmal aufstehen. Erika war verzweifelt, aber die Prognose des Tierarztes war düster. Es machte ihr wenig Hoffnung. Als sich die beiden miteinander beraten hatten, fragte ich sie, ob ich einige Momente mit Aurora allein sein könnte.

Was als nächstes geschah, klingt wie eine Erzählung aus dem *National Enquirer*. Etwas Ähnliches hatte ich noch nie erlebt, und es kam mir auch kein zweites Mal wieder vor.

Ich stand über dem sterbenden Hund, für den es keine Hoffnung mehr gab, legte ihm die Hände auf den Rücken und begann zu beten. Plötzlich wurde ich an ein Bild erinnert, das ich in Geoffrey Hodsons Buch *Kingdom of the Gods* gesehen hatte und das einen mit Heilkräften ausgestatteten Engel darstellte. Mr. Hodson, ein britischer Hellseher, sah Myriaden herrlicher Geister und Devas und betonte, dass du einen Engel zu Hilfe rufen kannst, wenn du um Heilung bittest. Das Gemälde stellte einen gewaltigen Engel dar, der über das Krankenlager eines Kindes wachte und das Kind gänzlich in Lichtstrahlen einhüllte, die ihm aus Augen, Hals und Herz hervorbrachen.

Ich beschloss, es zu versuchen. Was hatte ich zu verlieren? Wenn ein Mann solche Dinge sehen kann, warum sollten sie dann nicht auch uns zur Verfügung stehen?

Ich stellte mir einen Engel vor, der über dem Untersuchungstisch schwebte. Ich stellte ihn mir so deutlich vor, wie es mir möglich war, und bat ihn, diesen Schatz von einem Hund zu heilen. Wenige Minuten später fühlte ich, wie die Dunkelheit unsere Herzen verließ. Die Luft um uns herum erstrahlte, und ich spürte Finger aus Licht von oben nach uns greifen. Die Atmosphäre veränderte sich, als sei ein Fenster in einem dunklen, stickigen Raum aufgestoßen worden, der sich nun mit einer lauen Frühjahrsbrise füllte. Ich schöpfte ein paar friedvolle Atemzüge und saugte diese Ruhe ein. Ich bat den Engel, meine Hände zu benutzen, um Energie in Aurora zu schleusen. Augenblicklich begannen meine Hände zu prickeln. Die Schönheit dieser Empfindung brachte mich zum Lächeln.

Von dem himmlischen Wesen ergossen sich Ströme aus Licht in den Hund. Mit jedem Augenblick machte der Engel seine Präsenz fassbarer. Er schüttete Regenbögen aus seinem Herzen in den Hund hinein. Völlig im Bann des Geschehens, sonnte ich mich in der Peripherie. Ich wurde mir der Flügel des Engels bewusst – zwei riesige Flügel, die den ganzen Raum vom Tisch bis zur Decke hinauf umspannten.

Plötzlich sprang Aurora auf und bellte aufgeregt. Sie machte einen Satz vom hohen Tisch hinunter, fegte aus der offenen Tür, lief den Korridor entlang zum Sprechzimmer des Tierarztes und bellte dabei die ganze Zeit freudig.

Als sie das Ende des Korridors erreichte, drehte sie sich um und rannte zurück. Erika und Dr. Craige stürmten in das Zimmer, als sie den Klamauk hörten. Sie standen mit offenem Mund da und starrten den kleinen Hund an, wie er den Korridor hinauf und hinunter raste und dabei bellte wie ein gesundes Hündchen, das gern ein Stöckchen apportieren möchte.

„Meine Güte, wie die rennt!", sagte Erika ungläubig. „Sprang sie allein vom Tisch?" Ja, nickte ich, nicht weniger erstaunt als sie.

Dr. Craige donnerte: „Mein Gott, Frau! Als sie sie hereinbrachte, konnte sie nicht laufen! *Was zur Hölle, hast du mit dem Hund angestellt?*"

„Ich weiß es auch nicht, vielleicht habe ich ihr Angst eingejagt", flüsterte ich. Ich erzählte Erika später von dem Engel, aber den Tierarzt habe ich nie in unser Geheimnis eingeweiht.

Erika blieb mit mir in Verbindung und berichtete mir über Auroras Fortschritte. Der Zustand von Aurora hielt sich, und die Heirat mit dem

Mann, den Aurora ablehnte, wurde verschoben. Schließlich rief mich Erika an und sagte mir, Aurora sei zwei Wochen vor der Hochzeit gestorben. Zwei Jahre waren seit unserem Streich mit dem Engel vergangen.

Erika berichtete, dass sich während der Zeremonie für Aurora, die draußen stattfand, eine sehr anhängliche weiße Taube an sie heranpirschte. Sie meinte, Aurora hätte die Taube geschickt. Aurora bestätigte, dass sie damit der Zeremonie etwas Zauber hinzufügen wollte. Sie verlangte, dass ich sie frage, wo sie jetzt sei. So fragte ich sie, bei welchen von Erikas Verwandten sie auf der Anderen Seite sei. Sie sagte:

Sag ihr, dass ich bei Anthony Thomas bin.

„Sie ist bei dem Geist von Anthony Thomas. Hast du einen Verwandten mit Namen Anthony Thomas?", fragte ich sie.

„Nein, noch nicht", rief Erica erstaunt aus. „Das ist der Name, den ich für mein Baby ausgesucht habe. Ich wollte immer einen kleinen Jungen, und wenn er kommt, werde ich ihn Anthony Thomas nennen." Offensichtlich wartete der Geist des kleinen Hundes mit dem Geist von Erikas *ungeborenem* Kind bereits auf der Anderen Seite.

Epilog

Rodneys Gala-Aufführung

An dem Junimorgen, an dem Rodney mich verließ, nahm er mich fast mit. Er hatte jahrelang mit einer Kolitis gekämpft. Schließlich konnte er nichts mehr bei sich behalten. Er wurde so schwach, dass er kaum mehr stehen konnte, und eine ganze Mannschaft der besten Tierärzte von Los Angeles konnte ihn nicht retten. Rodney und ich hatten vereinbart, dass er nicht eingeschläfert werden würde. Er hatte mir versichert, dass er „von alleine mit Würde gehen" könnte. Er war acht Jahre mein bester Freund und Assistent gewesen. Ich hatte gelernt, seinem Urteil zu vertrauen.

Am Morgen, als er starb, lagen wir zusammen Seite an Seite auf dem Boden des Wohnzimmers – und warteten. Als der Atem heiserer und schwerer wurde, hielt ich Rodney weinend wie ein Baby. Er war fast drei Stunden bewusstlos gewesen, während deren ich fortwährend verzweifelt um seine Befreiung gebetet hatte. Ich lag neben ihm und hatte meine Hand auf seinem Herzen.

Meine Augen waren fest geschlossen und brannten noch von den Tränen, als ich diese Vision hatte: Ein Tor in der Luft über uns, etwas unterhalb der Decke, öffnete sich. Eine Tür schwang auf, und ein Fluss aus Licht strömte in das Zimmer. Durch diesen Eingang schritt meine Großmutter Rheau Nell, die sich in ihrem Erdenleben um eine riesige Menagerie von Tieren gekümmert hatte. Ihre Anwesenheit erstaunte mich nicht so sehr wie die Begleitung, die sie mitgebracht hatte. Aus dem Licht sprangen Gus und Gretel, die Hunde meiner Kindheit, ein silbriger deutscher Schäferhund und mein geliebter Rhodesischer Ridgeback! Ich hatte sie über zwanzig Jahre nicht gesehen. Sie tanzten um mich herum in einem gewaltigen Taumel von Liebe und Küssen. Meine Großmutter war ganz wie damals, mit ihrer roten Hochfrisur und ihrer Katzenaugenbrille. (Rheau Nell war eine der ersten Frauen in Ardmore, Oklahoma, die ihr eigenes Geschäft in den 40er Jahren besaß. Sie war Friseurin und „einsame Spitze"!)

Plötzlich streckte meine Großmutter ihre Arme in meine Richtung aus, aber nicht, um mich zu umarmen. Die Geste war nicht ohne Mitgefühl, aber sie war stark und fordernd. Ich wusste, was sie wollte, und ich wusste, dass ich nicht Nein sagen konnte. Ich „erhob" mich aus meinem physischen Körper und sah mich plötzlich, wie ich den Geist meiner Katze hielt. Zitternd und von Schluchzen geschüttelt, reichte ich Rheau Nell Rodneys Geist. Im selben Augenblick, als sie ihn aus meinen Armen nahm, hörte sein „wirkliches" Herz unter meiner Hand zu schlagen auf. Rheau Nell drehte sich um und verschwand mit Rodneys Geist in den Armen langsam im Licht. Die zwei Hunde sprangen ihr nach. Die Tür schnappte zu. Die Vision verschwand, und als ich meine Augen öffnete, war mein teurer Freund tot.

Ich umringte ihn mit massenhaft Fotos von seinen glücklichsten Momenten und legte ihm einen Rosenstrauß (seine Lieblingsblumen) an seine Pfoten. An seinen Kopf stellte ich meine Statue von Sekhmet, der ägyptischen Löwengöttin. Dann holte ich ihm ein Stück von Popeyes gebratenem Huhn. (Mit seinem Magenproblem hatte er jahrelang nichts Würziges fressen können, und ich glaubte, dass er es wenigstens jetzt genießen konnte.) Ich werde niemals vergessen, wie ich den Ventura Boulevard überquerte, die verkehrsreichste Durchgangsstraße von Los Angeles, und die Autos geradezu herausforderte, mich zu überfahren. Ich weinte wie eine Wahnsinnige, es war mir egal, ob ich lebte oder starb. Nachts fand ich einen Fleck auf einer Bergspitze mit Panoramablick auf das erleuchtete San Fernando Tal. Wie die meisten Katzen hatte auch Rodney eine Vorliebe für hohe Orte gehabt. Die funkelnden Lichter schienen bis in die Unendlichkeit zu reichen. Dort packte ich Rodney in seine Lieblingsdecke und begrub ihn mit einem Stück von Popeyes gebratenem Huhn.

Als ich das Grab verließ, gab ich die Tierkommunikation auf. Ich weigerte mich fast zwei Jahre lang stur, Tiere zu lesen. Ich wollte es einfach nicht ohne Rodney tun. Bis Oscar geboren wurde ...

Rodneys Rückkehr: Ein unerwartetes Fest

Mein emotionaler Aufruhr begann am Sonnabend, den 4. April. Tränenausbrüche plagten mich den ganzen Tag ohne ersichtlichen Grund, begleitet von plötzlichen Anfällen von Zorn und Panik. Ich hatte auch unerklärliche Unterleibskrämpfe. Ich betete die ganze Nacht, dass das Leiden von mir genommen würde, aber als ich am Sonntagmorgen aufwachte, ging es mir nur noch schlechter. Selbst ein Kirchenbesuch beruhigte mich nicht. Während des ganzen Gottesdienstes hatte ich ein eigenartiges Gefühl der Panik im Bauch und – ich wage es kaum zu sagen – in der Gebärmutter. Mein Uterus schmerzte so schlimm, dass ich während der Predigt aufstehen musste und eine Wasserfontäne suchte, an der ich ein Aspirin hinunterspülen konnte. Es hatte überhaupt keine Wirkung. (Medikamente wirken nicht bei Gefühlen, die nicht deine eigenen sind.)

Auf dem Nachhauseweg wurde die Panikattacke so schlimm, dass ich um meinen gesunden Menschenverstand betete. Ich beschimpfte Gott und meinen Geistführer: „Wo seid ihr Typen nur? Ich fühle mich hier unten gänzlich verlassen! Ich brauche unbedingt Hilfe! Gebt mir ein Zeichen, dass ihr mich hört!"

Als ich in der Auffahrt anhielt und schmerzgekrümmt aus meinem Auto stieg, wartete mein *Zeichen* auf mich im Vorgarten. Ich hatte sie seit einiger Zeit nicht gesehen. Von dem Tag an, als wir in das Haus eingezogen waren, hatte Gidget, die kleine schwarze Katze des Nachbarn, darauf bestanden, bei mir zu wohnen. Mr. Jones wollte sie nicht dulden, aber sie war so beharrlich, dass ich sie draußen fütterte. Als wir uns das erste Mal trafen, sagte sie mir, dass sie kein Zuhause hätte, dass ihr die Nachbarn nicht gefielen und dass sie bei mir wohnen wollte. Sie verbrachte die meiste Zeit in meinem Garten und wartete darauf, mit Mr. Jones zu flirten.

An diesem Sonntagmorgen stürmte sie auf mich zu und kletterte auf meinen Schoß, als ich auf dem Gehsteig zusammenbrach, um sie zu begrüßen. Sofort sah ich, dass sie schwanger war – hochschwanger – und in panischer Angst. Ich sagte ihr, dass ich ihr so gut ich könnte beistehen würde: Ich würde die Hebamme der Babys sein. Sofort lief sie in unsere Garage, und gab verzweifelte Laute von sich. (Mutterkatzen miauen, wenn sie in Wehen sind, auf eine besondere Art.) Ich versuchte, sie zu überreden, ins Haus zu kommen, aber ihr Sinn stand nicht danach. Sie lief zur Garage zurück und stöberte in einem Stapel von Kartons herum, um einen geeigneten Ort zu finden, wo sie werfen konnte. Ich ließ sie eine Kiste aussuchen, die ich mit sauberen Handtüchern und einem Heizkissen auspolsterte. Gidget sagte mir, dass sie vier Kätzchen haben würde. Obwohl sie bereits zu explodieren schien, machte sie es sich in ihrem Karton bequem und sagte, sie glaube nicht, dass die Babys vor dem späten Abend kommen würden.

Nachdem ich eine Stunde lang sorgfältig über sie gewacht hatte, döste sie zum Schlafen ein, und ich beschloss, die Wache zu unterbrechen und schnell etwas zu Mittag zu essen. Ich schnitt eine Tür in den Karton, hinterließ ihr Futter und Wasser und machte mich dann auf den Weg zu einem vegetarischen Restaurant. Als mir der Salat serviert wurde, wurden meine Unterleibskrämpfe so stark, dass ich auf meinem Barhocker zitterte. Ich ließ das Essen zurückgehen und raste wie eine Verrückte nach Hause.

Als ich den Deckel von Gidgets Karton hochhob, stieß sie einen Schrei aus, und der Kopf des ersten Kätzchens erschien. Gidget warf die ersten drei Kätzchen langsam unter meiner Überwachung. Mein Vertrauen war erneut erwacht. Meine Gebete wurden beantwortet; und ich nahm alle meine verworrenen Verwünschungen zurück. Ich freute mich über die drei Kätzchen und weinte. Der Karton in meiner Garage wurde zum Tempel – sämtliche Fenster von Notre-Dame hätten ihn nicht würdiger machen können.

Aber da war noch die Sache mit dem vierten Kätzchen. Die ersten drei Kätzchen waren grau getigert. „Das vierte wird orangefarben sein", sagte ich zu mir. Davon war ich absolut überzeugt. Ich wusste nicht warum. Als es schließlich zum Vorschein kam, war es grau wie die anderen, und ich war verwirrt. Gidget war so erschöpft und konnte die Nabelschnur des vierten Kätzchens nicht zerbeißen. Ich zerschnitt sie mit einer sterilen Schere und band sie mit Zahnseide ab. Dieses vierte war ein Junge und das lauteste und mürrischste des Clans.

Als ich am nächsten Morgen meine neue Familie besichtigte, entfernte sich eins der Kätzchen von der Gruppe und liebkoste meinen Daumen mit seiner Backe. Ich rollte es auf den Rücken, um zu sehen, ob es dasjenige war, das ich mit Zahnseide abgebunden hatte. *Guten Morgen,* sagte das Kätzchen. Hmm. Klingt vertraut, dachte ich. „Welche von euch sind früher bei mir gewesen?", fragte ich die Kleinen. Eine kleine weibliche Stimme wurde in meinem Kopf hörbar. *Es gibt keinen von uns, der nicht schon früher bei dir war,* sagte sie. Ich war wie betäubt, aber da ich als Kind so viele Katzen hatte, ging ich davon aus, dass es möglich war. Ich schaute mir Nummer vier misstrauisch an. Der Kleine war bei weitem der aggressivste, haute seinen Geschwistern ins Gesicht, kämpfte um eine Zitze und schrie laut, wenn ich ihn wie eine Schildkröte auf den Rücken drehte. Aber da war etwas Vertrautes an ihm: Er hatte dieses gewisse Etwas.

In dieser Nacht betete ich, um etwas Klarheit über Rodney zu bekommen. Ich träumte, dass ich die Kätzchen bewunderte: drei graue und ein orangefarbenes. „Ich muss *das orangefarbene* behalten, bei den anderen ist es nicht so wichtig", sagte ich mir. Im Traum war das vierte zart honiggelb gefärbt.

In der nächsten Nacht war der Traum deutlicher: Wieder bewunderte ich die Kätzchen und bereitete mich darauf vor, zwei von ihnen zu behalten. Wieder gab es drei graue und ein orangefarbenes, aber diesmal waren sie älter, als hätte ich einen Blick in die Zukunft getan. Das orangefarbene Kätzchen hatte eine kühne karamellfarbene Zeichnung. Ich legte mich in Augenhöhe zu ihm, um es besser betrachten zu können. Es wurde vor meinen Augen größer, und seine Nase verlängerte sich, bis ich einen kleinen Katzenpinocchio vor mir hatte. Der Kopf verwandelte sich in Rodneys Kopf! Die Nase war riesig. Rodney sah mich an und lächelte. Ich erwachte erstaunt.

Im Lauf der nächsten fünf Wochen wechselte das vierte Kätzchen die Farbe. Es war zwar noch immer eine grau getigerte Katze, aber der Bauch nahm einen köstlich goldenen Farbstich an, als sei das Tier durch eine Schüssel mit Honig gewatet. Sein Bauch wurde jeden Tag gelber, bis er erkennbar *orangefarben* war. Da die Nachbarn angaben, sie hätten „vergessen", Gidget zu sterilisieren, „vergaß" ich, die Katzen zurückzugeben. Ich beschloss, alle vier Kätzchen zu behalten und sie nach großen Jazzmusikern zu benennen: Billie Holiday, Ella Fitzgerald, Cyrus Chestnut. Den kleinen orangefarbenen Kater nannte ich Oscar Peterson.

Vielleicht erinnerst du dich, dass Rodney und ich ein geheimes Ritual gehabt hatten. Im Moment unserer ersten Begegnung hatte er seine kleinen Pfeifenreinigerpfoten um meinen Hals gelegt und mich auf die Lippen geküsst, hatte mir den berechnendsten Kuss meines Lebens gegeben. Wir hatten verabredet, dass dies unser Zeichen sein sollte, wenn er jemals zu mir zurückkehren sollte. Ich hatte nie darüber nachgedacht und projizierte es nicht auf meinen neuen Clan, als ich mich in der Garage hinlegte, um meine fünf Wochen alte Familie zu streicheln. Aber urplötzlich fühlte ich

Oscars kleine Kolbenpfoten auf meinem Körper entlangwandern. Oscar hatte eine Mission. Er kletterte meinen Brustkorb hinauf, schlang zielsicher seine kleinen Pfoten um meinen Hals und küsste mich auf die Lippen. Dann zog er sich zurück, blickte mir ins Auge und küsste mich wieder mit aller Kraft. Dann zwinkerte er mir zu!

„Rodney!", entfuhr es mir: „Wo bist du gewesen?!"

Plötzlich war ich erfüllt von dem außergewöhnlichen Gefühl von Geschwindigkeit und der Bewegung eines schwindelerregenden Fluges durch flitzende Kometen und wirbelnde Sterne. Mit Lichtgeschwindigkeit war die Katze durch Lichtjahre und Sonnensysteme von Farbe und Klang gebraust. Mit der mir so gut bekannten distinguierten Stimme sagte Rodney nur dies:

Ich durchquerte die Galaxie für dich, Frauchen.

Du siehst, es ist wahr. Liebe stirbt niemals. Egal wo oder wann, wir werden uns immer lieben – alle.

Mann und Geschöpf

(Ehrfurcht vor dem Leben, laut *Holt Rinehart and Winston*)

Von Albert Schweitzer

Die Ethiken von der Ehrfurcht vor dem Leben unterscheiden nicht zwischen höheren und niederem, kostbareren und weniger kostbaren Leben. Es gibt gute Gründe für diese Unterlassung. Denn was tun wir, wenn wir feste und schnelle Abstufungen des Wertes zwischen lebenden Organismen errichten, sie aber in Bezug auf uns beurteilen, ob sie enger oder entfernter von uns zu stehen scheinen. Dies ist ein völlig subjektiver Standard. Wie können wir wissen, welche Bedeutung andere lebende Organismen für sich und auf das Universum haben?

Indem wir solche Differenzierungen machen, neigen wir dazu, zu denken, dass es Lebensformen gibt, die wertlos sind und ausgelöscht werden können, ohne dass es überhaupt eine Rolle spielt. Die Kategorie kann alles einschließen, angefangen von Insekten bis zu primitiven Menschen, was ganz auf die Umstände ankommt.

Für den wirklich ethischen Menschen ist alles Leben heilig, einschließlich der Lebensformen, die vielleicht vom menschlichen Standpunkt aus niedriger zu sein scheinen als unsere. Er macht Unterscheidungen nur von Fall zu Fall und nur unter dem Druck der Notwendigkeit, wenn er gezwungen ist, zu entscheiden, welches Leben er opfern wird, um anderes Leben zu bewahren. Bei dieser Entscheidung von Fall zu Fall ist er sich bewusst, dass er subjektiv und willkürlich vorgeht, und dass er verantwortlich für die geopferten Leben ist.

Der Mensch, der von den Ethiken der Ehrfurcht vor dem Leben geführt wird, löscht Leben nur aus unvermeidlicher Notwendigkeit aus, niemals aus Gedankenlosigkeit. Er ergreift jede Gelegenheit, das Glück zu fühlen, Lebewesen zu helfen und sie vor Leiden und Vernichtung zu bewahren.

Wann auch immer wir einer Lebensform schaden, müssen wir uns im Klaren sein, ob es wirklich notwendig ist, so zu handeln. Wir dürfen nicht über den wirklich unvermeidlichen Schaden hinausgehen, selbst nicht einmal bei anscheinend bedeutungslosen Dingen. Der Bauer, der

Tausende von Blumen in seiner Wiese niedermäht, um seine Kühe zu füttern, sollte aufpassen, dass er, wenn er heimwärts fährt, nicht gedankenlos einige Blumen am Straßenrand köpft. Denn dann sündigt er gegen das Leben, ohne unter dem Zwang der Notwendigkeit zu stehen.

Jene, die wissenschaftlich mit Tieren experimentieren, um das erworbene Wissen für die Linderung menschlicher Krankheiten anzuwenden, sollten sich niemals mit der stillschweigenden Prämisse beruhigen, dass ihre grausamen Akte einem nützlichen Zweck dienen. In jedem Einzelfall müssen sie sich fragen, ob es wirklich notwendig ist, solch ein Opfer einem Lebewesen aufzuerlegen. Sie müssen versuchen, so weit wie möglich das Leiden zu lindern. Es ist unverzeihlich, dass eine wissenschaftliche Institution die Betäubung weglässt, um Zeit und Mühe zu sparen. Es ist schrecklich, Tieren Qualen zuzufügen, um den Studenten Phänomene zu demonstrieren, die bereits bekannt sind.

Die Tatsache, dass Tiere durch den Schmerz, den sie durch Experimente erleiden, zum Leiden der Menschheit beitragen, sollte eine neue und einmalige Art von Solidarität zwischen ihnen und uns entstehen lassen. Aus diesem Grund allein ist es die Pflicht eines jeden einzelnen von uns, dem nichtmenschlichen Leben so viel Gutes wie möglich zu tun.

Wenn wir einem Insekt aus einer Falle helfen, versuchen wir nur, einen Ausgleich zu schaffen für die immer wieder neuen Sünden des Menschen gegen andere Geschöpfe. Wo auch immer Tiere im Dienste des Menschen stehen, sollte jeder von uns das Opfer beachten, das wir erzwingen. Wir können nicht dabei stillstehen und zusehen, wie ein Tier unnötige Härte oder absichtliche Misshandlung erleidet. Wir können nicht sagen, das ist nicht unsere Angelegenheit. Im Gegenteil ist es unsere Pflicht, zugunsten des Tieres einzuschreiten.

Niemand kann seine Augen schließen und vorgeben, dass das Leiden, das er nicht sieht, nicht vorkommt. Wir dürfen die Last unserer Verantwortung nicht auf die leichte Schulter nehmen. Wenn Missbrauch von Tieren weit verbreitet ist, wenn das Brüllen von durstigen Tieren in Rindertransportern gehört und ignoriert wird, wenn Grausamkeit noch in vielen Schlachthäusern vorherrscht, wenn Tiere tollpatschig und schmerzvoll in unseren Küchen geschlachtet werden, wenn brutale Menschen unvorstellbare Martern über Tiere verhängen und wenn einige Tiere den grausamen Spielen von Kindern ausgesetzt werden, teilen wir alle die Schuld.

Wie die Hausfrau, die den Fußboden geschrubbt hat, sich darum kümmert, dass die Tür geschlossen ist, damit der Hund nicht hereinspringt und ihre Arbeit mit seinen schlammigen Pfoten zunichte macht, so haben religiöse und philosophische Denker alles Notwendige getan, darauf zu achten, dass keine Tiere ihre ethischen Systeme betreten und durcheinander bringen.

Es scheint, als hätte Descartes mit seiner Theorie, dass Tiere keine Seelen haben und bloße Maschinen sind, die nur Schmerz fühlen, alle moderne Philosophie behext. Die Philosophie hat sich gänzlich dem Problem des menschlichen Betragens gegenüber anderen Organismen entzogen. Wir könnten sagen, dass die Philosophie auf einem Klavier gespielt hat, auf dem eine ganze Reihe von Tasten unberührt geblieben sind.

Für die universelle Ethik von Ehrfurcht vor dem Leben wird Mitleid mit den Tieren – oft lächelnd als Sentimentalität abgetan – zu einem Mandat, dem sich keine denkende Person entziehen kann.

Die Zeit wird kommen, wenn die öffentliche Meinung nicht länger das Vergnügen an der Misshandlung und Tötung von Tieren tolerieren wird. Die Zeit wird kommen, aber wann? Wann werden wir den Punkt erreichen, dass Jagen, die Freude am Töten als Sport, als geistige Verirrung betrachtet werden wird? Wann wird alles Töten aus einer Notwendigkeit heraus von Traurigkeit begleitet sein?

Literaturhinweise

Beck, Martha, Ph.D. *Ein wunderbares Kind: Wie Adam mein Leben verändert hat,* Ullstein Verlag

Blake, Henry, *Horse Wisdom Trilogy – Talking with Hoses: A Study of Cummunication Between Man and Horse, Thinking With Horses and Horse Sense: How to Develop Your Horse's Intelligence.* London: Trafalgar Square, 1991, 1993, und 1994

Boone, A. *Die große Gemeinschaft der Schöpfung,* Constans Verlag, 2005

Campbell, Joseph. *Die Kraft der Mythen,* Piper Verlag

Couper, Paulette. *The 100 Top Psychics in America,* New York: Pocket Books 1996

Covey, Stephen R. *Die 7 Wege zur Effektivität,* Campus

Day, Laura. *Praktische Intuition,* DTV

Edwards, Betty. *Garantiert kreativ sein,* Rowohlt

Estes, Clarissa Pinkola, Ph.D. *Die Wolfsfrau,* Heyne

Fitzpatrick, Sonya. *What the Animals tell Me,* New York: Hyperion, 1997

Frost, April. *Beyond Obedience: Training with Awareness for you and your Dog,* New York: Harmony Books, 1998

Gallwey, Timothy. *The inner Game of Tennis,* New York: Random House, 1997

Grant, Joan. *Tochter des Pharao,* Bauer Verlag

Mariechild, Diane. *Im Einklang mit mir selbst,* Scherz

McKinnon, Helen. *It's for the Animals,* Fairview, N.C.: Helen L. McKinnon, 1995

MacKay, Nicci. *Spoken in Whispers: The Autobiography of a Horse Whisperer,* New York: Fireside, 1997

Myss, Caroline, Ph.D. *Mut zur Heilung,* Droemer

Naparstek, Belleruth. *Your Sixth Sense,* San Francisco: Harper San Francisco, 1997

Orloff, Judith, M.D. *Die Kraft in mir,* Hugendubel

Robbins, Tom. *Skinny Legs and All,* New York: Bantam Books 1990

Roberts, Monty. *Der mit den Pferden spricht,* Lübbe

Schoen, Allen M., D.V.M., M.S., und Pam Proctor. *Love, Miracles and Animal Healing,* New York: Fireside, 1996

Schweitzer, Albert. *Die Ehrfurcht vor dem Leben.*

Teish, Luisah. *Jambalaya,* San Francisco: Harper San Francisco, 1985

Ueland, Brenda. *If you want to Write,* Saint Paul, Minn.: Graywolf Press, 1987

Vonnegut, Kurt. *Mutter Nacht,* Piper Verlag

Zukav, Gary. *Die tanzenden Wu Li Meister,* Rowohlt

Empfohlenes Tierfutter

Gimpet, Gemüse Flocken, 46446 Emmerich

Kiening Tiernahrung, 94431 Pilsting-Parnkofen,
Tel. (0 99 53) 26 55, Fax (0 99 53) 28 09

Nutro Inter Pet AG, Hochstr. 104, Halle 5, B-4700 Eupen

Raston Purina Deutschland GmbH, Augustiner Str. 12, 50667 Köln,
E-Mail: sales@bakerpet.co.uk

Royal Canin, Tiernahrung, Pf 51 54 09, 50945 Köln

Yarrah, Organic Pet Food, Vink Sales BV, Postbus 448,
NL-3840 AK Hardenwijk

Wichtige Adressen (für Spenden)

**Bundesverband der Tierversuchsgegner
Menschen für Tierrechte e. V., Roermonder Str. 4 a, 52072 Aachen,
Tel. (02 41) 15 72 14, Fax (02 41) 15 56 42**

Tierversuchsgegner, Nordrhein-Westphalen e. V., Mühlenstr. 18, 51674 Wiehl,
Tel. (0 22 62) 75 10 60, Fax (0 22 61) 75 10 90

Vier Pfoten e. V. Altoner Str. 57, 20357 Hamburg,
Tel. (0 40) 39 92 49-0, Fax (0 40) 39 92 49-99

Postbank Hamburg, BLZ 200 100 20, Kto 745 919 202

PETA (People for ethical Treatment of Animals)
Tel. (0 40) 38 61 93 50 Fax (0 40) 38 61 93 45

Tierschutzvereine Deutschland im Internet: www.tierschutz.de

Tierschutzvereine Schweiz Internett www.schweizertierschutz.ch

World Wildlife Fund (Deutschland) www.WWF.de
WWF-Tier-Patenschaften: Tel. (0 69) 79 14 41 44

Vereinigung „Ärzte gegen Tierversuche", Nusszell 50, 60433 Frankfurt
Schweiz: Biberlinstr. 5, CH-8032 Zürich

Rettet den Regenwald e. V., Friedhofsweg 28, 22337 Hamburg, www.regen-wald.org - braucht dringend Spenden zur Rettung für Gorillas:
Sparda Bank Hamburg, BLZ 206 905 00, Kto 600 463

Verein gegen tierquälerische Massentierhaltung e.V., Teichtor 10, 24226
Heikendorf bei Kiel, Tel. (04 31) 2 48 28-0, Fax (04 31) 2 48 28-29

Animals Asia Foundation (für gequälte Bären): Jill Robinson,
Deutsche Bank 24, Frankfurt, BLZ 500 700 24, Kto 8 004 996

Landesbund für Vogelschutz in Bayern e. V. , Eisvogelweg 1, 91161 Hipoltstein, Tel. (0 91 74) 4 77 50, www.LBV.de

Adressen im Ausland:

African Anti-Poaching Foundation, Box 2357 Dingley Island, Brunswick, MD,04011 Tel. 001 (207) 7 84-33 32, Fax 001 (207) 7 84-69 37 USA

Association for the Protection of Fur-bearing Animals/The Fur Bearers, 2235 Commercial Drive,Vancouver, BC VSN 4B6, Canada Tel. 001 (604) 2 55 04 11, Fax 001 (604) 8 97-45 89

Born Free Foundation, 3 Grove House, Foundry Lane, Horsham, West Sussex KH13 5PL, England, Tel. 0044 (1403) 24 01 70, Fax 0044 (1403) 32 78 38, wildlife@bornfree.org www.bornfree.org.uk

Cheetah Action Trust, P.O. Box 32328, Camps Bay 8040, Südafrika, Tel. 0027 (21) 4 39-05 97, Fax 0027 (21) 4 05-96 50

Chimp Haven, 702 Richland Hills, P.O. Box 760081, San Antonio, TX USA Fax 001 (718) 8 84-40 08 shimphaven@aol.com, www.chimphaven.org

The Elephant Sanctuary in Hohenwald, P.O. Box 393, Hohenwald, TN 38462, www.elephants.com

The Gorilla Foundation, Box 620 - 640, Woodside, CA 94062, Tel. 001 (650) 8 51-85 05/ MEGOAPE, Fax 001 (650) 3 65-79 06, hanabiko@earthlink.net www.gorilla.org

International Donkey Protection Trust, Sidmouth, Devon EX10, England, Tel. 0044 (1395) 5 78-2 22, Fax 0044 (1395) 5 79-2 66 thedonkeysanctuary@cs.com

International Wolf Center, 5930 Brooklyn Boulevard, Minneapolis, MN 55429-2418, USA, Tel. 001 (800) ELY-WOLF, wolfinfo@wolf.org www.wolf.org

Last Chance for Animals, 8033 Sunset Boulevard #835, Los Angeles, CA 90046, USA Tel. 001 (310) 2 71-60 96, Fax 001 (310) 2 71-18 90 www.lcanimal.org

Mountain Lion Foundation, P.O. Box 1896, Sacramento, CA 95812, USA, Tel. 001 (916) 4 42-26 66, Fax 001 (916) 4 42-28 71, MLF@mountainlion.org www.mountainlion.org

National Anti-Vivisection Society Limited, UK, 261 Goldhawk Road, London W12 9PE, England, Tel. 0044 (20) 88 46-97 77, info@navs.org.uk

Orangutan Foundation International, 822 Wellesley Avenue, Los Angeles, CA 90049, USA, Tel. 001 (310) 2 07-16 55, Fax 001 (310) 2 07-15 56, ofi@orangutan.org www.orangutan.org

People for the Ethical Treatment of Animals, 501 Front Street, Norfolk, VA 23510, USA Tel. 001 (757) 6 22-PETA (73 82) peta@peta-online.org www.peta-online.org

PIGS, a sanctuary, P.O. Box 629, Charles Town, WV 25414 USA, Tel + Fax 001 (304) 7 25-PIGS (74 47), PIGSANCT@aol.com www.pigs.org

Rat Allies, P.O. Box 3453 Portland, OR 97208, USA, Tel. 001 (503) 2 87-78 94

Save a Turtle, P.O. Box 361, Islamorada, FL 33036, Tel. 001 (305) 7 43-60 56

Save the Whales, P.O. Box 2397, Venice, CA 90291 USA (800) WHALE-65, Fax 001 (831) 3 94-55 55, savethewhales@interworld.net www.savethe-whales.org

Tiger Haven, 237 Harvey Road, Kingston, TN 37763, USA, Tel. 001 (423) 3 76-41 00, Fax 001 (423) 3 76-02 84, IndiaB@tigerhaven.org

Winged Iguana Hotline contact: Joleen Lutz, Tel. 001 (818) 8 42-60 84

World Wildlife Fund, 1250 24th Street NW, Washington, DC 20037 -1175A USA www.wwf.org

Firmen ohne Tierversuche

Ein Sternchen bedeutet, dass die Produkte keine tierischen Inhaltsstoffe enthalten

A.J. Funk & Company
ABBA products, Inc.*
Abracadabra, Inc.*
Adrien Arpel
Advanced Research Labs
AFM Enterprises*
Alba Botanica Cosmetics
Alexandra Avery/Purely Natural
Body Care
Alexia Alexander*
Allens Naturally*
Almay Hypo-Allergenic
Aloe Creme Laboratories
Aloe Up, Inc.
Aloe Vera of America, Inc.
Amberwood
American International Inc.
American Merfluan, Inc.*
American Safety Razor*
America's Finest Products
Amway Corporation
Ananda Country Products*
Andalina
Animals Love Us
Aphrodite's Garden
Aramis Inc.
Arbonne Int'l*
Archangel Trading Co., Inc.
Arixona Natural Resources
Aroma Lamp, Inc.
Aromavera Company
Attar Bazaar/Chishti Co.
Aubrey Organics
Aura Cacia, Inc.*
Auro Trading Company
Auromere Ayurvedic Imports*
Aurora Henna Company
Autumn Harp, Inc.
Aveda Corp.
Avigal Henna*
Avon Products, Inc.
Aware Diaper, Inc.
Ayagutag

Ayurveda Holistic Center*
Aztex Secret*
Banana Boat Products
Barbers Hairstyling for Men and
Women, Inc.
Barbizon, Int'l, Inc.
Basically Natural
Bath and Body Works
Baudelaire, Inc.
Beauty without Cruelty*
Beehive Botanicals, Inc.
Belle Star, Inc.
Belle's Secret Garden
Benekiser Consumer Products
Benetton Cosmetics Corp.
Bio-Botanica, Inc.
Biogime*
Bi-O-Kleen Industries*
Bio-Pac
Bio-Tec Cosmetics, Inc.
Blackmores, Ltd.
Blessed Herbs
Blue Cross Beauty Products
Blue Ribbons Pet Care
Body & Soul
Body Drench
Body Love Natural Cosmetics
Body Suite
Bodyography
BodyTime
Bonne Bell, Inc.
Borlind of Germany, Inc.
Botanical Products, Inc.
Botanicus, Inc.
Bouhon Cosmetics, Inc.
Brocato International Hair*
Bronson Pharmaceuticals
Brookside Soap Co.*
California Skin Therapy
California Tan
Camo Care
Candy Kisses Natural Lip Balm
Carina Supply, Inc.

Carma Laboratories, Inc.
Carme
Caswell-Massey
Celestial Body
Chanel, Inc.
Chempoint Products Company
Chenti Products, Inc.
CHIP Distribution Company*
Christian Dior Perfumes, Inc.
Citre Shine
Clarins of Paris
Clean and Easy
Clear Vue Products, Inc. *
Clearly Natural Products, Inc.
Clientele, Inc.
Clinique
Color Me Beautiful
Colourings
Columbia Cosmetics Mfg., Inc.
Comfort Manufacturing Co.
Common Scents
Compassionate Consumer
Conair Corporation
Concept Now Cosmetics
Co-op America
Cosmyl, Inc.
Country Comfort
Country Save Corporation
Crabtree & Evelyn, Ltd.
Creme de la Terre
Crystalline Cosmetics, Inc.
CSA/IQ
Decleor USA, Inc.
Del Laboratories
Deodorant Stones of America*
Dep Corporation
Derma-Life Corp.
Dermatologic Cosmetics Labs
Dermatone Lab, Inc.
Desert Essence
Desert Naturels*
DeSoto-Prescott, Inc.
Don't Be Cruel, Inc.
Dr. Bronner's "All-One"
Products*

Dr. Hauschka Cosmetics
E. Burnham Cosmetic Co., Inc.
Earth Friendly Products
Earth Naturals
Earth Science, Inc.
Ecco Bella
EcoSafe
Ecover Products
Eden Botanicals
Epilady Int'l, Inc.
Essential Products
of America, Inc.*
Estee Lauder Cos.
European Touch
Faultless Starch Bon Ami
Flex (Revlon)
Focus 21 International, Inc.
Forever New*
Four (IV) Trail*
Fragrance Impressions Ltd.
Framesi
Frank T. Ross & Sons, Ltd.*
Free Spirit Enterprises*
Freeman Cosmetics Corp.
Frontier Cooperative Herbs
Fruit of the Earth, Inc.
Gena Labs
General Nutrition Corp.
Georgette Klinger, Inc.
Giorgio
Giovanni Hair Care Products
Golden Lotus*
Golden Prise-Rawleigh Enterprises
Goodbodies, USA, Inc.*
Green Ban*
Gucci Parfums
h.e.r.c. Inc.*
H20 Plus L.P.
Healthy Times*
Heavenly Soap
Heritage Store, Inc.
Hobe Laboratories, Inc.
Holloway House, Inc.
Home Health Products Co.
Home Service Products Co.*

Huish Detergents, Inc.
Human Kind
Humane Alternative Products
II-Makiage, Inc.
Internatural
J.R. Liggett Ltd.
Jacki's Magic Lotion
Jaclyn Cares
Jafra Cosmetics, Inc.
James Austin Company
Jason Natural Cosmetics
Jeanne Naté
Jeanne Rose New Age - Creations
Herbal Body Works
Jessica McClintock Inc.
John Paul Mitchell Systems*
Joico Labs, Inc.
Jojoba Resources, Inc.
Jolen, Inc.
Kallima International, Inc.
Key West Fragrances & Cos.
Kiss My Face
Kleen Brite Labs, Inc.
KMS Research, Inc.
Kneipp Corp of America
KSA Jojoba*
La Naturals, Inc.
LaCosta Products, Int'l
LaCrista, Inc.*
Lady Bird Exclusive Private
Lady of the Lake Company
Lancôme (Cosmair)
L'anza Research Lab*
Levlad, Inc.
Liberty Natural Products, Inc.
Life Brand
Life Tree Products*
Lightning Products
Lily of Colorado
Lion & Lamb Products
Liz Claiborne Cosmetics
Logona USA, Inc.
Lotions & Potions
Lotus Light Enterprises*
Louise Bianco Skin Care, Inc.*

Magic of Alow, Inc.
Magick Botanicals/Magick Mud
Marcal Paper Mills, Inc.
Marchemco Corp.
Martin von Myering*
Mastey De Paris, Inc.
Maybelline, Inc. (Yardley)
Melaleuca, Inc.
MEN by Geoff Thompson
Merle Norman Cosmetics
Metrin International*
Mia Rose Products, Inc.
Micro Balanced Products
Mill Creek
Modafini, Inc.
Mountain Ocean, Ltd.
Murphy-Phoenix Co.
Narwhale of High Tor, Ltd.
National Home Care Products
Naturade
Natural Bodycare*
Natural Childcare, Inc.
Natural Research People, Inc.
Naturally yours, Alex*
Nature Cosmetics, Inc.*
Nature de France, Ltd.*
Nature Food Centers, Inc.
Nature's Choice
Nature's Colors Cosmetics, Ltd.
Nature's Elements Int'l
Nature's Gate Herbal Cosmetics
Nature's Plus
254 !Straight from the Horse's Mouth
Naturistics
Natus
Nectarine
Nemesis, Inc.
New Age Creations/Jeanne Rose
New Age Products*
New Earth Cosmetics
New Methods
New Moon Extracts, Inc.*
New Ways
Nexxus Products Company
Nirvana Inc.*

Nivea (Beiersdorf)
No Common Scents
Noah's Ark Cosmetic & Household,Inc.
Nordstrom Cosmetics
Norelco*
North Country Glycerin Soap
NuSkin International, Inc.
Nutri-Metics Int'l Inc.
Nylynn Cosmetics, Inc.
Oasis Brand Products
Ocyfresh USA, Inc.*
Only Natural, Inc.
Orange-Mate, Inc.*
Oriflame International
Orjene Cosmetics Co., Inc.
Orlane
Orly International
Palm Beach Beauty Products
Para Labs, Inc.
Parfums Houbigant Paris
Parfums Nina Ricci, US
Park-Rand Enterprises
Pathmark
Patricia Allison
Paul Penders
P-Bee Products
Peaceable Kingdom
Peelu Products, Inc.
Pet Connection
PetGuard
Pets 'N People, Inc.*
Potions & Lotions - Body & Soul
Premier One Products
Prescriptives
Prestige Cosmetics
Princess Marcella Borghese
Pro Finish
Prof. & Tech. Servs., Inc.
Professional Choice Hair Pds.
Pro-Ma Systems, Inc.
Rachel Perry, Inc.
Rainbow Concepts
Rainbow Research Corp.
Rainforest Essentials
Ralph Lauren Fragrances

Ranir/DCP Corp.
Rathdowney, Ltd.
Ravenwood
RC International
Real Aloe, Co.
Redken Laboratories, Inc.
Redmond Products, Inc.
Reviva Labs, Inc.
Revlon, Inc.
Rialto
Riviera Concepts, Inc.
Royal Labs Natural Cosmetics*
Russ Kalvin's Hair Care
Safer Chemical Co.
Safeway, Inc. (housebrands only)
Sally Hansen
San Francisco Soap Company
Sanofi
Santa Fe Fragrance, Inc.*
Sappo Hill Soapworks
Scandinavian Natural Health &
Beauty Products, Inc.
Schiff
Schroeder & Tremayne, Inc.
Schwarzkoph, Inc.
Sebastian International, Inc.
SerVaas Labs, Inc.*
Seventh Generation
Shahin Soap*
Shaklee U.S., Inc.
Resources !255
Shikai Products
Shirley Price Aromatherapy
Siddha International
Sierra Dawn*
Simple Wisdom, Inc.
Simplers Botanical Co.*
Sinclair & Valentine*
Skedaddle, The Natural Alternative
Sleepy Hollow
Smith & Vandiver, Inc.
Soap Factory
SoapBerry Shop
Soujourner Farms
Spa Natural Beauty

StarBrite
Stiefel Labs, Inc.
Strong Skin Savvy, Inc.
Studio Magic, Inc.
Sukesha Haircare
Sumeru Garden Herbals*
Sunfeather Herbal Soap Co.*
Sunshine Natural Products*
Sunshine Products Group
Super Nature Cruelty Free
Products
Tanning Research Labs
TAUT by Leonard Engleman
Terra Flora Herbal Body Care
Terra Nova
Terry Labs
The Principle Secret
Third Millennium Science
Tom Fields, Ltd.
Tom's of Maine
Trader Joe's Company
Traditional Products
Tressa, Inc.
Ultima II

Uncommon Scents, Inc.
United Colors of Benetton Tribu*
Val-Chem Co., Inc.
Vapor Products
Veg Essentials
Vegelatum*
Venus & Apollo
Vermont Soapworks*
Victoria Jackson Cosmetics, Inc.
Victoria's Secret
Virginia's Soap, Ltd.
Visage Beauté Cosmetics, Inc.
Warm EArth Cosmetics*
Watcher's Organic Sea Prd.
Weleda, Inc.
Wella Corporation
Wellington Labs, Inc.
Winter White*
Wisdom Toothbrush, Co.
WiseWays Herbals
Wysong Corp.
Yves Rocher, Inc.
Zia Cosmetics
Zinzare International Ltd.

Firmen mit Tierversuchen

Alberto-Culver Co. (TRESemme)
Alcon Labs
Allergan, Inc.
Andrew Jergens Co.
Aziza
Bausch & Lomb
Boyle-Midway
Bristol-Myers Squibb Co.
Carter-Wallace (Arrid, Lady's
Choice)
Chesebrough-Ponds (Oil of Olay)
Church & Dwight (Arm &
Hammer)
Clairol
Clarion
Clorox
Colgate-Palmolive
Commerce Drug Co.
Consumer Value Stores

Coty
Cover Girl
DowBrands
Drackett Products Co.
EcoLab
El Sanofi Inc.
Eli Lilly & Co.
Elizabeth Arden
Fabergé
Fendi
Givaudan-Roure
Glame Glow
Helene Curtis Industries (Helene Curtis)
ISO
Jhirmack
Johnson & Johnson
S.C. Johnson & Son
Johnson Products Co.
Jovan (Quintessence)

Kimberly-Clark Corp. (Kleenex)
Kiwi Brands
Lever Brothers
Max Factor
Mead
Melaleuca, Inc.
Mennan Co.
Naturelle
Neotoric Cos (Alpha Hydrox)
Neutrogena
Neutron Industries, Inc.
Pantene
Parfums Int'l (White Shoulders)
Pennex
Pfizer
Physicians Formula Cosmetics
Playtex Corporation
Prince Machiavelli

Proctor & Gamble Co. (Crest, Tide)
Reckitt & Colman
Richardon-Vicks
Schering-Plough (Coppertone)
Schick
Scott Paper Co.
SmithKlineBeecham
St. Ives Labs, Inc.
Stanhome Inc.
Sterling Drug
Sun Star
Sunshine Makers 3M
Unilever
Vidal Sassoon
Warner-Lambert
Westwood Pharmaceuticals
Whitehall Laboratories

Dank für Nachdruckerlaubnis an:

The Crossing Press, Inc.: Auszüge nachgedruckt mit Erlaubnis aus *Im Einklang mit mir Selbst* von Diane Mariechild, copyright 1981. Herausgeber Crossing Press, Freedom, California.

Doubleday: Auszüge aus *Die Kraft der Mythen* von Joseph Campbell. Copyright (c) 1988: Alfred Van Der Marck Editions and Apostrophe S Productions, Inc. Nachgedruckt mit Erlaubnis von Doubleday, a division of Random House, Inc.

Graywolf Press: Auszüge aus *If you want to write* copyright 1987: the Estate of Brenda Ueland. Nachgedruckt aus IF YOU WANT TO WRITE mit Erlaubnis von Graywolf Press, Saint Paul, Minnesota.

HarperCollins Publishers: Auszüge aus *Die tanzenden Wu-li Meister* von Gary Zukav. Copyright (c) 1979: Gary Zukav. Nachgedruckt mit Erlaubnis von HarperCollins Publishers.

Henry Holt and Company: „Man and Creature" aus *Die Ehrfurcht vor dem Leben* von Albert Schweitzer, (c) 1965: Henry Holt and Company. Nachgedruckt mit Erlaubnis von Henry Holt and Company, LLC.

Helen L. McKinnon: Auszüge aus *It's for the Animals! Natural Care and Resouces* by Helen L. McKinnon. Nachgedruckt mit der Erlaubnis des Authors.

National Anti-Vivisection Society, UK: Auszüge aus *A Technical Report* von der National Anti-Vivisection Society; Auszüge von *„Summary of Current Research Projects"* gesponsert von dem Lord Dowding Fund. Mit Erlaubnis von der National Anti-Vivisection Society, UK.

Paul Simon Music: Lyrics from *„Tenderness"* by Paul Simon. Copyright (c) 1973: Paul Simon. Mit Erlaubnis vom Herausgeber: Paul Simon Music.

Penguin Putnam Inc.: Auszüge aus *Mutter Nacht* von Kurt Vonnegut, copyright (c) 1997: Kurt Vonnegut. Mit Erlaubnis von G.P. Putnam's Sons, a division of Penguin Putnam Inc.

Thinking Allowed Productions: Auszüge aus from THE HALOGRAPHIC BRAIN, a Thinking Allowed videotape. (c) 1988, Thinking Allowed Productions

Über die Autorin

Amelia Kinkade schrieb ihr erstes Buch „Wie man es macht" mit sechs Jahren. Obwohl „Treat Your Hamster With Care" niemals veröffentlicht wurde, vollendete Amelia dreißig Jahre später ihren lebenslangen Auftrag, sich für die Gedanken und Gefühle von Tieren durch ihre Schriften einzusetzen. Sie machte auch Karriere als berufsmäßige Jazztänzerin, Choreographin und Schauspielerin, bevor sie zu ihrer wahren Liebe - den Tieren - zurückkam.

Begeistert von ihrer Arbeit unterhält sie eine Privatpraxis in Südkalifornien, in der sie Ratschläge für jede Tierspezies, angefangen vom Elefanten bis zu Gorillas, Schaupferden, Blindenhunden, Löwen und Hauskatzen erteilt. Sie hält Seminare auf der ganzen Welt, die auf ihrer Webseite www.ameliakinkade.com aufgelistet sind. In ihrer Freizeit schreibt und illustriert Amelia Kinderbücher mit Hilfe ihrer eigenen Katzenfamilie: Billie Holliday, Ella Fitzgerald, Cyrus Chestnut und dem berüchtigten Oscar Peterson. Sie stehen kostenlos für Werbezwecke zur Verfügung.

Ihr 2. Buch „Tierisch einfach" ist im G. Reichel Verlag 2006 erschienen, ebenso ein Hörbuch mit Auszügen aus dem Buch „Tierisch gute Gespräche".